建设工程必备规范条文速查系列手册

安全必备规范条文
速 查 手 册

闫 军 主编

中国建筑工业出版社

图书在版编目（CIP）数据

安全必备规范条文速查手册/闫军主编. —北京：中国
建筑工业出版社，2018.5
建设工程必备规范条文速查系列手册
ISBN 978-7-112-22119-6

Ⅰ.①安…　Ⅱ.①闫…　Ⅲ.①建筑工程-安全生产-建筑
规范-中国-手册　Ⅳ.①TU714-62

中国版本图书馆 CIP 数据核字（2018）第 081279 号

　　本书为"建设工程必备规范条文速查系列手册"之一，收录了建设工程安全必备的规范条文。全书包括十一篇，主要内容为：常用建筑安全类专门规范一览表；安全强制性条文；建筑主体施工安全；装配式结构施工安全；钢结构施工安全；装饰装修施工安全；地基基础岩土及地下施工安全；混凝土与钢筋施工安全；砌体施工安全；给水排水暖通与市政工程安全；安全管理。本书重点关注了最新的环境保护、人体健康、节能、装配式等热点条文。

　　本书可供建设施工、安全、监理、注册建造师考试等从业人员使用。

* * *

责任编辑：郭　栋
责任校对：李欣慰

建设工程必备规范条文速查系列手册
安全必备规范条文速查手册
闫　军　主编
*
中国建筑工业出版社出版、发行（北京海淀三里河路 9 号）
各地新华书店、建筑书店经销
北京红光制版公司制版
环球东方（北京）印务有限公司印刷
*
开本：850×1168 毫米　1/32　印张：11¾　字数：325 千字
2018 年 7 月第一版　　2018 年 7 月第一次印刷
定价：**68.00** 元
ISBN 978-7-112-22119-6
（32010）
版权所有　翻印必究
如有印装质量问题，可寄本社退换
（邮政编码 100037）

前　言

本书为"建设工程必备规范条文速查系列手册"之一，收录了建设工程安全必备的规范条文。"建设工程必备规范条文速查系列手册"丛书共四册，分别为：

➤《安全必备规范条文速查手册》

➤《防火必备规范条文速查手册》

➤《施工验收必备规范条文速查手册》

➤《建设工程施工流程图速查手册》

全书包括十一篇，侧重于安全操作和管理，弱化安全技术方面的内容。主要内容为：常用建筑安全类专门规范一览表；安全强制性条文；建筑主体施工安全；装配式结构施工安全；钢结构施工安全；装饰装修施工安全；地基基础岩土及地下施工安全；混凝土与钢筋施工安全；砌体施工安全；给水排水暖通与市政工程安全；安全管理。本书重点关注和收录了最新的环境保护、人体健康、节能、装配式、钢结构等热点条文。

第一篇为建筑安全类专门规范，最为重要，限于篇幅，只收录了规范名称，请读者自行购买单行本。最新的规范可以到住房和城乡建设部官网（www. mohurd. gov. cn）下载。

第二篇收录了最新、最全的安全强制性条文。强制性条文的内容，摘自工程建设强制性标准，主要涉及人民生命财产安全、人身健康、环境保护和其他公众利益。强制性条文的内容是工程建设过程中各方必须遵守的。

为方便使用，以楷体字标明了条文所引自的规范名称。

搜集、整理本书花费了不少的时间和心血，希望读者喜欢。本书出版之际，正值建筑施工安全专项治理两年行动启动，希望本书对施工安全有所助益。

　　本书由闫军主编，参加编写的有张爱洁、沈伟、高正华、吴建亚、胡明军、张慧、张安雪、乔文军、朱永明、李德生、朱忠辉、刘永刚、徐益斌、张晓琴、杨明珠、刘昌言、曹立峰、周少华、郑泽刚、季鹏、肖刚、赵彬彬、许金松、刘小路。

目 录

第三篇　建筑主体施工安全

第四篇　装配式结构施工安全

第五篇　钢结构施工安全

第六篇　装饰装修施工安全

第七篇　地基基础岩土及地下施工安全

第八篇　混凝土与钢筋施工安全

第十一篇　安全管理

第一篇　常用建筑安全类专门规范一览表

通用

一、《建设工程施工现场环境与卫生标准》JGJ 146—2013

二、《建筑施工安全技术统一规范》GB 50870—2013

管理

三、《施工企业安全生产管理规范》GB 50656—2011

专用

四、《岩土工程勘察安全规范》GB 50585—2010

五、《湿陷性黄土地区建筑基坑工程安全技术规范》JGJ 167—2009

六、《建筑施工土石方工程安全技术规范》JGJ 180—2009

七、《建设工程施工现场消防安全技术规范》GB 50720—2011

八、《建筑机械使用安全技术规范》JGJ 33—2012

九、《施工现场临时用电安全技术规范》JGJ 46—2005

十、《建筑施工模板安全技术规范》JGJ 162—2008

十一、《液压滑动模板施工安全技术规程》JGJ 65—2013

十二、《建筑施工高处作业安全技术规范》JGJ 80—2016

十三、《龙门架及井架物料提升机安全技术规范》JGJ 88—2010

十四、《建筑施工脚手架安全技术统一标准》GB 51210—2016

十五、《建筑施工门式钢管脚手架安全技术规范》JGJ 128—2010

十六、《建筑施工扣件式钢管脚手架安全技术规范》JGJ 130—2011

十七、《建筑施工碗扣式钢管脚手架安全技术规范》JGJ 166—2016

十八、《建筑施工承插型盘扣式钢管支架安全技术规范》JGJ 231—2010

十九、《建筑施工工具式脚手架安全技术规范》JGJ 202—2010

二十、《建筑施工木脚手架安全技术规范》JGJ 164—2008

二十一、《建筑施工竹脚手架安全技术规范》JGJ 254—2011

二十二、《液压升降整体脚手架安全技术规程》JGJ 183—2009

二十三、《建筑拆除工程安全技术规范》JGJ 147—2016

二十四、《建筑施工作业劳动防护用品配备及使用标准》JGJ 184—2009

二十五、《建筑施工塔式起重机安装、使用、拆卸安全技术规程》JGJ 196—2010

二十六、《建筑施工升降机安装、使用、拆卸安全技术规程》JGJ 215—2010

二十七、《建筑施工起重吊装工程安全技术规范》JGJ 276—2012

二十八、《建筑工程施工现场标志设置技术规程》JGJ 348—2014

二十九、《建设工程施工现场供用电安全规范》GB 50194—2014

三十、《建筑深基坑工程施工安全技术规范》JGJ 311—2013

三十一、《建筑施工临时支撑结构技术规范》JGJ 300—2013

三十二、《建筑施工升降设备设施检验标准》JGJ 305—2013

三十三、《建筑塔式起重机安全监控系统应用技术规程》JGJ 332—2014

三十四、《城市梁桥拆除工程安全技术规范》CJJ 248—2016

三十五、《市政架桥机安全使用技术规程》JGJ 266—2011

三十六、《建筑施工安全检查标准》JGJ 59—2011

第二篇 安全强制性条文

一、《建设工程施工现场环境与卫生标准》JGJ 146—2013

4.2.1 施工现场的主要道路应进行硬化处理。裸露的场地和堆放的土方应采取覆盖、固化或绿化等措施。

4.2.5 建筑物内垃圾应采用容器或搭设专用封闭式垃圾道的方式清运，严禁凌空抛掷。

4.2.6 施工现场严禁焚烧各类废弃物。

5.1.6 施工现场生活区宿舍、休息室必须设置可开启式外窗，床铺不应超过 2 层，不得使用通铺。

二、《建筑施工安全技术统一规范》GB 50870—2013

5.2.1 对建筑施工临时结构应做安全技术分析，并应保证在设计规定的使用工况下保持整体稳定性。

7.2.2 建筑施工安全应急救援预案应对安全事故的风险特征进行安全技术分析，对可能引发次生灾害的风险，应有预防技术措施。

三、《建筑施工土石方工程安全技术规范》JGJ 180—2009

2.0.2 土石方工程应编制专项施工安全方案，并应严格按照方案实施。

2.0.3 施工前应针对安全风险进行安全教育及安全技术交底。特种作业人员必须持证上岗，机械操作人员应经过专业技术培训。

2.0.4 施工现场发现危及人身安全和公共安全的隐患时，必须立即停止作业，排除隐患后方可恢复施工。

5.1.4 爆破作业环境有下列情况时，严禁进行爆破作业：
　　1　爆破可能产生不稳定边坡、滑坡、崩塌的危险；
　　2　爆破可能危及建（构）筑物、公共设施或人员的安全；
　　3　恶劣天气条件下。

6.3.2 基坑支护结构必须在达到设计要求的强度后，方可开挖下层土方，严禁提前开挖和超挖。施工过程中，严禁设备和重物碰撞支撑、腰梁、锚杆等基坑支护结构，亦不得在支护结构上放置或悬挂重物。

四、《建设工程施工现场消防安全技术规范》GB 50720—2011

3.2.1 易燃易爆危险品库房与在建工程的防火间距不应小于15m，可燃材料堆场及其加工场、固定动火作业场与在建工程的防火间距不应小于10m，其他临时用房、临时设施与在建工程的防火间距不应小于6m。

4.2.1 宿舍、办公用房的防火设计应符合下列规定：

　　1 建筑构件的燃烧性能等级应为A级。当采用金属夹芯板材时，其芯材的燃烧性能等级应为A级。

4.2.2 发电机房、变配电房、厨房操作间、锅炉房、可燃材料库房及易燃易爆危险品库房的防火设计应符合下列规定：

　　1 建筑构件的燃烧性能等级应为A级。

4.3.3 既有建筑进行扩建、改建施工时，必须明确划分施工区和非施工区。施工区不得营业、使用和居住；非施工区继续营业、使用和居住时，应符合下列规定：

　　1 施工区和非施工区之间应采用不开设门、窗、洞口的耐火极限不低于3.0h的不燃烧体隔墙进行防火分隔。

　　2 非施工区内的消防设施应完好和有效，疏散通道应保持畅通，并应落实日常值班及消防安全管理制度。

　　3 施工区的消防安全应配有专人值守，发生火情应能立即处置。

　　4 施工单位应向居住和使用者进行消防宣传教育，告知建筑消防设施、疏散通道的位置及使用方法，同时应组织疏散演练。

　　5 外脚手架搭设不应影响安全疏散、消防车正常通行及灭火救援操作，外脚手架搭设长度不应超过该建筑物外立面周长的1/2。

5.1.4 施工现场的消火栓泵应采用专用消防配电线路。专用消防配电线路应自施工现场总配电箱的总断路器上端接入，且应保持不间断供电。

5.3.5 临时用房的临时室外消防用水量不应小于表5.3.5的规定。

表5.3.5 临时用房的临时室外消防用水量

临时用房的建筑面积之和	火灾延续时间（h）	消火栓用水量（L/s）	每支水枪最小流量（L/s）
1000m²＜面积≤5000m²	1	10	5
面积＞5000m²		15	5

5.3.6 在建工程的临时室外消防用水量不应小于表5.3.6的规定。

表5.3.6 在建工程的临时室外消防用水量

在建工程（单体）体积	火灾延续时间（h）	消火栓用水量（L/s）	每支水枪最小流量（L/s）
10000m³＜体积≤30000m³	1	15	5
体积＞30000m³	2	20	5

5.3.9 在建工程的临时室内消防用水量不应小于表5.3.9的规定。

表5.3.9 在建工程的临时室内消防用水量

建筑高度、在建工程体积（单体）	火灾延续时间（h）	消火栓用水量（L/s）	每支水枪最小流量（L/s）
24m＜建筑高度≤50m 或 30000m³＜体积≤50000m³	1	10	5
建筑高度＞50m 或 体积＞50000m³	2	15	5

6.2.1 用于在建工程的保温、防水、装饰及防腐等材料的燃烧性能等级应符合设计要求。

6.2.2　室内使用油漆及其有机溶剂、乙二胺、冷底子油等易挥发产生易燃气体的物资作业时，应保持良好通风，作业场所严禁明火，并应避免产生静电。

6.3.1　施工现场用火应符合下列规定：

　　3　焊接、切割、烘烤或加热等动火作业前，应对作业现场的可燃物进行清理；作业现场及其附近无法移走的可燃物应采用不燃材料对其覆盖或隔离。

　　5　裸露的可燃材料上严禁直接进行动火作业。

　　9　具有火灾、爆炸危险的场所严禁明火。

6.3.3　施工现场用气应符合下列规定：

　　1　储装气体的罐瓶及其附件应合格、完好和有效；严禁使用减压器及其他附件缺损的氧气瓶，严禁使用乙炔专用减压器、回火防止器及其他附件缺损的乙炔瓶。

五、《建筑机械使用安全技术规程》JGJ 33—2012

2.0.1　特种设备操作人员应经过专业培训、考核合格取得建设行政主管部门颁发的操作证，并应经过安全技术交底后持证上岗。

2.0.2　机械必须按照出厂使用说明书规定的技术性能、承载能力和使用条件，正确操作，合理使用，严禁超载、超速作业或任意扩大使用范围。

2.0.3　机械上的各种安全防护和保险装置及各种安全信息装置必须齐全有效。

2.0.21　清洁、保养、维修机械或电气装置前，必须先切断电源，等机械停稳后再进行操作。严禁带电或采用预约停送电时间的方式进行检修。

4.1.11　建筑起重机械的变幅限位器、力矩限制器、起重量限制器、防坠安全器、钢丝绳防脱装置、防脱钩装置以及各种行程限位开关等安全保护装置，必须齐全有效，严禁随意调整或拆除。严禁利用限制器和限位装置代替操纵机构。

4.1.14   在风速达到 9.0m/s 及以上或大雨、大雪、大雾等恶劣天气时，严禁进行建筑起重机械的安装拆卸作业。

4.5.2   桅杆式起重机专项方案必须按规定程序审批，并应经专家论证后实施。施工单位必须指定安全技术人员对桅杆式起重机的安装、使用和拆卸进行现场监督和监测。

5.1.4   作业前，必须查明施工场地内明、暗铺设的各类管线等设施，并应采用明显记号标识。严禁在离地下管线、承压管道 1m 距离以内进行大型机械作业。

5.1.10   机械回转作业时，配合人员必须在机械回转半径以外工作。当需在回转半径以内工作时，必须将机械停止回转并制动。

5.5.6   作业中，严禁人员上下机械，传递物件，以及在铲斗内、拖把或机架上坐立。

5.10.20   装载机转向架未锁闭时，严禁站在前后车架之间进行检修保养。

5.13.7   夯锤下落后，在吊钩尚未降至夯锤吊环附近前，操作人员严禁提前下坑挂钩。从坑中提锤时，严禁挂钩人员站在锤上随锤提升。

7.1.23   桩孔成型后，当暂不浇注混凝土时，孔口必须及时封盖。

8.2.7   料斗提升时，人员严禁在料斗下停留或通过；当需要在料斗下方进行清理或检修时，应将料斗提升至上止点，并必须用保险销锁牢或用保险链挂牢。

10.3.1   木工圆锯机上的旋转锯片必须设置防护罩。

12.1.4   焊割现场及高空焊割作业下方，严禁堆放油类、木材、氧气瓶、乙炔瓶、保温材料等易燃、易爆物品。

12.1.9   对承压状态的压力容器和装有剧毒、易燃、易爆物品的容器，严禁进行焊接或切割作业。

六、《施工现场临时用电安全技术规范》JGJ 46—2005

1.0.3   建筑施工现场临时用电工程专用的电源中性点直接接地

的 220/380V 三相四线制低压电力系统，必须符合下列规定：

1　采用三级配电系统；

2　采用 TN-S 接零保护系统；

3　采用二级漏电保护系统。

3.1.4　临时用电组织设计及变更时，必须履行"编制、审核、批准"程序，由电气工程技术人员组织编制，经相关部门审核及具有法人资格企业的技术负责人批准后实施。变更用电组织设计时应补充有关图纸资料。

3.1.5　临时用电工程必须经编制、审核、批准部门和使用单位共同验收，合格后方可投入使用。

3.3.4　临时用电工程定期检查应按分部、分项工程进行，对安全隐患必须及时处理，并应履行复查验收手续。

5.1.1　在施工现场专用变压器的供电的 TN-S 接零保护系统中，电气设备的金属外壳必须与保护零线连接。保护零线应由工作接地线、配电室（总配电箱）电源侧零线或总漏电保护器电源侧零线处引出（图 5.1.1）。

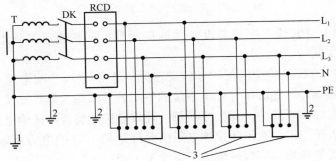

图 5.1.1　专用变压器供电时 TN-S 接零保护系统示意

1—工作接地；2—PE 线重复接地；3—电气设备金属外壳（正常不带电的外露可导电部分）；L_1、L_2、L_3—相线；N—工作零线；PE—保护零线；DK—总电源隔离开关；RCD—总漏电保护器（兼有短路、过载、漏电保护功能的漏电断路器）；T—变压器

5.1.2　当施工现场与外电线路共用同一供电系统时，电气设备的接地、接零保护应与原系统保持一致。不得一部分设备做保护接零，另一部分设备做保护接地。

采用 TN 系统做保护接零时，工作零线（N 线）必须通过总漏电保护器，保护零线（PE 线）必须由电源进线零线重复接地处或总漏电保护器电源侧零线处，引出形成局部 TN-S 接零保护系统（图 5.1.2）。

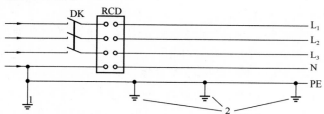

图 5.1.2　三相四线供电时局部 TN-S 接零保护系统保护零线引出示意
1—NPE 线重复接地；2—PE 线重复接地；L_1、L_2、L_3—相线；N—工作零线；PE—保护零线；DK—总电源隔离开关；RCD—总漏电保护器（兼有短路、过载、漏电保护功能的漏电断路器）

5.1.10　PE 线上严禁装设开关或熔断器，严禁通过工作电流，且严禁断线。

5.3.2　TN 系统中的保护零线除必须在配电室或总配电箱处做重复接地外，还必须在配电系统的中间处和末端处做重复接地。

在 TN 系统中，保护零线每一处重复接地装置的接地电阻值不应大于 10Ω。在工作接地电阻值允许达到 10Ω 的电力系统中，所有重复接地的等效电阻值不应大于 10Ω。

5.4.7　做防雷接地机械上的电气设备，所连接的 PE 线必须同时做重复接地，同一台机械电气设备的重复接地和机械的防雷接地可共用同一接地体，但接地电阻应符合重复接地电阻值的要求。

6.1.6　配电柜应装设电源隔离开关及短路、过载、漏电保护电器。电源隔离开关分断时应有明显可见分断点。

6.1.8 配电柜或配电线路停电维修时，应挂接地线，并应悬挂"禁止合闸、有人工作"停电标志牌。停送电必须由专人负责。

6.2.3 发电机组电源必须与外电线路电源连锁，严禁并列运行。

6.2.7 发电机组并列运行时，必须装设同期装置，并在机组同步运行后再向负载供电。

7.2.1 电缆中必须包含全部工作芯线和用作保护零线或保护线的芯线。需要三相四线制配电的电缆线路必须采用五芯电缆。

五芯电缆必须包含淡蓝、绿/黄二种颜色绝缘芯线。淡蓝色芯线必须用作 N 线；绿/黄双色芯线必须用作 PE 线，严禁混用。

7.2.3 电缆线路应采用埋地或架空敷设，严禁沿地面明设，并应避免机械损伤和介质腐蚀。埋地电缆路径应设方位标志。

8.1.3 每台用电设备必须有各自专用的开关箱，严禁用同一个开关箱直接控制 2 台及 2 台以上用电设备（含插座）。

8.1.11 配电箱的电器安装板上必须分设 N 线端子板和 PE 线端子板。N 线端子板必须与金属电器安装板绝缘；PE 线端子板必须与金属电器安装板做电气连接。

进出线中的 N 线必须通过 N 线端子板连接；PE 线必须通过 PE 线端子板连接。

8.2.10 开关箱中漏电保护器的额定漏电动作电流不应大于 30mA，额定漏电动作时间不应大于 0.1s。

使用于潮湿或有腐蚀介质场所的漏电保护器应采用防溅型产品，其额定漏电动作电流不应大于 15mA，额定漏电动作时间不应大于 0.1s。

8.2.11 总配电箱中漏电保护器的额定漏电动作电流应大于 30mA，额定漏电动作时间应大于 0.1s，但其额定漏电动作电流与额定漏电动作时间的乘积不应大于 30mA·s。

8.2.15 配电箱、开关箱的电源进线端严禁采用插头和插座做活动连接。

8.3.4 对配电箱、开关箱进行定期维修、检查时，必须将其前一级相应的电源隔离开关分闸断电，并悬挂"禁止合闸、有人工作"停电标志牌，严禁带电作业。

9.7.3　对混凝土搅拌机、钢筋加工机械、木工机械、盾构机械等设备进行清理、检查、维修时，必须首先将其开关箱分闸断电，呈现可见电源分断点，并关门上锁。

10.2.2　下列特殊场所应使用安全特低电压照明器：

　　1　隧道、人防工程、高温、有导电灰尘、比较潮湿或灯具离地面高度低于 2.5m 等场所的照明，电源电压不应大于 36V；

　　2　潮湿和易触及带电体场所的照明，电源电压不得大于 24V；

　　3　特别潮湿场所、导电良好的地面、锅炉或金属容器内的照明，电源电压不得大于 12V。

10.2.5　照明变压器必须使用双绕组型安全隔离变压器，严禁使用自耦变压器。

10.3.11　对夜间影响飞机或车辆通行的在建工程及机械设备，必须设置醒目的红色信号灯，其电源应设在施工现场总电源开关的前侧，并应设置外电线路停止供电时的应急自备电源。

七、《建筑施工模板安全技术规范》JGJ 162—2008

5.1.6　模板结构构件的长细比应符合下列规定：

　　1　受压构件长细比：支架立柱及桁架，不应大于 150；拉条、缀条、斜撑等连系构件，不应大于 200；

　　2　受拉构件长细比：钢杆件，不应大于 350；木杆件，不应大于 250。

6.1.9　支撑梁、板的支架立柱构造与安装应符合下列规定：

　　1　梁和板的立柱，其纵横向间距应相等或成倍数。

　　2　木立柱底部应设垫木，顶部应设支撑头。钢管立柱底部应设垫木和底座，顶部应设可调支托，U 形支托与楞梁两侧间如有间隙，必须楔紧，其螺杆伸出钢管顶部不得大于 200mm，螺杆外径与立柱钢管内径的间隙不得大于 3mm，安装时应保证上下同心。

3 在立柱底距地面 200mm 高处，沿纵横水平方向应按纵下横上的程序设扫地杆。可调支托底部的立柱顶端应沿纵横向设置一道水平拉杆。扫地杆与顶部水平拉杆之间的间距，在满足模板设计所确定的水平拉杆步距要求条件下，进行平均分配确定步距后，在每一步距处纵横向应各设一道水平拉杆。当层高在 8～20m 时，在最顶步距两水平拉杆中间应加设一道水平拉杆；当层高大于 20m 时，在最顶两步距水平拉杆中间应分别增加一道水平拉杆。所有水平拉杆的端部均应与四周建筑物顶紧顶牢。无处可顶时，应在水平拉杆端部和中部沿竖向设置连续式剪刀撑。

4 木立柱的扫地杆、水平拉杆、剪刀撑应采用 40mm×50mm 木条或 25mm×80mm 的木板条与木立柱钉牢。钢管立柱的扫地杆、水平拉杆、剪刀撑应采用 ϕ48mm×3.5mm 钢管，用扣件与钢管立柱扣牢。木扫地杆、水平拉杆、剪刀撑应采用搭接，并应采用铁钉钉牢。钢管扫地杆、水平拉杆应采用对接，剪刀撑应采用搭接，搭接长度不得小于 500mm，并应采用 2 个旋转扣件分别在离杆端不小于 100mm 处进行固定。

6.2.4 当采用扣件式钢管作立柱支撑时，其构造与安装应符合下列规定：

1 钢管规格、间距、扣件应符合设计要求。每根立柱底部应设置底座及垫板，垫板厚度不得小于 50mm。

2 钢管支架立柱间距、扫地杆、水平拉杆、剪刀撑的设置应符合本规范第 6.1.9 条的规定。当立柱底部不在同一高度时，高处的纵向扫地杆应向低处延长不少于 2 跨，高低差不得大于 1m，立柱距边坡上方边缘不得小于 0.5m。

3 立柱接长严禁搭接，必须采用对接扣件连接，相邻两立柱的对接接头不得在同步内，且对接接头沿竖向错开的距离不宜小于 500mm，各接头中心距主节点不宜大于步距的 1/3。

4 严禁将上段的钢管立柱与下段钢管立柱错开固定在水平拉杆上。

5 满堂模板和共享空间模板支架立柱，在外侧周圈应设由下至上的竖向连续式剪刀撑；中间在纵横向应每隔 10m 左右设由下至上的竖向连续式剪刀撑，其宽度宜为 4～6m，并在剪刀撑部位的顶部、扫地杆处设置水平剪刀撑（圈 6.2.4-1）。剪刀撑杆件的底端应与地面顶紧，夹角宜为 45°～60°。当建筑层高在 8～20m 时，除应满足上述规定外，还应在纵横向相邻的两竖向连续式剪刀撑之间增加之字斜撑，在有水平剪刀撑的部位，应在每个剪刀撑中间处增加一道水平剪刀撑（圈 6.1.4-2）。当建筑层高超过 20m 时，在满足以上规定的基础上，应将所有之字斜撑全部改为连续式剪刀撑（图 6.2.4-3）。

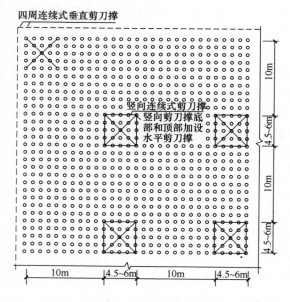

图 6.2.4-1 剪刀撑布置图（一）

6 当支架立柱高度超过 5m 时，应在立柱周围外侧和中间有结构柱的部位，按水平间距 6～9m、竖向距离 2～3m 与建筑结构设置一个固结点。

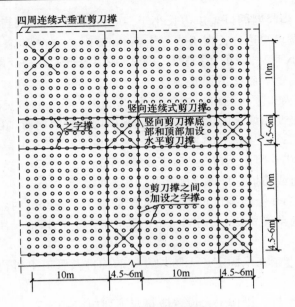

图 6.2.4-2 剪刀撑布置图（二）

八、《液压滑动模板施工安全技术规程》JGJ 65—2013

5.0.5 液压系统千斤顶和支承杆应符合下列规定：

　　1 千斤顶的工作荷载不应大于额定荷载；

　　2 支承杆应满足强度和稳定性要求；

　　3 千斤顶应具有防滑移自锁装置。

12.0.7 滑模装置分段安装或拆除时，各分段必须采取固定措施；滑模装置中的支承杆安装或拆除过程必须采取防坠措施。

九、《建筑施工高处作业安全技术规范》JGJ 80—2016

4.1.1 坠落高度基准面 2m 及以上进行临边作业时，应在临空一侧设置防护栏杆，并应采用密目式安全立网或工具式栏板封闭。

4.2.1 洞口作业时，应采取防坠落措施。并应符合下列规定：

1　当竖向洞口短边边长小于 500mm 时，应采取封堵措施；当垂直洞口短边边长大于或等于 500mm 时，应在临空一侧设置高度不小于 1.2m 的防护栏杆，并应采用密目式安全立网或工具式栏板封闭，设置挡脚板；

2　当非竖向洞口短边边长为 25mm～50mm 时，应采用承载力满足使用要求的盖板覆盖，盖板四周搁置应均衡，且应防止盖板移位；

3　当非竖向洞口短边边长为 500mm～1500mm 时，应采用盖板覆盖或防护栏杆等措施，并应固定牢固；

4　当非竖向洞口短边边长大于或等于 1500mm 时，应在洞口作业侧设置高度不小于 1.2m 的防护栏杆，洞口应采用安全平网封闭。

5.2.3　严禁在未固定、无防护设施的构件及管道上进行作业或通行。

6.4.1　悬挑式操作平台设置应符合下列规定：

1　操作平台的搁置点、拉结点、支撑点应设置在稳定的主体结构上，且应可靠连接；

2　严禁将操作平台设置在临时设施上；

3　操作平台的结构应稳定可靠，承载力应符合设计要求。

8.1.2　采用平网防护时，严禁使用密目式安全立网代替平网使用。

十、《龙门架及井架物料提升机安全技术规范》JGJ 88—2010

5.1.5　钢丝绳在卷筒上应整齐排列，端部应与卷筒压紧装置连接牢固。当吊笼处于最低位置时，卷筒上的钢丝绳不应少于 3 圈。

5.1.7　物料提升机严禁使用摩擦式卷扬机。

6.1.1　当荷载达到额定起重量的 90% 时，起重量限制器应发出警示信号；当荷载达到额定起重量的 110% 时，起重量限制器应切断上升主电路电源。

6.1.2 当吊笼提升钢丝绳断绳时，防坠安全器应制停带有额定起重量的吊笼，且不应造成结构损坏。自升平台应采用渐进式防坠安全器。

8.3.2 当物料提升机安装高度大于或等于 30m 时，不得使用缆风绳。

9.1.1 安装、拆除物料提升机的单位应具备下列条件：

　　1 安装、拆除单位应具有起重机械安拆资质及安全生产许可证；

　　2 安装、拆除作业人员必须经专门培训，取得特种作业资格证。

11.0.2 物料提升机必须由取得特种作业操作证的人员操作。

11.0.3 物料提升机严禁载人。

十一、《建筑施工脚手架安全技术统一标准》GB 51210—2016

8.3.9 支撑脚手架的水平杆应按步距沿纵向和横向通长连续设置，不得缺失。在支撑脚手架立杆底部应设置纵向和横向扫地杆，水平杆和扫地杆应与相邻立杆连接牢固。

9.0.5 作业脚手架连墙件的安装必须符合下列规定：

　　1 连墙件的安装必须随作业脚手架搭设同步进行，严禁滞后安装；

　　2 当作业脚手架操作层高出相邻连墙件 2 个步距及以上时，在上层连墙件安装完毕前，必须采取临时拉结措施。

9.0.8 脚手架的拆除应作业必须符合下列规定：

　　1 架体的拆除应从上而下逐层进行，严禁上下同时作业；

　　2 同层杆件和构配件必须按先外后内的顺序拆除；剪刀撑、斜撑杆等加固杆件必须在拆卸至该杆件所在部位时再拆除；

　　3 作业脚手架连墙件必须随架体逐层拆除，严禁先将连墙件整层或数层拆除后再拆架体。拆除作业过程中，当架体的自由端高度超过 2 个步距时，必须采取临时拉结措施。

11.2.1　脚手架作业层上的荷载不得超过设计允许荷载。

11.2.2　严禁将支撑脚手架、缆风绳、混凝土输送泵管、卸料平台及大型设备的支承件等固定在作业脚手架上。严禁在作业脚手架上悬挂起重设备。

十一、　《建筑施工门式钢管脚手架安全技术规范》JGJ 128—2010

6.1.2　不同型号的门架与配件严禁混合使用。

6.3.1　门式脚手架剪刀撑的设置必须符合下列规定：

1　当门式脚手架搭设高度在 24m 及以下时，在脚手架的转角处、两端及中间间隔不超过 15m 的外侧立面必须各设置一道剪刀撑，并应由底至顶连续设置；

2　当脚手架搭设高度超过 24m 时，在脚手架全外侧立面上必须设置连续剪刀撑；

3　对于悬挑脚手架，在脚手架全外侧立面上必须设置连续剪刀撑。

6.5.3　在门式脚手架的转角处或开口型脚手架端部，必须增设连墙件，连墙件的垂直间距不应大于建筑物的层高，且不应大于 4.0m。

6.8.2　门式脚手架与模板支架的搭设场地必须平整坚实，并应符合下列规定：

1　回填土应分层回填，逐层夯实；

2　场地排水应顺畅，不应有积水。

7.3.4　门式脚手架连墙件的安装必须符合下列规定：

1　连墙件的安装必须随脚手架搭设同步进行，严禁滞后安装；

2　当脚手架操作层高出相邻连墙件以上两步时，在连墙件安装完毕前必须采用确保脚手架稳定的临时拉结措施。

7.4.2　拆除作业必须符合下列规定：

1　架体的拆除应从上而下逐层进行，严禁上下同时作业。

　　2　同一层的构配件和加固杆件必须按先上后下、先外后内的顺序进行拆除。

　　3　连墙件必须随脚手架逐层拆除，严禁先将连墙件整层或数层拆除后再拆架体。拆除作业过程中，当架体的自由高度大于两步时，必须加设临时拉结。

　　4　连接门架的剪刀撑等加固杆件必须在拆卸该门架时拆除。

7.4.5　门架与配件应采用机械或人工运至地面，严禁抛投。

9.0.3　门式脚手架与模板支架作业层上严禁超载。

9.0.4　严禁将模板支架、缆风绳、混凝土泵管、卸料平台等固定在门式脚手架上。

9.0.7　在门式脚手架使用期间，脚手架基础附近严禁进行挖掘作业。

9.0.8　满堂脚手架与模板支架的交叉支撑和加固杆，在施工期间禁止拆除。

9.0.14　在门式脚手架或模板支架上进行电、气焊作业时，必须有防火措施和专人看护。

9.0.16　搭拆门式脚手架或模板支架作业时，必须设置警戒线、警戒标志，并应派专人看守，严禁非作业人员入内。

十二、《建筑施工扣件式钢管脚手架安全技术规范》JGJ 130—2011

3.4.3　可调托撑受压承载力设计值不应小于 40kN，支托板厚不应小于 5mm。

6.2.3　主节点处必须设置一根横向水平杆，用直角扣件扣接且严禁拆除。

6.3.3　脚手架立杆基础不在同一高度上时，必须将高处的纵向扫地杆向低处延长两跨与立杆固定，高低差不应大于 1m。靠边坡上方的立杆轴线到边坡的距离不应小于 500mm（图 6.3.3）。

6.3.5　单排、双排与满堂脚手架立杆接长除顶层顶步外，其余各层各步接头必须采用对接扣件连接。

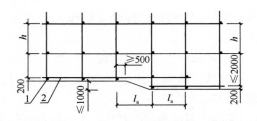

图 6.3.3   纵、横向扫地杆构造

1—横向扫地杆；2—纵向扫地杆

6.4.4   开口型脚手架的两端必须设置连墙件，连墙件的垂直间距不应大于建筑物的层高，并且不应大于 4m。

6.6.3   高度在 24m 及以上的双排脚手架应在外侧全立面连续设置剪刀撑；高度在 24m 以下的单、双排脚手架，均必须在外侧两端、转角及中间间隔不超过 15m 的立面上，各设置一道剪刀撑，并应由底至顶连续设置（图 6.6.3）。

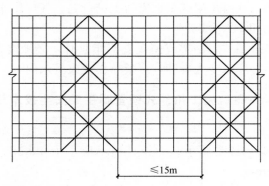

图 6.6.3   高度 24m 以下剪刀撑布置

6.6.5   开口型双排脚手架的两端均必须设置横向斜撑。

7.4.2   单、双排脚手架拆除作业必须由上而下逐层进行，严禁上下同时作业；连墙件必须随脚手架逐层拆除，严禁先将连墙件整层或数层拆除后再拆脚手架；分段拆除高差大于两步时，应增设连墙件加固。

7.4.5 卸料时各构配件严禁抛掷至地面。

8.1.4 扣件进入施工现场应检查产品合格证，并应进行抽样复试，技术性能应符合现行国家标准《钢管脚手架扣件》GB 15831 的规定。扣件在使用前应逐个挑选，有裂缝、变形、螺栓出现滑丝的严禁使用。

9.0.1 扣件式钢管脚手架安装与拆除人员必须是经考核合格的专业架子工。架子工应持证上岗。

9.0.4 钢管上严禁打孔。

9.0.5 作业层上的施工荷载应符合设计要求，不得超载。不得将模板支架、缆风绳、泵送混凝土和砂浆的输送管等固定在架体上；严禁悬挂起重设备，严禁拆除或移动架体上安全防护设施。

9.0.7 满堂支撑架顶部的实际荷载不得超过设计规定。

9.0.13 在脚手架使用期间，严禁拆除下列杆件：

　　1 主节点处的纵、横向水平杆，纵、横向扫地杆；

　　2 连墙件。

9.0.14 当在脚手架使用过程中开挖脚手架基础下的设备基础或管沟时，必须对脚手架采取加固措施。

　　十三、《建筑施工碗扣式钢管脚手架安全技术规范》JGJ 166—2016

7.4.7 双排脚手架的拆除作业，必须符合下列规定：

　　1 架体拆除应自上而下逐层进行，严禁上下层同时拆除；

　　2 连墙件应随脚手架逐层拆除，严禁先将连墙件整层或数层拆除后再拆除架体；

　　3 拆除作业过程中，当架体的自由端高度大于两步时，必须增设临时拉结件。

9.0.3 脚手架作业层上的施工荷载不得超过设计允许荷载。

9.0.7 严禁将模板支撑架、缆风绳、混凝土输送泵管、卸料平台及大型设备的附着件等固定在双排脚手架上。

9.0.11 脚手架使用期间，严禁擅自拆除架体主节点处的纵向水平杆、横向水平杆、纵向扫地杆、横向扫地杆和连墙件。

十四、《建筑施工承插型盘扣式钢管支架安全技术规程》JGJ 231—2010

3.1.2 插销外表面应与水平杆和斜杆杆端扣接头内表面吻合，插销连接应保证锤击自锁后不拔脱，抗拔力不得小于 3kN。

6.1.5 模板支架可调托座伸出顶层水平杆或双槽钢托梁的悬臂长度（图 6.1.5）严禁超过 650mm，且丝杆外露长度严禁超过 400mm，可调托座插入立杆或双槽钢托梁长度不得小于 150mm。

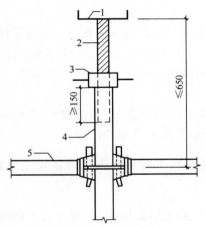

图 6.1.5　带可调托座伸出顶层水平杆的悬臂长度
1—可调托座；2—螺杆；3—调节螺母；
4—立杆；5—水平杆

9.0.6 严禁在模板支架及脚手架基础开挖深度影响范围内进行挖掘作业。

9.0.7 拆除的支架构件应安全地传递至地面，严禁抛掷。

十五、《建筑施工工具式脚手架安全技术规范》JGJ 202—2010

4.4.2 附着式升降脚手架结构构造的尺寸应符合下列规定：

　　1 架体高度不得大于 5 倍楼层高；

　　2 架体宽度不得大于 1.2m；

　　3 直线布置的架体支承跨度不得大于 7m，折线或曲线布置的架体，相邻两主框架支撑点处的架体外侧距离不得大于 5.4m；

　　4 架体的水平悬挑长度不得大于 2m，且不得大于跨度的 1/2；

　　5 架体全高与支承跨度的乘积不得大于 110m²。

4.4.5 附着支承结构应包括附墙支座、悬臂梁及斜拉杆，其构造应符合下列规定：

　　1 竖向主框架所覆盖的每个楼层处应设置一道附墙支座；

　　2 在使用工况时，应将竖向主框架固定于附墙支座上；

　　3 在升降工况时，附墙支座上应设有防倾、导向的结构装置；

　　4 附墙支座应采用锚固螺栓与建筑物连接，受拉螺栓的螺母不得少于两个或应采用弹簧垫圈加单螺母，螺杆露出螺母端部的长度不应少于 3 扣，并不得小于 10mm，垫板尺寸应由设计确定，且不得小于 100mm×100mm×10mm；

　　5 附墙支座支承在建筑物上连接处混凝土的强度应按设计要求确定，且不得小于 C10。

4.4.10 物料平台不得与附着式升降脚手架各部位和各结构构件相连，其荷载应直接传递给建筑工程结构。

4.5.1 附着式升降脚手架必须具有防倾覆、防坠落和同步升降控制的安全装置。

4.5.3 防坠落装置必须符合下列规定：

　　1 防坠落装置应设置在竖向主框架处并附着在建筑结构上，每一升降点不得少于一个防坠落装置，防坠落装置在使用和升降工况下都必须起作用；

2 防坠落装置必须采用机械式的全自动装置，严禁使用每次升降都需重组的手动装置；

3 防坠落装置技术性能除应满足承载能力要求外，还应符合表 4.5.3 的规定。

表 4.5.3   防坠落装置技术性能

脚手架类别	制动距离（mm）
整体式升降脚手架	≤80
单片式升降脚手架	≤150

4 防坠落装置应具有防尘、防污染的措施，并应灵敏可靠和运转自如；

5 防坠落装置与升降设备必须分别独立固定在建筑结构上；

6 钢吊杆式防坠落装置，钢吊杆规格应由计算确定，且不应小于 $\phi 25mm$。

5.2.11 悬挂吊篮的支架支撑点处结构的承载能力，应大于所选择吊篮各工况的荷载最大值。

5.4.7 悬挂机构前支架严禁支撑在女儿墙上、女儿墙外或建筑物挑檐边缘。

5.4.10 配重件应稳定可靠地安放在配重架上，并应有防止随意移动的措施。严禁使用破损的配重件或其他替代物。配重件的重量应符合设计规定。

5.4.13 悬挂机构前支架应与支撑面保持垂直，脚轮不得受力。

5.5.8 吊篮内的作业人员不应超过 2 个。

6.3.1 在提升状况下，三角臂应能绕竖向桁架自由转动；在工作状况下，三角臂与竖向桁架之间应采用定位装置防止三角臂转动。

6.3.4 每一处连墙件应至少有 2 套杆件，每一套杆件应能够独立承受架体上的全部荷载。

6.5.1 防护架的提升索具应使用现行国家标准《重要用途钢丝绳》GB 8918 规定的钢丝绳。钢丝绳直径不应小于 12.5mm。

6.5.7 当防护架提升、下降时，操作人员必须站在建筑物内或相邻的架体上，严禁站在防护架上操作；架体安装完毕前，严禁上人。

6.5.10 防护架在提升时，必须按照"提升一片、固定一片、封闭一片"的原则进行，严禁提前拆除两片以上的架体、分片处的连接杆、立面及底部封闭设施。

6.5.11 在每次防护架提升后，必须逐一检查扣件紧固程度；所有连接扣件拧紧力矩必须达到 40N·m～65N·m。

7.0.1 工具式脚手架安装前，应根据工程结构、施工环境等特点编制专项施工方案，并应经总承包单位技术负责人审批、项目总监理工程师审核后实施。

7.0.3 总承包单位必须将工具式脚手架专业工程发包给具有相应资质等级的专业队伍，并应签订专业承包合同，明确总包、分包或租赁等各方的安全生产责任。

8.2.1 高处作业吊篮在使用前必须经过施工、安装、监理等单位的验收，未经验收或验收不合格的吊篮不得使用。

十六、《建筑施工木脚手架安全技术规范》JGJ 164—2008

1.0.3 当选材、材质和构造符合本规范的规定时，脚手架搭设高度应符合下列规定：

    1 单排架不得超过 20m；

    2 双排架不得超过 25m，当需超过 25m 时，应按本规范第 5 章进行设计计算确定，但增高后的总高度不得超过 30m。

3.1.1 杆件、连墙件应符合下列规定：

    1 立杆、斜撑、剪刀撑、抛撑应选用剥皮杉木或落叶松。其材质性能应符合现行国家标准《木结构设计规范》GB 50005 中规定的承重结构原木Ⅲ$_a$材质等级的质量标准。

    2 纵向水平杆及连墙件应选用剥皮杉木或落叶松。横向水平杆应选用剥皮杉木或落叶松。其材质性能均应符合现行国家标准《木结构设计规范》GB 50005 中规定的承重结构原木Ⅱ$_a$材质等级的质量标准。

3.1.3　连接用的绑扎材料必须选用 8 号镀锌钢丝或回火钢丝，且不得有锈蚀斑痕；用过的钢丝严禁重复使用。

6.1.2　单排脚手架的搭设不得用于墙厚在 180mm 及以下的砌体土坯和轻质空心砖墙以及砌筑砂浆强度在 M1.0 以下的墙体。

6.1.3　空斗墙上留置脚手眼时，横向水平杆下必须实砌两皮砖。

6.1.4　砖砌体的下列部位不得留置脚手眼：

　1　砖过梁上与梁成 60°角的三角形范围内；

　2　砖柱或宽度小于 740mm 的窗间墙；

　3　梁和梁垫下及其左右各 370mm 的范围内；

　4　门窗洞口两侧 240mm 和转角处 420mm 的范围内；

　5　设计图纸上规定不允许留洞眼的部位。

6.2.2　剪刀撑的设置应符合下列规定：

　1　单、双排脚手架的外侧均应在架体端部、转折角和中间每隔 15m 的净距内，设置纵向剪刀撑，并应由底至顶连续设置；剪力撑的斜杆应至少覆盖 5 根立杆（图 6.2.2-1a）。斜杆与地面倾角应在 45°～60° 之间。当架长在 30m 以内时，应在外侧立面整个长度和高度上连续设置多跨剪刀撑（图 6.2.2-1b）。

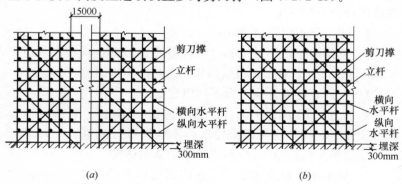

(a)　　　　　　　　　　　　　(b)

图 6.2.2-1　剪刀撑构造图（一）

(a) 间隔式剪刀撑；(b) 连续式剪刀撑

　　2　剪刀撑的斜杆的端部应置于立杆与纵、横向水平杆相交节点处，与横向水平杆绑扎应牢固。中部与立杆及纵、横向水平杆各相交处均应绑扎牢固。

　　3　对不能交圈搭设的单片脚手架，应在两端端部从底到上连续设置横向斜撑，如图 6.2.2-2a。

　　4　斜撑或剪刀撑的斜杆底端埋入土内深度不得小于 0.3m（图 6.2.2-2b）。

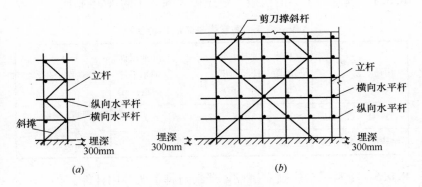

图 6.2.2-2　剪刀撑构造图（二）
(a) 斜撑的埋设；(b) 剪刀撑斜杆的埋设

6.2.3　对三步以上的脚手架，应每隔 7 根立杆设置 1 根抛撑，抛撑应进行可靠固定，底端埋深应为 0.2～0.3m。

6.2.4　当脚手架架高超过 7m 时，必须在搭设的同时设置与建筑物牢固连接的连墙件。连墙件的设置应符合下列规定：

　　1　连墙件应既能抗拉又能承压，除应在第一步架高处设置外，双排架应两步三跨设置一个；单排架应两步两跨设置一个；连墙件应沿整个墙面采用梅花形布置。

　　2　开口形脚手架，应在两端端部沿竖向每步架设置一个。

　　3　连墙件应采用预埋件和工具化、定型化的连接构造。

6.2.6　在土质地面挖掘立杆基坑时，坑深应为 0.3～0.5m，并应于埋杆前将坑底夯实，或按计算要求加设垫木。

6.2.7 当双排脚手架搭设立杆时，里外两排立杆距离应相等。杆身沿纵向垂直允许偏差应为架高的 3/1000，且不得大于 100mm，并不得向外倾斜。埋杆时，应采用石块卡紧，再分层回填夯实，并应有排水措施。

6.2.8 当立杆底端无法埋地时，立杆在地表面处必须加设扫地杆。横向扫地杆距地表面应为 100mm，其上绑扎纵向扫地杆。

6.3.1 满堂脚手架的构造参数应按表 6.3.1 的规定选用。

表 6.3.1　满堂脚手架的构造参数

用途	控制荷载	立杆纵横间距（m）	纵向水平杆竖向步距（m）	横向水平杆设置	作业层横向水平杆间距（m）	脚手板铺设
装修架	2kN/m²	≤1.2	1.8	每步一道	0.60	满铺、铺稳、铺牢，脚手板下设置大网眼安全网
结构架	3kN/m²	≤1.5	1.4	每步一道	0.75	

8.0.5 上料平台应独立搭设，严禁与脚手架共用杆件。

8.0.8 不得在各种杆件上进行钻孔、刀削和斧砍。每年均应对所使用的脚手板和各种杆件进行外观检查，严禁使用有腐朽、虫蛀、折裂、扭裂和纵向严重裂缝的杆件。

十七、《建筑施工竹脚手架安全技术规范》JGJ 254—2011

3.0.2 严禁搭设单排竹脚手架。双排竹脚手架的搭设高度不得超过 24m，满堂架搭设高度不得超过 15m。

4.2.5 竹杆的绑扎材料严禁重复使用。

6.0.3 拆除竹脚手架时，应符合下列规定：

1 拆除作业必须由上而下逐层进行，严禁上下同时作业，严禁斩断或剪断整层绑扎材料后整层滑塌、整层推倒或拉倒；

2 连墙件必须随竹脚手架逐层拆除，严禁先将整层或数层连墙件拆除后再拆除架体；分段拆除时高差不应大于 2 步。

6.0.7　拆下的竹脚手架各种杆件、脚手板等材料，应向下传递或用索具吊运至地面，严禁抛掷至地面。

8.0.6　当搭设、拆除竹脚手架时，必须设置警戒线、警戒标志，并应派专人看护，非作业人员严禁入内。

8.0.8　当双排脚手架搭设高度达到三步架高时，应随搭随设连墙件、剪刀撑等杆件，且不得随意拆除。当脚手架下部暂不能设连墙件时应设置抛撑。

8.0.12　在竹脚手架使用期间，严禁拆除下列杆件：

　　1　主节点处的纵、横向水平杆，纵、横向扫地杆；

　　2　顶撑；

　　3　剪刀撑；

　　4　连墙件。

8.0.13　在竹脚手架使用期间，不得在脚手架基础及其邻近处进行挖掘作业。

8.0.14　竹脚手架作业层上严禁超载。

8.0.21　工地应设置足够的消防水源和临时消防系统，竹材堆放处应设置消防设备。

8.0.22　当在竹脚手架上进行电焊、机械切割作业时，必须经过批准且有可靠的安全防火措施，并应设专人监管。

8.0.23　施工现场应有动火审批制度，不应在竹脚手架上进行明火作业。

十八、《液压升降整体脚手架安全技术规程》JGJ 183—2009

3.0.1　液压升降整体脚手架架体及附着支承结构的强度、刚度和稳定性必须符合设计要求，防坠落装置必须灵敏、制动可靠，防倾覆装置必须稳固、安全可靠。

7.1.1　液压升降整体脚手架的每个机位必须设置防坠落装置，防坠落装置的制动距离不得大于 80mm。

7.2.1　液压升降整体脚手架在升降工况下，竖向主框架位置的最上附着支承和最下附着支承之间的最小间距不得小子 2.8mm

或 1/4 架体高度；在使用工况下，竖向主框架位置的最上附着支承和最下附着支承之间的最小间距不得小于 5.6m 或 1/2 架体高度。

十九、《建筑拆除工程安全技术规范》JGJ 147—2016

5.1.1 人工拆除施工应从上至下逐层拆除，并应分段进行，不得垂直交叉作业。当框架结构采用人工拆除施工时，应按楼板、次梁、主梁、结构柱的顺序依次进行。

5.1.2 当进行人工拆除作业时，水平构件上严禁人员聚集或集中堆放物料，作业人员应在稳定的结构或脚手架上操作。

5.1.3 当人工拆除建筑墙体时，严禁采用底部掏掘或推倒的方法。

5.2.2 当采用机械拆除建筑时，应从上至下逐层拆除，并应分段进行；应先拆除非承重结构，再拆除承重结构。

6.0.3 拆除工程施工前，必须对施工作业人员进行书面安全技术交底，且应有记录并签字确认。

二十、《建筑施工作业劳动防护用品配备及使用标准》JGJ 184—2009

2.0.4 进入施工现场人员必须佩戴安全帽。作业人员必须戴安全帽、穿工作鞋和工作服；应按作业要求正确使用劳动防护用品。在 2m 及以上的无可靠安全防护设施的高处、悬崖和陡坡作业时，必须系挂安全带。

3.0.1 架子工、起重吊装工、信号指挥工的劳动防护用品配备应符合下列规定：

    1 架子工、塔式起重机操作人员、起重吊装工应配备灵便紧口的工作服、系带防滑鞋和工作手套。

    2 信号指挥工应配备专用标志服装。在自然强光环境条件作业时，应配备有色防护眼镜。

3.0.2 电工的劳动防护用品配备应符合下列规定：

    1   维修电工应配备绝缘鞋、绝缘手套和灵便紧口的工作服。

    2   安装电工应配备手套和防护眼镜。

    3   高压电气作业时，应配备相应等级的绝缘鞋、绝缘手套和有色防护眼镜。

3.0.3 电焊工、气割工的劳动防护用品配备应符合下列规定：

    1   电焊工、气割工应配备阻燃防护服、绝缘鞋、鞋盖、电焊手套和焊接防护面罩。在高处作业时，应配备安全帽与面罩连接式焊接防护面罩和阻燃安全带。

    2   从事清除焊渣作业时，应配备防护眼镜。

    3   从事磨削钨极作业时，应配备手套、防尘口罩和防护眼镜。

    4   从事酸碱等腐蚀性作业时，应配备防腐蚀性工作服、耐酸碱胶鞋，戴耐酸碱手套、防护口罩和防护眼镜。

    5   在密闭环境或通风不良的情况下，应配备送风式防护面罩。

3.0.4 锅炉、压力容器及管道安装工的劳动防护用品配备应符合下列规定：

    1   锅炉及压力容器安装工、管道安装工应配备紧口工作服和保护足趾安全鞋。在强光环境条件作业时，应配备有色防护眼镜。

    2   在地下或潮湿场所，应配备紧口工作服、绝缘鞋和绝缘手套。

3.0.5 油漆工在从事涂刷、喷漆作业时，应配备防静电工作服、防静电鞋、防静电手套、防毒口罩和防护眼镜；从事砂纸打磨作业时，应配备防尘口罩和密闭式防护眼镜。

3.0.6 普通工从事淋灰、筛灰作业时，应配备高腰工作鞋、鞋盖、手套和防尘口罩，应配备防护眼镜；从事抬、扛物料作业时，应配备垫肩；从事人工挖扩桩孔孔井下作业时，应配备雨靴、手套和安全绳；从事拆除工程作业时，应配备保护足趾安全鞋、手套。

3.0.10 磨石工应配备紧口工作服、绝缘胶靴、绝缘手套和防尘口罩。

3.0.14 防水工的劳动防护用品配备应符合下列规定：

1 从事涂刷作业时，应配备防静电工作服、防静电鞋和鞋盖、防护手套、防毒口罩和防护眼镜。

2 从事沥青熔化、运送作业时，应配备防烫工作服、高腰布面胶底防滑鞋和鞋盖、工作帽、耐高温长手套、防毒口罩和防护眼镜。

3.0.17 钳工、铆工、通风工的劳动防护用品配备应符合下列规定：

1 从事使用锉刀、刮刀、錾子、扁铲等工具作业时，应配备紧口工作服和防护眼镜。

2 从事剔凿作业时，应配备手套和防护眼镜；从事搬抬作业时，应配备保护足趾安全鞋和手套。

3 从事石棉、玻璃棉等含尘毒材料作业时，操作人员应配备防异物工作服、防尘口罩、风帽、风镜和薄膜手套。

3.0.19 电梯安装工、起重机械安装拆卸工从事安装、拆卸和维修作业时，应配备紧口工作服、保护足趾安全鞋和手套。

二十一、《建筑施工塔式起重机安装、使用、拆卸安全技术规程》JGJ 196—2010

2.0.3 塔式起重机安装、拆卸作业应配备下列人员：

1 持有安全生产考核合格证书的项目负责人和安全负责人、机械管理人员；

2 具有建筑施工特种作业操作资格证书的建筑起重机械安装拆卸工、起重司机、起重信号工、司索工等特种作业操作人员。

2.0.9 有下列情况之一的塔式起重机严禁使用：

1 国家明令淘汰的产品；

2 超过规定使用年限经评估不合格的产品；

3 不符合国家现行相关标准的产品；

4 没有完整安全技术档案的产品。

2.0.14 当多台塔式起重机在同一施工现场交叉作业时，应编制专项方案，并应采取防碰撞的安全措施。任意两台塔式起重机之间的最小架设距离应符合下列规定：

    1 低位塔式起重机的起重臂端部与另一台塔式起重机的塔身之间的距离不得小于 2m；

    2 高位塔式起重机的最低位置的部件（或吊钩升至最高点或平衡重的最低部位）与低位塔式起重机中处于最高位置部件之间的垂直距离不得小于 2m。

2.0.16 塔式起重机在安装前和使用过程中，发现有下列情况之一的，不得安装和使用：

    1 结构件上有可见裂纹和严重锈蚀的；

    2 主要受力构件存在塑性变形的；

    3 连接件存在严重磨损和塑性变形的；

    4 钢丝绳达到报废标准的；

    5 安全装置不齐全或失效的。

3.4.12 塔式起重机的安全装置必须齐全，并应按程序进行调试合格。

3.4.13 连接件及其防松防脱件严禁用其他代用品代用。连接件及其防松防脱件应使用力矩扳手或专用工具紧固连接螺栓。

4.0.2 塔式起重机使用前，应对起重司机、起重信号工、司索工等作业人员进行安全技术交底。

4.0.3 塔式起重机的力矩限制器、重量限制器、变幅限位器、行走限位器、高度限位器等安全保护装置不得随意调整和拆除，严禁用限位装置代替操纵机构。

5.0.7 拆卸时应先降节、后拆除附着装置。

     二十二、《建筑施工升降机安装、使用、拆卸安全技术规程》 JGJ 215—2010

4.1.6 有下列情况之一的施工升降机不得安装使用：

    1 属国家明令淘汰或禁止使用的；

    2 超过由安全技术标准或制造厂家规定使用年限的；

3   经检验达不到安全技术标准规定的；

4   无完整安全技术档案的；

5   无齐全有效的安全保护装置的。

4.2.10   安装作业时必须将按钮盒或操作盒移至吊笼顶部操作。当导轨架或附墙架上有人员作业时，严禁开动施工升降机。

5.2.2   严禁施工升降机使用超过有效标定期的防坠安全器。

5.2.10   严禁用行程限位开关作为停止运行的控制开关。

5.3.9   严禁在施工升降机运行中进行保养、维修作业。

二十三、 《建筑施工起重吊装工程安全技术规范》JGJ 276—2012

3.0.1   起重吊装作业前，必须编制吊装作业的专项施工方案，并应进行安全技术措施交底；作业中，未经技术负责人批准，不得随意更改。

3.0.19   暂停作业中，对吊装作业中未形成稳定体系的部分，必须采取临时固定措施。

3.0.23   对临时固定的构件，必须在完成了永久固定，并经检查确认无误后，方可解除临时固定措施。

二十四、 《建筑工程施工现场标志设置技术规程》JGJ 348—2014

3.0.2   建筑工程施工现场的下列危险部位和场所应设置安全标志：

1   通道口、楼梯口、电梯口和孔洞口；

2   基坑和基槽外围、管沟和水池边沿；

3   高差超过 1.5m 的临边部位；

4   爆破、起重、拆除和其他各种危险作业场所；

5   爆破物、易燃物、危险气体、危险液体和其他有毒有害危险品存放处；

6   临时用电设施；

7　施工现场其他可能导致人身伤害的危险部位或场所。

二十五、《建设工程施工现场供用电安全规范》GB 50194—2014

4.0.4　发电机组电源必须与其他电源互相闭锁，严禁并列运行。

8.1.10　保护导体（PE）上严禁装设开关或熔断器。

8.1.12　严禁利用输送可燃液体、可燃气体或爆炸性气体的金属管道作为电气设备的接地保护导体（PE）。

10.2.4　严禁利用额定电压 220V 的临时照明灯具作为行灯使用。

10.2.7　行灯变压器严禁带入金属容器或金属管道内使用。

11.2.3　在易燃、易爆区域内进行用电设备检修或更换工作时，必须断开电源，严禁带电作业。

11.4.2　在潮湿环境中严禁带电进行设备检修工作。

二十六、《建筑深基坑工程施工安全技术规范》JGJ 311—2013

5.4.5　基坑工程变形监测数据超过报警值，或出现基坑、周边建（构）筑、管线失稳破坏征兆时，应立即停止施工作业，撤离人员，待险情排除后方可恢复施工。

二十七、《岩土工程勘察安全规范》GB 50585—2010

3.0.4　勘察单位应对从业人员定期进行安全生产教育和安全生产操作技能培训，未经培训考核合格的作业人员，严禁上岗作业。

3.0.10　未按规定佩戴和使用劳动防护用品的勘察作业人员，严禁上岗作业。

4.1.1　勘察作业组成员不应少于 2 人，作业时两人之间距离不应超出视线范围，并应配备通信设备或定位仪器，严禁单人进行作业。

6.1.9　水域勘察作业完毕，应及时清除埋设的套管、井口管和留置在水域的其他障碍物。

6.3.2   特殊气象、水文条件时，水域勘察应符合下列规定：

1   大雾或浪高大于 1.5m 时，勘探作业船舶和水上勘探平台等严禁抛锚、起锚、迁移和定位作业，交通船舶不得靠近漂浮钻场接送作业人员；

2   浪高大于 2.0m 时，勘探作业船舶和水上勘探平台等漂浮钻场严禁勘探作业；

3   5 级以上大风时，严禁勘察作业；6 级以上大风或接到台风预警信号时，应立即撤船回港；

4   在江、河、溪、谷等水域勘察作业时，接到上游洪峰警报后应停止作业，并应撤离作业现场靠岸度汛。

8.1.5   堆载平台加载、卸载和试验期间，堆载高度 1.5 倍范围内严禁非作业人员进入。

8.1.7   起重吊装作业时。必须由持上岗证的人员指挥和操作，人员严禁滞留在起重臂和起重物下。起重机严禁载运人员。

9.1.5   采用爆炸震源作业前．应确定爆炸危险边界，并应设置安全隔离带和安全标志，同时应部署警戒人员或警戒船。非作业人员严禁进入作业区。

10.2.1   钻探机组迁移时，钻塔必须落下，非车装钻探机组严禁整体迁移。

11.1.3   接驳供电线路、拆装和维修用电设备必须由持证电工完成，严禁带电作业。

11.2.5   每台用电设备必须有单独的剩余电流动作保护装置和开关箱，一个开关箱严禁直接控制 2 台及以上用电设备。

12.1.1   采购、运输、保管和使用危险品的从业人员必须接受相关专业安全教育、职业卫生防护和应急救援知识培训，并应经考核合格后上岗作业。

12.2.7   放射性试剂和放射源必须存放在铅室中。

12.3.5   在林区、草原、化工厂、燃料厂及其他对防火有特别要求的场地内作业时，必须严格遵守当地有关部门的防火规定。

12.5.2　爆炸、爆破作业人员必须经过专业技术培训，并应取得相应类别的安全作业证书。

12.6.5　使用剧毒药品必须实行双人双重责任制，使用时必须双人作业，作业中途不得擅离职守。

12.8.5　有毒物质、易燃易爆物品、油类、酸碱类物质和有害气体严禁向城市下水道和地表水体排放。

13.2.1　住人临时用房严禁存放柴油、汽油、氧气瓶、乙炔气瓶、煤气罐等易燃、易爆液体或气体容器。

二十八、《湿陷性黄土地区建筑基坑工程安全技术规程》JGJ 167—2009

3.1.5　对安全等级为一级且易于受水浸湿的坑壁以及永久性坑壁，设计中应采用天然状态下的土性参数进行稳定和变形计算，并应采用饱和状态（$S_r=85\%$）条件下的参数进行校核；校核时其安全系数不应小于 1.05。

5.1.4　当有下列情况之一时，不应采用坡率法：

　　1　放坡开挖对拟建或相邻建（构）筑物及重要管线有不利影响；

　　2　不能有效降低地下水位和保持基坑内干作业；

　　3　填土较厚或土质松软、饱和，稳定性差；

　　4　场地不能满足放坡要求。

5.2.5　基坑侧壁稳定性验算，应考虑垂直裂缝的影响，对于具有垂直张裂隙的黄土基坑，在稳定计算中应考虑裂隙的影响，裂隙深度应采用静止直立高度 $z_0=\dfrac{2c}{\gamma\sqrt{k_a}}$ 计算。一级基坑安全系数计算。一级基坑安全系数不得低于 1.30，二、二级基坑安全系数不得低于 1.20。

13.2.4　基坑的上、下部和四周必须设置排水系统，流水坡向明显，不得积水。基坑上部排水沟与基坑边缘的距离应大于 2m，沟底和两侧必须做防渗处理。基坑底部四周应设置排水沟和集水坑。

二十九、《建筑施工临时支撑结构技术规范》JGJ 300—2013

7.1.1 支撑结构严禁与起重机械设备、施工脚手架等连接。

7.1.3 支撑结构使用过程中，严禁拆除构配件。

7.7.2 支撑结构作业层上的施工荷载不得超过设计允许荷载。

三十、《建筑施工升降设备设施检验标准》JGJ 305—2013

3.0.7 严禁使用经检验不合格的建筑施工升降设备设施。

4.2.9 防坠装置与提升设备严禁设置在同一个附墙支承结构上。

4.2.15 附着式脚手架架体上应有防火措施。

5.2.8 安全锁应完好有效，严禁使用超过有效标定期限的安全锁。

6.2.9 吊笼安全停靠装置应为刚性机构，且必须能承担吊笼、物料及作业人员等全部荷载。

7.2.15 严禁使用超过有效标定期限的防坠安全器。

8.2.8 钢丝绳必须设有防脱装置，该装置与滑轮及卷筒轮缘的间距不得大于钢丝绳直径的 20%。

三十一、《施工企业安全生产管理规范》GB 50656—2011

3.0.9 施工企业严禁使用国家明令淘汰的技术、工艺、设备、设施和材料。

5.0.3 施工企业应建立和健全与企业安全生产组织相对应的安全生产责任体系，并应明确各管理层、职能部门、岗位的安全生产责任。

10.0.6 施工企业应根据施工组织设计、专项安全施工方案（措施）编制和审批权限的设置，分级进行安全技术交底，编制人员应参与安全技术交底、验收和检查。

12.0.3 施工企业的工程项目部应根据企业安全生产管理制度，实施施工现场安全生产管理，应包括下列内容：

6 确定消防安全责任人，制订用火、用电、使用易燃易爆材料等各项消防安全管理制度和操作规程，设置消防通道、消防水源，配备消防设施和灭火器材，并在施工现场入口处设置明显标志；

15.0.4 施工企业安全检查应配备必要的检查、测试器具，对存在的问题和隐患，应定人、定时间、定措施组织整改，并应跟踪复查直至整改完毕。

三十二、《建筑塔式起重机安全监控系统应用技术规程》JGJ 332—2014

3.1.1 塔机安全监控系统应具有对塔机的起重量、起重力矩、起升高度、幅度、回转角度、运行行程信息进行实时监视和数据存储功能。当塔机有运行危险趋势时，塔机控制回路电源应能自动切断。

3.1.2 在既有塔机升级加装安全监控系统时，严禁损伤塔机受力结构。

3.1.3 在既有塔机升级加装安全监控系统时，不得改变塔机原有安全装置及电气控制系统的功能和性能。

三十三、《城市梁桥拆除工程安全技术规范》CJJ 248—2016

3.0.5 解除梁桥的预应力体系必须保证结构安全。预应力混凝土结构切割、破碎过程中，应采取预应力端头防护措施，轴线方向不得有人；无粘结预应力筋应在相应结构拆除前先行解除预应力。

6.1.3 上部结构拆除过程中应保证剩余结构的稳定。

三十四、《市政架桥机安全使用技术规程》JGJ 266—2011

3.0.1 架桥机应具有特种设备制造许可证、产品合格证、使用说明书、制造监督检验证明和备案证明。

3.0.3 从事架桥机的装拆企业必须具备建设主管部门颁发的起

重设备安装工程专业承包资质和施工企业安全生产许可证，架桥机的特种作业人员必须持由国家认可具有培训资格部门签发的操作资格证书上岗。

3.0.5 施工单位应根据工程情况选用架桥机类型，并应制定作业计划、编制架桥机装拆和使用的施工方案。施工方案应通过专家论证，并应经监理单位批准后方可实施。必须严格按施工方案组织施工，不得擅自修改和调整施工方案。

4.4.5 架桥机安装完毕后，使用单位应组织出租、安装、监理等有关单位进行验收，并应委托具有国家认可检验检测资质的机构进行检测，检测后应出具检验报告。架桥机应经验收合格后再投入使用。

三十五、《压型金属板工程应用技术规范》GB 50896—2013

8.3.1 压型金属板围护系统工程施工应符合下列规定：

　　1 施工人员应戴安全帽，穿防护鞋；高空作业应系安全带，穿防滑鞋；

　　2 屋面周边和预留孔洞部位应设置安全护栏和安全网，或其他防止坠落的防护措施；

　　3 雨天、雪天和五级风以上时严禁施工。

三十六、《建筑施工安全检查标准》JGJ 59—2011

4.0.1 建筑施工安全检查评定中，保证项目应全数检查。

5.0.3 当建筑施工安全检查评定的等级为不合格时，必须限期整改达到合格。

第三篇　建筑主体施工安全

一、混凝土结构工程施工

《混凝土结构工程施工规范》GB 50666—2011

3.3   施工质量与安全

3.3.10   混凝土结构工程施工中的安全措施、劳动保护、防火要求等，应符合国家现行有关标准的规定。

11   环境保护

11.1   一般规定

11.1.1   施工项目部应制定施工环境保护计划。落实责任人员，并应组织实施。混凝土结构施工过程的环境保护效果，宜进行自评估。

11.1.2   施工过程中，应采取建筑垃圾减量化措施，施工过程中产生的建筑垃圾，应进行分类、统计和处理。

11.2   环境因素控制

11.2.1   施工过程中，应采取防尘、降尘措施。施工现场的主要道路，宜进行硬化处理或采取其他扬尘控制措施。可能造成扬尘的露天堆储材料，宜采取扬尘控制措施。

11.2.2   施工过程中，应对材料搬运、施工设备和机具作业等采取可靠的降低噪声措施。施工作业在施工场界的噪声级，应符合现行国家标准《建筑施工场界噪声限值》GB 12523 的有关规定。

11.2.3   施工过程中，应采取光污染控制措施。可能产生强光的施工作业，应采取防护和遮挡措施。夜间施工时，应采用低角度灯光照明。

11.2.4   应采取沉淀、隔油等措施处理施工过程中产生的污水，不得直接排放。

11.2.5   宜选用环保型脱模剂。涂刷模板脱模剂时，应防止洒漏。含有污染环境成分的脱模剂，使用后剩余的脱模剂及其包装等不得与普通垃圾混放，应由厂家或有资质的单位回收处理。

11.2.6   施工过程中，对施工设备和机具维修、运行、存储时的漏油，应采取有效的隔离措施，不得直接污染土壤。漏油应统一收集并进行无害化处理。

11.2.7 混凝土外加剂、养护剂的使用应满足环境保护和人身健康的要求。

11.2.8 施工中可能接触有害物质的操作人员应采取有效的防护措施。

11.2.9 不可循环使用的建筑垃圾，应集中收集，并应及时清运至有关部门指定的地点。可循环使用的建筑垃圾，应加强回收利用，并应做好记录。

二、预应力结构施工

《无粘结预应力混凝土结构技术规程》JGJ 92—2016

6.4.11 当体外束有防火要求时，应涂刷防火涂料，并按设计要求采取其他可靠的防火措施。

6.5.3 切割预应力筋前，应根据原设计图纸及实际状况，计算预应力筋切割后的回缩长度。在预应力筋应力释放和切割时应采用专用工具对预应力筋临时锚固，并应采取安全防护措施，确保施工安全。

6.5.5 无粘结预应力楼板拆除前，应先了解预应力筋的分布状况，制定具体的拆除和相关构件的支撑方案，并应有可靠的安全防护措施。拆除前宜先将应切断的预应力筋放松或采取措施降低其应力，严禁直接切断预应力筋。

《建筑工程预应力施工规程》CECS 180：2005

11.3.1 预应力筋下料时应防止钢绞线弹出伤人，尤其是原包装钢绞线放线时宜用放线架约束，近距离内不得有其他人员。

11.3.2 预应力施工时应搭设可靠的操作平台。对原有脚手架应检查是否安全，铺板应牢靠。在悬挑部位进行作业的人员应佩戴安全带。

11.3.3 预应力筋或拉索安装时，应防止预应力筋或拉索甩出或滑脱伤人。

11.3.4 预应力施工作业处的竖向上、下位置严禁其他人员同时作业；必要时应设置安全护栏和安全警示标志。

11.3.5 张拉设备使用前，应清洗工具锚夹片，检查齿形有无损坏，保证有足够的夹持力。

11.3.6 预应力筋张拉时，其两端正前方严禁站人或穿越，操作人员应位于千斤顶侧面。

11.3.7 在油泵和灌浆泵等工作过程中，操作人员不得离开岗位。

11.3.8 所有电气设备使用前应进行安全检查，及时更换或消除隐患；意外停电时，应立即关闭电源开关。严防电气设备受潮漏电。

11.3.9 电焊时操作人员应戴安全面罩，其他人员不能直视强光。

11.3.10 孔道灌浆时应保护操作人员的眼睛和皮肤，避免接触水泥浆。

11.3.11 在电焊、气割等涉及明火的作业时和作业结束后，应采取防火措施。

11.3.12 预应力施工人员应遵守建筑工地有关安全生产的规定。

《后张预应力施工规程》

12.3　施工安全

12.3.1 预应力工程施工应实行逐级安全技术交底制度。施工前，项目技术负责人应将有关安全施工的技术要求向施工作业班组、作业人员作出详细说明，并由双方签字确认；班组长应向班组作业人员进行安全技术措施交底。项目安全员负责对施工现场安全生产进行监督检查。

12.3.2 预应力工程施工单位应建立安全生产教育制度。新进员工入场前必须完成公司、项目部、班组三级安全教育，未经安全教育的人员不得上岗作业。

12.3.3 预应力工程施工单位应认真执行安全生产检查制度。对检查过程中发现的安全问题，应及时出具整改通知单，对存在严重问题的违章人员应依照奖罚制度进行处理。

12.3.4　施工人员进入施工现场，应戴安全帽，高空作业应系安全带，且不得乱放工具和物件。

12.3.5　现场放线和断料的预应力钢绞线或钢丝，应设置专用场地和放线架，避免放线时钢丝、钢绞线跳弹伤人。

12.3.6　预应力施工作业处严禁上下交叉同时作业，必要时应设置安全护栏和安全警示标志。

12.3.7　预应力施工时应搭设可靠的操作平台和安全挡笆，利用已有脚手架进行作业时，应检查脚手架是否安全，铺板是否可靠。在悬挑部位进行作业的人员应佩戴安全带。雨天张拉时，应架设防雨棚。

12.3.8　张拉作业区应设置明显的警戒标志，非作业人员不得随意进入作业区。

12.3.9　张拉时应严格执行在张拉千斤顶两侧操作的规定，千斤顶后面严禁站人，且不得用脚踩踏预应力筋等。

在测量预应力筋伸长值或拧紧锚具螺帽时，应停止张拉，作业人员必须站在千斤顶侧面操作。

12.3.10　液压千斤顶支撑必须与构件端部接触密合，位置准确对称。如需增加垫块，应保证其支脚稳定和受力均匀，并应有防止倾覆的技术措施。

12.3.11　张拉时必须服从统一指挥，严格按照安全技术交底要求操作，压力表读数和千斤顶行程不得超过规定值，发现预应力筋断丝或滑丝、锚具碎裂、混凝土出现裂缝或破碎，锚垫板陷入混凝土等异常情况时，应停止张拉。

12.3.12　孔道灌浆时操作人员应配备口罩、防护手套和防护眼镜，防止浆液喷溅伤人。

12.3.13　所有电器设备使用前应进行安全检查，及时更换或消除隐患；意外停电时，应立即关闭电源开关，严防电器设备受潮漏电。

电气设备的金属外壳，应接地或接零，电气设备所用保险丝的额定电流应与其负荷容量相符，且不得用其他金属线代替。

12.3.14   采用行灯作为照明施工时，其电压不得超过 36V；在潮湿或金属结构内施工时，行灯电压不得超过 12V。

12.3.15   钢结构拉索安装时，应在相应工作面上设置安全网，作业人员必须系安全带。户外作业时，宜在风力不大的情况下进行。在安装过程中应注意风速和风向，采取安全防护措施避免拉索发生过大摆动。有雷电时，必须停止作业。

12.3.16   预应力施工人员应遵守施工现场有关安全生产的规定。

12.5   环境保护

12.5.1   施工项目部应针对工程具体情况，制定施工环境保护计划，落实责任人员，并组织实施。

12.5.2   施工过程中，对施工设备和机具维修、运行、存储过程中的漏油，应采取有效的隔离措施，不得直接排放。漏油应统一收集并进行无害化处理。

12.5.3   现场灌浆用的水泥及其他灌浆材料应采取防水、防潮措施，并密闭存放管理。

12.5.4   现场制浆时应采取扬尘控制措施；制浆和灌浆过程中产生的污水和废浆应进行回收处理，不得直接排放。

12.5.5   施工过程中产生的建筑垃圾应进行分类处理，施工现场严禁焚烧各类建筑垃圾和废弃物品。

12.5.6   夜间施工应办理相关手续，并采取减少声、光等污染的措施。

三、通风与空调工程施工

《通风与空调工程施工规范》GB 50738—2011

3.4   安全与环境保护

3.4.1   承担通风与空调工程施工的企业应具有相应的安全生产许可证；施工安装现场应建立相应的安全与环境保护管理制度，并应配备专职安全员。

3.4.2   通风与空调工程施工前应进行安全技术交底；施工中各项安全防护措施和设施应达到国家有关规定的要求；施工机具应

按相应的安全操作规程要求使用。

3.4.3 施工现场临时用电应符合国家现行有关标准的规定，施工过程中应采取保证用电与机具操作安全的有效措施。

3.4.4 电、气焊施焊作业时，操作人员应持证上岗。设专人监督，并应配备灭火器材；电、气焊操作完毕后，应认真检查，消除隐患后方可离开。

3.4.5 现场搬运、吊装各种材料和设备时，应有专人指挥，协调一致，避免伤人和损坏材料及设备。

3.4.6 大型设备吊装、运输前应编制专项技术方案，经批准后方可实施。

3.4.7 在空气流通不畅的环境中作业时，应采取临时通风措施。

3.4.8 油漆、胶粘剂涂刷时，应采取防护措施，并应在操作区域内保持空气流通。

3.4.9 易燃易爆及其他危险物品应单独安全存放，易挥发物品应密闭保存；危险品残余物及存放容器应妥善回收。

3.4.10 可能产生烟尘、噪声的施工工序作业时，应采取防尘及降噪措施。

4　金属风管与配件制作

4.1.10 金属风管与配件制作的安全和环境保护措施应包括下列内容：

　　1 制作场地应有安全管理规定和设备安全操作说明。禁止违章操作；

　　2 制作场地应划分安全通道、操作加工和产品堆放区域；

　　3 加工机具操作时，操作人员的身体应与机具保持一定的安全距离，应控制好机具启停及加工件的运动方向；

　　4 现场分散加工应采取防雨、雪、大风等设施；

　　5 加工过程中产生的边角余料应充分利用，剩余废料应集中堆放和处理。

5　非金属与复合风管及配件制作

5.1.8 非金属与复合风管制作的安全与环境保护措施应包括下

列内容：

    1 制作人员应戴口罩，制作场地应通风；

    2 胶粘剂应妥善存放，注意防火，且不应直接在阳光下暴晒；

    3 操作现场不应使用明火，应配备灭火器材；

    4 失效的胶粘剂及废胶粘剂容器不应随意抛弃或燃烧，应集中处理；

    5 板材下料使用刀具时，应戴手套。

7. 1. 5 支、吊架制作与安装的安全和环境保护措施应包括下列内容：

    1 支、吊架安装进行电锤操作时，严禁下方站人。

    2 安装支、吊架用的梯子应完好、轻便、结实、稳固，使用时应有人扶持。

    3 脚手架应固定牢固。作业前应检查脚手板的固定。

8. 1. 13 风管安装的安全和环境保护措施应包括下列内容：

    1 风管提升时，应有防止施工机械、风管、作业人员突然坠落、滑倒等事故的措施。

    2 屋面风管、风帽安装时。应对屋面上的露水、霜、雪、青苔等采取防滑保护措施。

    3 整体风管吊装时，两端起吊速度应同步。

    4 胶粘剂应正确使用、安全保管。粘结材料采用热敏胶带时，应避免热熨斗烫伤，过期或废弃的胶粘剂不应随意倒洒或燃烧，废料应集中堆放，及时清运到指定地点。

    5 玻璃钢风管现场修复或风管开孔连接风口，硬聚氯乙烯风管开孔或焊接作业时，操作位置应设置通风设备，作业人员应按规定穿戴防护用品。

10. 1. 6 空气冷热源与辅助设备安装的安全和环境保护措施应包括下列内容：

    1 大型设备运输安装前，应对使用的机具进行安全检查；

    2 应注意路面上的孔、洞、沟和其他障碍物；

3 设备运输、安装时，油品等废料应统一收集和处理。

11.1.7 空调水系统管道与附件安装的安全和环境保护措施应包括下列内容：

1 临时脚手架应搭设平稳、牢固，脚手架跨度不应大于 2m；

2 安装管道时，应先将管道固定在支、吊架上再接口，防止管道滑脱伤人；

3 顶棚内焊接应严加注意防火，焊接地点周围严禁堆放易燃物；

4 管道水压试验对管道加压时，应集中注意力观察压力表，防止超压；

5 冲洗水的排放管应接至可靠的排水井或排水沟里，保证排泄畅通和安全。

12.1.7 制冷剂管道与附件安装的安全和环境保护措施可按本规范第 11.1.7 条执行。

13.1.5 防腐与绝热的安全与环境保护措施应包括下列内容：

1 防腐工程施工中，应采取防止污染环境和侵害作业人员健康的措施；

2 绝热施工应根据施工位置和现场的作业条件，采用相应的防止高空坠落和物体打击的技术措施；

3 在地下或封闭空间的场合施工时，应在施工前完善相应的通风技术措施。

四、模板工程施工

《液压爬升模板工程技术规程》JGJ 195—2010

9 安全规定

9.0.1 爬模施工应符合现行行业标准《建筑施工高处作业安全技术规范》JGJ 80 的有关规定。

9.0.2 爬模工程必须编制安全专项施工方案，方案应经专家论证。

9.0.3 爬模装置的安装、操作、拆除应在专业厂家指导下进行，专业操作人员应进行爬模施工安全、技术培训，合格后方可上岗操作。

9.0.4 爬模工程应设专职安全员，负责爬模施工的安全监控，并填写安全检查表。

9.0.5 操作平台上应在显著位置标明允许荷载值，设备、材料及人员等荷载应均匀分布，人员、物料不得超过允许荷载；爬模装置爬升时不得堆放钢筋等施工材料，非操作人员应撤离操作平台。

9.0.6 爬模施工临时用电线路架设及架体接地、避雷措施等应符合现行行业标准《施工现场临时用电安全技术规范》JGJ 46 的有关规定。

9.0.7 机械操作人员应按现行行业标准《建筑机械使用安全技术规程》JGJ 33 的有关规定定期对机械、液压设备等进行检查、维修，确保使用安全。

9.0.8 操作平台上应按消防要求设置灭火器，施工消防供水系统应随爬模施工同步设置。在操作平台上进行电、气焊作业时应有防火措施和专人看护。

9.0.9 上、下操作平台均应满铺脚手板，脚手板铺设应符合现行行业标准《建筑施工扣件式钢管脚手架安全技术规范》JGJ 130 的有关规定；上架体、下架体全高范围及下端平台底部均应安装防护栏及安全网；下操作平台及下架体下端平台与结构表面之间应设置翻板和兜网。

9.0.10 对后退进行清理的外墙模板应及时恢复停放在原合模位置，并应临时拉结固定；架体爬升时，模板距结构表面不应大于300mm。

9.0.11 遇有六级以上强风、浓雾、雷电等恶劣天气，停止爬模施工作业，并应采取可靠的加固措施。

9.0.12 操作平台与地面之间应有可靠的通信联络。爬升和拆除过程中应分工明确、各负其责，应实行统一指挥、规范指令。爬升和拆除指令只能由爬模总指挥一人下达，操作人员发现有不安全问题，应及时处理、排除并立即向总指挥反馈信息。

9.0.13　爬升前爬模总指挥应告知平台上所有操作人员，清除影响爬升的障碍物。

9.0.14　爬模操作平台上应有专人指挥起重机械和布料机，防止吊运的料斗、钢筋等碰撞爬模装置或操作人员。

9.0.15　爬模装置拆除时，参加拆除的人员必须系好安全带并扣好保险钩；每起吊一段模板或架体前，操作人员必须离开。

9.0.16　爬模施工现场必须有明显的安全标志，爬模安装、拆除时地面应设围栏和警戒标志，并派专人看守，严禁非操作人员入内。

《整体爬模安全技术规程》

9.1　使用

9.1.3　整体爬模在临街处使用时，外侧应有防止坠物伤人的安全防护措施。

9.1.4　整体爬模安装、拆除时，应在地面设围栏和警戒标志，并派专人监护，非作业人员不得入内。

9.1.5　整体爬模使用期间不得拆除下列构件：

　　1　承重结构平台上的杆件、销轴、连接杆；

　　2　与建筑物连接的各类杆件；

　　3　液压升降装置的输油管路及构件；

　　4　外围防护栏的杆件。

9.1.6　作业层上的施工荷载应符合设计要求，不得超载，不得在整体爬模上悬挂起重设备。

9.1.7　悬挂脚手架在爬升工况下，导轮应能沿着墙面自由转动；在使用工况下，导轮机构与悬挂脚手架底部之间应采用锁定装置固定，防止导轮机构水平滑动。

9.1.8　观察人员和操作人员应有畅通的通信联络。

9.1.9　爬升过程中，除顶升作业人员外，其他人员不得在爬模平台上站立。

9.1.10 施工中发现整体爬模出现故障和安全隐患时，应及时排除；当出现可能危及人身安全的情况时，应立即停止作业，应由专业人员处置；处置后的整体爬模应重新进行检查验收，合格后方可使用。

9.2 管理

9.2.1 施工现场使用的整体爬模应具有检验报告、产品合格证。

9.2.2 整体爬模专业施工单位应建立健全安全生产管理制度，制订相应的安全操作规程和检验制度，应建立安装、爬升、使用和日常维护保养等的管理制度。

9.2.3 整体爬模安装、爬升、拆除各阶段应向相关人员进行书面技术交底。

9.2.4 整体爬模所使用的电气设施、线路、接地、防雷等应符合现行行业标准《施工现场临时用电安全技术规范》JGJ 46 的有关规定。

9.2.5 机械操作人员应按照现行行业标准《建筑机械使用安全技术规程》JGJ 33 的有关规定对设备进行操作。

9.2.6 专业施工人员应经过技术培训，考核合格后方可上岗操作。

9.2.7 整体爬模作业人员在施工过程中应戴安全帽、佩戴安全带、穿防滑鞋、戴防护手套，酒后不得上岗作业。

9.2.8 液压系统的液压油缸及构配件应有独立标牌，并应标明产品型号、技术参数、出厂编号、出厂日期、检定周期、制造单位。

9.2.9 爬升机构应有详细描述技术参数、安装方法、作业注意事项说明书。

9.2.10 整体爬模应按消防要求设置有合适种类及数量的消防器材，并应符合现行国家标准《建筑工程施工现场消防安全技术规范》GB 50720 的有关规定。

9.2.11 整体爬模宜设置有各类危险情况的应急预案，并有专人管理和负责。

《建筑塑料复合模板工程技术规程》JGJ/T 352—2014

6.4　施工安全

6.4.1　塑料复合模板施工应符合现行行业标准《建筑施工高处作业安全技术规范》JGJ 80 和《建筑施工模板安全技术规范》JGJ 162 的规定；现场施工应避免模板与火源接触并备置消火栓或灭火器具等；雨雪天施工时，应清除模板表面积雪和明水，并采取铺防滑布或穿防滑鞋等防滑措施。

6.4.2　塑料复合模板安装、拆除前应进行专项安全技术交底。

6.4.3　塑料复合模板吊装最大尺寸应根据起重机械的起重能力及模板的刚度确定。

6.4.4　每次吊运塑料复合模板及其部件前，应逐一检查吊钩及模板各部位连接的牢固性。不得同时起吊两块大模板。

6.4.5　塑料复合模板安装和堆放时应采取支撑和护栏等防倾倒措施，堆放处应设警戒区。

6.4.6　安装墙、柱模板时，模板之间应随时连接并支撑固定。

6.4.7　装拆塑料复合模板，必须有稳固的登高工具或脚手架，高度超过 3m 时，应搭设脚手架。装拆过程中，除操作人员外，下面不得站人，高处作业时，操作人员应挂上安全带。

6.4.8　吊运对拉螺栓等零星部件时，应采用吊盘，不得使用编织袋。

6.4.9　拆模起吊前应确保所有对拉螺栓及临时固定的拉接件完全拆除。

6.4.10　对于大模板，应在模板脱离混凝土前保留支撑；水平模板拆除时，应先使模板与混凝土表面脱离，再拆除模板支架，最后将模板卸下；拆模时，应逐块拆卸，不得成片撬落。

《组装式桁架模板支撑应用技术规程》JGJ/T 389—2016

9　安全管理

9.0.1　组装式桁架模板支撑施工前，应对安拆作业人员进行安全技术培训。对安拆作业人员应定期进行体检，不适合登高作业者不得上架进行操作。

9.0.2　安拆组装式桁架模板支撑时，操作人员应按规定佩戴安全防护用品、穿防滑鞋。

9.0.3　组装式桁架模板支撑上的总荷载严禁超载。

9.0.4　雷雨大气、六级以上强风天气应停止作业。雨、雪、霜后施工时应采取有效的防滑措施，并应清除冰雪。

9.0.5　组装式桁架模板支撑在安装及使用期间，严禁拆除交叉支撑及水平系杆。

9.0.6　组装式桁架模板支撑搭设过程中如遇中途停歇，应将已安装的组装式桁架模板支撑连接稳固，不得浮搁或悬空。拆除中途停歇时，应及时将拆松的杆件、构件等拆卸并清理，防止构件坠落伤人或作业人员扶空坠落。

9.0.7　水平桁架搭设与混凝土浇筑的过程中，作业面下严禁站人。组装式桁架模板支撑在安拆过程中，应设置安全警戒线、警戒标志，并应派专人监护，严禁非工作人员入内。

9.0.8　组装式桁架模板支撑在安装和使用过程中，应避免装卸物料产生偏心、振动和冲击荷载的影响。

9.0.9　组装式桁架模板支撑施工过程中，工地临时用电线路架设等应按现行行业标准《施工现场临时用电安全技术规范》JGJ 46 的有关规定执行。

9.0.10　在组装式桁架模板支撑上进行电、气焊等作业时，必须有防火措施和专人监护。

《组合铝合金模板工程技术规程》JGJ 86—2016

5.5　安全措施

5.5.1　模板工程应编制安全专项施工方案，并应经施工企业技术负责人和总监理工程师审核签字。层高超过 3.3m 的可调钢支撑模板工程或超过一定规模的模板工程安全专项施工方案，施工单位应组织专家进行专项技术论证。

5.5.2　模板装拆和支架搭设、拆除前，应进行施工操作安全技术交底，并应有交底记录；模板安装、支架搭设完毕，应按规定组织验收。并应经责任人签字确认。

5.5.3 高处作业时，应符合现行行业标准《建筑施工高处作业安全技术规范》JGJ 80 的有关规定。

5.5.4 安装墙、柱模板时，应及时固定支撑，防止倾覆。

5.5.5 施工过程中的检查项目应符合下列规定：

1 可调钢支撑等支架基础应坚实、平整，承载力应符合设计要求，并应能承受支架上部荷载；

2 可调钢支撑等支架底部应按设计要求设置底座或预埋螺栓，规格应符合设计要求；

3 可调钢支撑等支架立杆的规格尺寸、连接方式、间距和垂直度应符合设计要求；

4 销钉、对拉螺栓、定位撑条、承接模板与斜撑的预埋螺栓等连接件的个数、间距应符合设计要求；螺栓螺帽应扭紧；

5 当采用本规程规定外的支撑形式时，尚应符合现行行业标准《建筑施工模板安全技术规范》JGJ 162 的规定。

5.5.6 模板支架使用期间，不得擅自拆除支架结构杆件。

5.5.7 在大风地区或大风季节施工，应验算风荷载产生的上浮力影响，且应有抗风的临时加同措施，防止模板上浮。雷雨季节施工应有防湿滑、避雷措施。

5.5.8 在模板搭设或拆除过程中，当停止作业时，应采取措施保证已搭设或拆除后剩余部分模板的安全。

《钢管扣件式木模板支撑系统施工作业规程》

8 作业安全

8.0.1 钢管扣件木模支撑系统搭设、拆除前，应对作业区域的安全防护设施和周边环境进行安全巡查。

8.0.2 作业前，作业人员必须对自备工具进行检查。

8.0.3 项目部应安排安全监护员对作业人员的作业全过程进行监护。

8.0.4 发生险情时必须立即停止作业，采取自救措施，并应立刻上报，不得擅自处理。

8.0.5 作业过程中，应同步进行作业区域的清理工作。

8.0.6　支架搭设时，应有临时作业平台及进出通道。

8.0.7　在作业平台内单个跨距不宜有 2 人及以上同时作业，严禁作业平台堆物。

8.0.8　边梁及格栅梁支架作业时，梁临边必须设置防护栏杆。平台梁支架作业时，必须在平台支架搭设完成后再进行模板、钢筋等作业。

8.0.9　拆除前应确认支撑体系无明显变形，并应清除地面障碍物。

8.0.10　支架体系拆除作业必须由上而下逐层进行，严禁上下同时作业。

8.0.11　模板制作过程中，作业人员应配备与机械安全使用相关的防护用品，作业过程严禁出现影响人身安全的用品及行为。

8.0.12　模板作业过程中，应按方案和规范要求配置灭火器材。

8.0.13　安装孤立的单一结构模板时应设安全操作平台，并应设置可供作业人员进入的通道。

8.0.14　严禁操作人员在梁底模及柱模的支架上通行。

8.0.15　模板铺设过程中，临边、洞口等危险区域必须设置安全警戒措施。

8.0.16　模板拆除前作业人员必须检查所操作的站立点及使用的工具安全；模板拆除时安全监护人员应全过程监控。

8.0.17　搭、拆区域应设置警戒标识，严禁交叉作业。

《建筑工程大模板技术标准》JGJ/T 74—2017

4.2.1　面板系统应符合下列规定：

　　1　面板材料应符合现行行业标准《建筑施工模板安全技术规范》JGJ 162 的规定，并与周转次数要求相适应；

4.2.3　支撑系统应符合下列规定：

　　1　支模及混凝土浇筑时，模板支撑应安全可靠；

4.2.4　模板顶部应设操作平台，操作平台应符合下列规定：

　　4　平台脚手板应符合现行行业标准《建筑施工扣件式钢管脚手架安全技术规范》JGJ 130 的规定；

6.1.4 大模板吊装应符合下列规定：

1 吊装大模板应设专人指挥，模板起吊应平稳，不得偏斜和大幅度摆动；操作人员应站在安全可靠处，严禁施工人员随同大模板一同起吊；

6.5.1 大模板的拆除应符合下列规定：

3 严禁操作人员站在模板上口晃动、撬动或锤击模板。

五、密肋板施工

《密肋复合板结构技术规程》JGJ/T 275—2013

10 施工与验收

10.1 一般规定

10.1.1 密肋复合板结构工程的施工，应编制施工组织设计，包括编制详尽的密肋复合板结构工程的施工技术方案。施工技术方案应包括密肋复合墙体工程、密肋复合楼盖工程各相关分项工程的施工方案、施工工艺流程、质量、安全及控制措施。

10.1.10 墙板安装应不影响施工安全及吊装过程中的临时固定。可按先中间后两边、先内墙后外墙、纵横墙交替安装、逐间封闭的原则进行安装。

10.1.14 密肋复合板结构的施工应满足安全、防火等要求。

10.8 其他专业配合及安全事项

10.8.1 固定各种建筑装修和设备时，应采用可靠的连接方式，并宜固定在现浇混凝土梁、柱上。

10.8.2 各专业在设计阶段应相互配合，尺寸较小的各种管线、孔洞等宜事先在墙板肋格、现浇连接柱、边缘构件或现浇楼板中预埋或预留。较大直径的管线、孔洞宜设置专门的管道井。

10.8.3 局部增设在墙板填充体部位上的插座、开关盒等走线可从现浇柱的线管中通过在墙板保护层及面层上刻线槽敷设到位。

10.8.4 消火栓箱、配电箱、各种分户箱应在预制墙板时准确预留。

10.8.5 在设备安装阶段，当未预留洞口而需在墙板上填充体位置开设孔洞时，应经设计人员同意后方可进行。

10.8.6　施工用的外脚手架，应设专人定期检查，发现隐患应立即整改。

10.8.7　墙板节能一体化构件的堆放场地，应远离明火作业和电焊作业的区域，并应设临时遮挡，不应将其暴露在室外。

10.8.8　严禁蹬踏装饰和保温材料制作的外墙装饰线和立面造型。

《轻质芯模混凝土叠合密肋楼板技术规程》

8.2.6　在构件安装、钢筋安装及混凝土浇筑过程中，应严格规范作业行为，并符合下列规定：

1　应确保选用的钢筋支架、保护层垫块以及钢筋马凳等设施，不会造成芯模表面破裂。

2　严禁将施工机具直接放置在芯模上。

3　严禁在芯模表面堆放重物，防止安全事故的发生。

4　混凝土浇筑宜采用混凝土输送泵，在作业层水平敷设泵管并一次浇筑成型。振捣器应避免触碰芯模。

8.2.9　芯模安装过程中应符合下列防火安全要求：

1　安装施工现场应为禁火区域，并应远离火源。当附近有明火作业时，应严格执行动火审批制度，并采取相应的安全措施。

2　芯模安装施工作业工位，应配备足够的消防器材，指定专人维护、管理、定期更新，应确保其适用、有效。

3　芯模安装施工现场使用的电气设备应符合防火要求；电缆、电线等带电线路应与可燃类保温材料堆放区保持安全距离。

4　芯模安装施工区域动用电气焊、砂轮等明火时，应确认明火作业所涉及区域内的芯模已覆盖了防火保护材料，并设专门的动火监护人。

六、地面工程施工

《建筑地面工程施工质量验收规范》GB 50209—2010

3.0.5　厕浴间和有防滑要求的建筑地面应符合设计防滑要求。

8.0.3　建筑地面工程子分部工程质量验收应检查下列安全和功能项目：

　　2　建筑地面板块面层铺设子分部工程和木、竹面层铺设子分部工程采用的砖、天然石材、预制板块、地毯、人造板材以及胶粘剂、胶结料、涂料等材料证明及环保资料。

　　《自流平地面工程技术规程》JGJ/T 175—2009

8.1.4　环氧树脂或聚氨酯自流平地面工程的施工人员施工前，应做好劳动防护。

　　《环氧树脂自流平地面工程技术规范》GB/T 50589—2010

5.1.2　施工前，应编制施工组织设计文件。施工组织设计文件应包括下列内容：

　　4　劳动保护及施工安全作业措施；

　　5　材料的安全储运。

5.1.3　施工人员应经过专业技能培训和安全教育。

5.1.4　施工现场应封闭，不得进行交叉作业。

　　《自流平地面施工技术规程》一

8　施工安全与环境保护

8.1　一般规定

8.1.1　施工单位宜建立职业健康安全和环境管理体系，并制定相应的管理目标、制度、程序与职责。

8.1.2　施工前应编制职业健康安全、环境施工组织设计、季节性安全施工方案及职业健康安全、环境预案，经技术负责人审批，并报监理（建设）单位审查批准。

8.1.3　施工单位应编制职业健康安全费用计划，并确保费用投入满足职业健康安全施工需要；施工企业所投入的各项职业健康安全材料和设备必须满足相关规范、规程及标准规定。

8.1.4　施工管理人员应具备相应的上岗资格，施工前应进行相关的岗前培训和安全技术交底。

8.1.5　施工应执行《建筑施工安全检查标准》JGJ 59、《建筑施工高处作业安全技术规范》JGJ 80、《建筑机械使用安全技术规程》JGJ 33、《施工现场临时用电安全技术规范》JGJ 46 等现行规范及国家、地方法律、法规的相关要求。

8.2　文明施工

8.2.1　在运输、堆放、施工过程中应注意避免扬尘、遗撒、沾带等现象，应采取遮盖、封闭、洒水、冲洗等必要措施。

8.2.2　清理楼面时，禁止从窗口等处向下抛掷垃圾、杂物。

8.2.3　施工过程产生的建筑垃圾、有害有毒物应运至指定地点处理。

8.2.4　应保持施工现场干净整洁。

8.3　安全施工及安全防护要求

8.3.1　施工现场应配备专职安全管理人员。

8.3.2　施工前项目负责人要组织相关人员结合现场实际编制安全专项施工方案，制定安全技术措施，完善各项规章制度并负责组织实施。

8.3.3　施工前应对地面设施做好保护计划。确保各类管道、管线不损坏。

8.3.4　施工现场临时用电应采用 TN−S 系统。

8.3.5　现场使用的施工机械设备应严格遵守国家和省、市建设行政主管部门的相关管理规定。

8.3.6　施工机具安全防护装置必须齐全。

8.3.7　采用环氧树脂施工时，操作人员应戴橡胶手套、口罩或防毒面具等，若溅入眼内应立即用水清洗并及时就医。

8.3.8　施工作业面必须保持良好的通风环境，在地下室等通风较差的地方操作时，应采用强制通风措施。

8.3.9　临边作业时，必须按规定设置防护装置和警示牌。

8.3.10　科学合理布置现场，照明条件应满足夜间作业要求，夜间或在阴暗处作业时，移动照明应采用 36V 低压设备。

8.4　现场防火要求

8.4.1　施工现场应当根据施工作业条件健全消防制度，落实消防责任。应按照不同作业条件，合理配备灭火器材，灭火器材设置的位置和数量等均应符合有关消防规定。

8.5 粉尘、污水及噪声控制要求

8.5.1 施工时应有防止扬尘措施。

8.5.2 施工现场设沉淀池，污水经三级沉淀后排放或重复利用。

8.5.3 繁华地段必须进行夜间施工时，应在环保部门办理夜间施工许可证。

8.6 其他要求

8.6.1 施工前，应对作业人员进行安全技术交底。

8.6.2 进入现场施工时，首先查看现场电源、线路、电闸的保险装置。使用带电工具应按使用说明书做好接地，接通电源后，经检查合格后方可使用。

8.6.3 材料必须指定专人负责，严格遵守有关规定。

《自流平地面施工技术规程》二

4.7.5 采用环氧树脂材料施工时，施工现场应有良好通风条件，若无条件，应采用强制排风措施，使现场空气流通。施工现场不得有明火，不得吸烟。

4.7.6 采用环氧树脂施工时，操作人员应戴手套和口罩，若溅入眼内应立即用水清洗。

七、高层建筑施工

《高层建筑混凝土结构技术规程》JGJ 3—2010

13.12 施工安全

13.12.1 高层建筑结构施工应符合现行行业标准《建筑施工高处作业安全技术规范》JGJ 80、《建筑机械使用安全技术规程》JGJ 33、《施工现场临时用电安全技术规范》JGJ 46、《建筑施工门式钢管脚手架安全技术规程》JGJ 128、《建筑施工扣件式钢管脚手架安全技术规范》JGJ 130 和《液压滑动模板施工安全技术规程》JGJ 65 等的有关规定。

13.12.2 附着式整体爬升脚手架应经鉴定，并有产品合格证、使用证和准用证。

13.12.3　施工现场应设立可靠的避雷装置。

13.12.4　建筑物的出入口、楼梯口、洞口、基坑和每层建筑的周边均应设置防护设施。

13.12.5　钢模板施工时，应有防漏电措施。

13.12.6　采用自动提升、顶升脚手架或工作平台施工时，应严格执行操作规程，并经验收后实施。

13.12.7　高层建筑施工，应采取上、下通信联系措施。

13.12.8　高层建筑施工应有消防系统，消防供水系统应满足楼层防火要求。

13.12.9　施工用油漆和涂料应妥善保管，并远离火源。

13.13　绿色施工

13.13.1　高层建筑施工组织设计和施工方案应符合绿色施工的要求，并应进行绿色施工教育和培训。

13.13.2　应控制混凝土中碱、氯、氨等有害物质含量。

13.13.3　施工中应采用下列节能与能源利用措施：

　　1　制定措施提高各种机械的使用率和满载率；

　　2　采用节能设备和施工节能照明工具，使用节能型的用电器具；

　　3　对设备进行定期维护保养。

13.13.4　施工中应采用下列节水及水资源利用措施：

　　1　施工过程中对水资源进行管理；

　　2　采用施工节水工艺、节水设施并安装计量装置；

　　3　深基坑施工时，应采取地下水的控制措施；

　　4　有条件的工地宜建立水网，实施水资源的循环使用。

13.13.5　施工中应采用下列节材及材料利用措施：

　　1　采用节材与材料资源合理利用的新技术、新工艺、新材料和新设备；

　　2　宜采用可循环利用材料；

　　3　废弃物应分类回收，并进行再生利用。

13.13.6　施工中应采取下列节地措施：

1 合理布置施工总平面；

2 节约施工用地及临时设施用地，避免或减少二次搬运；

3 组织分段流水施工，进行劳动力平衡，减少临时设施和周转材料数量。

13.13.7 施工中的环境保护应符合下列规定：

1 对施工过程中的环境因素进行分析，制定环境保护措施；

2 现场采取降尘措施；

3 现场采取降噪措施；

4 采用环保建筑材料；

5 采取防光污染措施；

6 现场污水排放应符合相关规定，进出现场车辆应进行清洗；

7 施工现场垃圾应按规定进行分类和排放；

8 油漆、机油等应妥善保存，不得遗洒。

八、木结构工程施工

《木结构工程施工规范》GB/T 50772—2012

11 木结构工程施工安全

11.0.1 木结构施工现场应按现行国家标准《建设工程施工现场消防安全技术规范》GB 50720 的有关规定配置灭火器和消防器材，并应设专人负责现场消防安全。

11.0.2 木结构工程施工机具应选用国家定型产品，并应具有安全和合格证书。使用过程中可能涉及人身安全的施工机具，均应经当地安全生产行政主管部门的审批后再使用。

11.0.3 固定式电锯、电刨、起重机械等应有安全防护装置和操作规程，并应经专门培训合格，且持有上岗证的人员操作。

11.0.4 施工现场堆放木材、木构件及其他木制品应远离火源，存放地点应在火源的上风向。可燃、易燃和有害药剂的运输、存储和使用应制定安全操作规程，并应按安全操作规程规定的程序操作。

11.0.5   木结构工程施工现场严禁明火操作，当必须现场施焊等操作时，应做好相应的保护并由专人负责，施焊完毕后 30min 内现场应有人员看管。

11.0.6   木结构施工现场的供配电、吊装、高空作业等涉及生产安全的环节，均应制定安全操作规程，并应按安全操作规程规定的程序操作。

九、脚手架施工

《建筑施工扣件式钢管脚手架安全技术规范》JGJ 130—2011

9   安全管理

9.0.1   扣件式钢管脚手架安装与拆除人员必须是经考核合格的专业架子工。架子工应持证上岗。

9.0.2   搭拆脚手架人员必须戴安全帽、系安全带、穿防滑鞋。

9.0.3   脚手架的构配件质量与搭设质量，应按本规范第 8 章的规定进行检查验收，并应确认合格后使用。

9.0.4   钢管上严禁打孔。

9.0.5   作业层上的施工荷载应符合设计要求，不得超载。不得将模板支架、缆风绳、泵送混凝土和砂浆的输送管等固定在架体上；严禁悬挂起重设备，严禁拆除或移动架体上安全防护设施。

9.0.6   满堂支撑架在使用过程中，应设有专人监护施工，当出现异常情况时，应立即停止施工，并应迅速撤离作业面上人员。应在采取确保安全的措施后，查明原因、做出判断和处理。

9.0.7   满堂支撑架顶部的实际荷载不得超过设计规定。

9.0.8   当有六级强风及以上风、浓雾、雨或雪天气时应停止脚手架搭设与拆除作业。雨、雪后上架作业应有防滑措施，并应扫除积雪。

9.0.9   夜间不宜进行脚手架搭设与拆除作业。

9.0.10   脚手架的安全检查与维护，应按本规范第 8.2 节的规定进行。

9.0.11   脚手板应铺设牢靠、严实，并应用安全网双层兜底。施工层以下每隔 10m 应用安全网封闭。

9.0.12　单、双排脚手架、悬挑式脚手架沿架体外围应用密目式安全网全封闭，密目式安全网宜设置在脚手架外立杆的内侧，并应与架体绑扎牢固。

9.0.13　在脚手架使用期间，严禁拆除下列杆件：

　　1　主节点处的纵、横向水平杆，纵、横向扫地杆；

　　2　连墙件。

9.0.14　当在脚手架使用过程中开挖脚手架基础下的设备基础或管沟时，必须对脚手架采取加固措施。

9.0.15　满堂脚手架与满堂支撑架在安装过程中，应采取防倾覆的临时固定措施。

9.0.16　临街搭设脚手架时，外侧应有防止坠物伤人的防护措施。

9.0.17　在脚手架上进行电、气焊作业时，应有防火措施和专人看守。

9.0.18　工地临时用电线路的架设及脚手架接地、避雷措施等，应按现行行业标准《施工现场临时用电安全技术规范》JGJ 46 的有关规定执行。

9.0.19　搭拆脚手架时，地面应设围栏和警戒标志，并应派专人看守，严禁非操作人员入内。

《建筑施工承插型套扣式钢管脚手架安全技术规程》

10　安全管理

10.0.1　模板支撑架和脚手架安装与拆除人员必须是经考核合格的专业架子工，且应持证上岗。

10.0.2　搭拆脚手架人员必须戴安全帽、系安全带、穿防滑鞋。

10.0.3　脚手架的构配件质量与搭设质量，应按本规程第 9 章的规定进行检查验收，并应确认合格后使用。

10.0.4　作业层上的施工荷载应符合设计要求，不得超载。不得将模板支撑架、缆风绳、泵送混凝土和砂浆的输送管等固定在架体上；严禁悬挂起重设备，严禁拆除或移动架体上安全防护设施。

10.0.5   满堂支撑架在使用过程中，应设有专人监护施工，当出现异常情况时，应停止施工，并应迅速撤离作业面上人员。应在采取确保安全的措施后，查明原因，做出判断和处理。

10.0.6   满堂支撑架顶部的实际荷载不得超过设计规定。

10.0.7   当有六级及以上强风、浓雾、雨或雪天气时应停止脚手架搭设与拆除作业。雨、雪后上架作业应有防滑措施，并应扫除积雪。

10.0.8   夜间不宜进行脚手架搭设与拆除作业。

10.0.9   模板支撑架和脚手架的安全检查与维护，应按本规程第9.3节的规定执行。

10.0.10   对于高风险的、特殊要求的高大模板支撑系统，混凝土开始浇筑至终凝前，宜对模板支撑架进行监测。

10.0.11   模板支撑架和脚手架使用期间，不得擅自拆除架体结构杆件，如需拆除时，必须报请工程项目技术负责人以及总监理工程师同意，确定防控措施后方可实施。

10.0.12   严禁在模板支撑架和脚手架基础开挖深度影响范围内进行挖掘作业。

10.0.13   拆除的架体构件应安全地传递至地面，严禁抛掷。

10.0.14   高支模区域内，应设置安全警戒线，不得上下交叉作业。

10.0.15   在模板支撑架和脚手架上进行电、气焊作业时，应有防火措施和专人看守。

10.0.16   模板支撑架和脚手架与架空输电线路的安全距离，工地临时用电线路的架设及脚手架接地、避雷措施等，应按《施工现场临时用电安全技术规范》JGJ 46 的有关规定执行。

10.0.17   搭拆脚手架时，地面应设围栏和警戒标志，并应派专人看守，严禁非操作人员入内。避免阳光直接照射。

《建筑施工承插型键槽式钢管支架安全技术规程》

9   安全管理与维护

9.0.1　模板支架和脚手架搭设人员应执证上岗。

9.0.2　支架搭设人员应正确佩戴安全帽、安全带和防滑鞋。

9.0.3　模板支架混凝土浇筑作业层上的施工荷载应符合设计要求，不得超载。

9.0.4　混凝土浇筑过程中，应安排专人监测，发生异常时应及时报告施工负责人，情况紧急时应迅速撤离作业面上施工人员，并应进行相应的加固处理。

9.0.5　模板支架和脚手架使用过程中，严禁擅自拆除架体结构杆件。如需拆除时，必须报请工程项目技术负责人以及总监理工程师同意，确定安全防控措施后方可实施。

9.0.6　严禁在模板支架和脚手架基础开挖深度影响范围内进行挖掘作业。

9.0.7　拆除的支架构件应安全地传递至地面，严禁抛掷。

9.0.8　在搭拆脚手架和高支模时，应设置安全警戒线，并应派专人看守，严禁非操作人员入内。

9.0.9　在脚手架上进行电、气焊作业时，应有防火措施和专人看守。

9.0.10　当有六级及以上强风、浓雾、雨或雪天气时应停止脚手架搭设与拆除作业。雨、雪后上架作业应有防滑措施，并应扫除积雪。

9.0.11　模板支架和脚手架应与架空输电线路保持安全距离，工地临时用电线路架设及脚手架接地防雷措施等应按现行行业标准《施工现场临时用电安全技术规范》JGJ 46 的有关规定执行。

9.0.12　使用后的支架构配件应清除表面粘结的灰渣，校正杆件变形，表面作防锈处理后待用。

《建筑施工键插接式钢管支架安全技术规程》

9　安全管理

9.0.1　钢管支架搭设拆除作业人员必须是经考核合格的专业架子工，并应持证上岗。

9.0.2　钢管支架搭设拆除作业人员必须正确戴安全帽、系安全带和穿防滑鞋。

9.0.3 作业层上的施工荷载应符合设计要求，不得超载，不得在钢管支架上集中堆放模板、钢筋或钢结构构件等物料。

9.0.4 厚度较厚的楼板或断面尺寸较大的梁宜均匀对称浇筑混凝土；高大模板支架与一般模板支架相连接时宜先浇筑一般模板支架上的混凝土；悬臂构件浇筑混凝土时，应从支承端向悬臂端推进；高度4m以上的墙、柱等竖向构件的混凝土应先浇筑，待其达到一定强度后再浇筑梁、板等水平构件的混凝土。

9.0.5 钢管支架搭设拆除期间，应设安全警戒区，安排专人监护，禁止非相关人员进入。

9.0.6 钢管支架底部和顶部的操作层临边及洞口应进行安全防护。

9.0.7 模板支架在混凝土浇筑过程中，或钢结构安装支架在安装钢构件加载过程中，应派专人在安全部位观测钢管支架的工作状态，当有异常响声、明显变形时，观测人员应随即通知作业人员迅速撤离到安全区域，同时报告施工负责人，经安全评估制定加固措施后，进行修整加固。

9.0.8 夜间不宜进行钢管支架的搭设和拆除作业。

9.0.9 遇6级及以上风、雨雪、浓雾天气时，应停止钢管支架的搭设与拆除作业；雨、雪和霜后作业时，应清除水、冰、霜、雪，并采取防滑措施。

9.0.10 钢管支架使用期间，严禁擅自拆除支架构件，如需拆除必须经修改施工方案并报请原方案审批人批准，确定补救措施后方可实施。

9.0.11 严禁在钢管支架地基基础影响范围内进行挖掘作业。

9.0.12 钢管支架应与输电线路保持安全距离，施工现场临时用电线路架设及钢管支架接地防雷措施等应按现行行业标准《施工现场临时用电安全技术规范》JGJ 46 的有关规定执行。

9.0.13 钢管支架上进行电、气焊作业或采取生火、燃气、燃油、电加热等进行混凝土冬期施工时，必须采取防火、通风、防爆措施和安排专人看护。

9.0.14　对于高宽比大于 2 的相对独立钢管支架，在采取加宽支架宽度或增加抛撑架等措施后，当预报有 7 级及以上风时应对支架的稳固性进行评估，必要时采取支架加固措施。

9.0.15　应编制应急预案。

《轮扣式钢管脚手架安全技术规程》

11　安全管理

11.1　模板支撑架和脚手架安装与拆除人员必须是经考核合格的专业架子工，且应持证上岗。

11.2　搭拆脚手架人员必须戴安全帽、系安全带、穿防滑鞋。

11.3　脚手架的构配件质量与搭设质量，应按本规程第 10 章的规定进行检查验收，并应确认合格后使用。

11.4　作业层上的施工荷载应符合设计要求，不得超载。不得将模板支撑架、缆风绳、泵送混凝土和砂浆的输送管等固定在架体上；严禁悬挂起重设备，严禁拆除或移动架体上安全防护设施。

11.5　满堂支撑架在使用过程中，应设有专人监护施工，当出现异常情况时，应停止施工，并应迅速撤离作业面上人员。应在采取确保安全的措施后，查明原因，做出判断和处理。

11.6　满堂支撑架顶部的实际荷载不得超过设计规定。

11.7　当有六级及以上强风、浓雾、雨或雪天气时应停止脚手架搭设与拆除作业。雨、雪后上架作业应有防滑措施，并应扫除积雪。

11.8　夜间不宜进行脚手架搭设与拆除作业。

11.9　模板支撑架和脚手架的安全检查与维护，应按本规程第10.3 节的规定执行。

11.10　模板支撑架和脚手架使用期间，不得擅自拆除架体结构杆件，如需拆除时，必须报请工程项目技术负责人以及总监理工程师同意，确定防控措施后方可实施。

11.11　严禁在模板支撑架和脚手架基础开挖深度影响范围内进行挖掘作业。

11.12 拆除的架体构件应安全地传递至地面，严禁抛掷。

11.13 高支模区域内，应设置安全警戒线，不得上下交叉作业。

11.14 在模板支撑架和脚手架上进行电、气焊作业时，应有防火措施和专人看守。

11.15 模板支撑架和脚手架与架空输电线路的安全距离，工地临时用电线路的架设及脚手架接地、避雷措施等，应按 JGJ 46 的有关规定执行。

11.16 搭拆脚手架时，地面应设围栏和警戒标志，并应派专人看守，严禁非操作人员入内。

《建筑施工拱门式钢管脚手架安全技术规程》

9　安全管理

9.0.1 搭拆拱门式钢管脚手架工作应由专业架子工完成，并应按住房和城乡建设部特种作业人员考核管理规定考核合格，持证上岗。上岗人员应定期进行体检，凡不适合登高作业者，不得上架操作。

9.0.2 搭拆架体时，施工作业层应铺设脚手板，操作人员应站在临时设置的脚手板上进行作业，并必须戴安全帽、系安全带、穿防滑鞋。

9.0.3 拱门式钢管脚手架作业层上使用荷载应符合设计要求，严禁超载。不得将模板、钢筋堆放在拱门式钢管脚手架上。

9.0.4 严禁在拱门式钢管脚手架上拉设缆风绳或架设或固定模板支架、起重设备、混凝土泵、泵送混凝土输送管、卸料平台等设施。

9.0.5 夜间不宜进行拱门式钢管脚手架搭设与拆除作业；六级及以上大风天气应停止架上作业；雨、雪、雾天应停止脚手架的搭拆作业；雨、雪、霜后上架作业应采取有效的防滑措施。临街搭设时，外侧应有防止坠物伤人的防护措施。

9.0.6 拱门式钢管脚手架在使用期间，当预见可能有强风天气所产生的风压值超出设计的基本风压值时，对架体应采取临时加固措施。

9.0.7　在拱门式钢管脚手架使用期间，脚手架基础附近严禁进行挖掘作业。

9.0.8　拱门式钢管脚手架在使用期间，不应拆除加固杆、连墙件、转角处连接杆、通道口斜撑杆等加固杆件。

9.0.9　当施工需要，脚手架的交叉拉杆可在拱门架一侧不超过连续三跨局部临时拆除，在施工完成后应立即恢复安装交叉拉杆。

9.0.10　应避免装卸物料对拱门式钢管脚手架产生偏心、振动和冲击荷载。

9.0.11　拱门式钢管脚手架外立杆的内侧应设置阻燃型密目式安全网，网间应严密，防止坠物伤人。拱门式脚手架的每层（步）应铺设挂扣式脚手板，并应铺设牢靠、严实。

9.0.12　拱门式钢管脚手架与架空输电线路的安全距离、工地临时用电线路架设及脚手架接地、防雷措施，应按现行行业标准《施工现场临时用电安全技术规范》JGJ 46 的有关规定执行。

9.0.13　在拱门式钢管脚手架上进行电、气焊作业时，必须有防火措施和专人看护。

9.0.14　不得攀爬拱门式钢管脚手架。

9.0.15　搭拆拱门式钢管脚手架作业时，必须设置警戒线、警戒标志，并应派专人看守，严禁非作业人员入内。

9.0.16　对拱门式钢管脚手架应进行日常性的检查和维护，架体上的建筑垃圾或杂物应及时清理。

9.0.17　满堂脚手架的交叉拉杆和加固杆，在施工使用期间禁止拆除。

十、智能建筑施工

《智能建筑工程施工规范》GB 50606—2010

3.2.4　施工安全管理应符合下列规定：

1　应建立安全管理机构；

2　应符合国家及相关行业对安全生产的要求；

3   应建立安全生产制度和制定安全操作规程；

4   作业前应对班组进行安全生产交底。

3.3.4   施工环境应符合下列规定：

1   应做好智能建筑工程与建筑结构、建筑装饰装修、建筑给水排水及采暖、通风与空调、建筑电气和电梯等专业的工序交接和接口确认；

2   施工现场应具备满足正常施工所需的用水、用电等条件；

3   施工用电应有安全保护装置，接地可靠，并应符合安全用电接地标准；

4   建筑物防雷与接地施工基本完成。

3.8   安全、环保、节能措施

3.8.1   安全措施应符合下列规定：

1   施工前及施工期间应进行安全交底；

2   施工现场用电应按现行行业标准《施工现场临时用电安全技术规范》JGJ 46 的有关规定执行；

3   采用光功率计测量光缆时，不应用肉眼直接观测；

4   登高作业，脚手架和梯子应安全可靠，梯子应有防滑措施，不得两人同梯作业；

5   遇有大风或强雷雨天气，不得进行户外高空安装作业；

6   进入施工现场，应戴安全帽；高空作业时，应系好安全带；

7   施工现场应注意防火，并应配备有效的消防器材；

8   在安装、清洁有源设备前，应先将设备断电，不得用液体、潮湿的布料清洗或擦拭带电设备；

9   设备应放置稳固，并应防止水或湿气进入有源硬件设备；

10   应确认电源电压同用电设备额定电压一致；

11   硬件设备工作时不得打开设备外壳；

12   在更换插接板时宜使用防静电手套；

13   应避免践踏和拉拽电源线。

3.8.2   环保措施除应按现行行业标准《建筑施工现场环境与卫

生标准》JGJ 146 的有关规定执行外，尚应符合下列规定：

1 现场垃圾和废料应堆放在指定地点、及时清运或回收，不得随意抛撒；

2 现场施工机具噪声应采取相应措施最大限度降低噪声；

3 应采取措施控制施工过程中的粉尘污染。

3.8.3 节能措施应符合下列规定：

1 应节约用料、降低消耗、提高宏观节能意识；

2 应选用节能型照明灯具、降低照明电耗、提高照明质量；

3 应对施工用电动工具及时维护、检修、保养及更新置换，并应及时排除系统故障、降低能耗。

十一、绿色施工

《建筑工程绿色施工规范》GB/T 50905—2014

3.3　环境保护

3.3.1 施工现场扬尘控制应符合下列规定：

1 施工现场宜搭设封闭式垃圾站。

2 细散颗粒材料、易扬尘材料应封闭堆放、存储和运输。

3 施工现场出口应设冲洗池，施工场地、道路应采取定期洒水抑尘措施。

4 土石方作业区内扬尘目测高度应小于 1.5m，结构施工、安装、装饰装修阶段目测扬尘高度应小于 0.5m，不得扩散到工作区域外。

5 施工现场使用的热水锅炉等宜使用清洁燃料。不得在施工现场融化沥青或焚烧油毡、油漆以及其他产生有毒、有害烟尘和恶臭气体的物质。

3.3.2 噪声控制应符合下列规定：

1 施工现场宜对噪声进行实时监测；施工场界环境噪声排放昼间不应超过 70dB（A），夜间不应超过 55dB（A）。噪声测量方法应符合现行国家标准《建筑施工场界环境噪声排放标准》GB 12523 的规定。

2　施工过程宜使用低噪声、低振动的施工机械设备，对噪声控制要求较高的区域应采取隔声措施。

3　施工车辆进出现场，不宜鸣笛。

3.3.3　光污染控制应符合下列规定：

1　应根据现场和周边环境采取限时施工、遮光和全封闭等避免或减少施工过程中光污染的措施。

2　夜间室外照明灯应加设灯罩，光照方向应集中在施工范围内。

3　在光线作用敏感区域施工时，电焊作业和大型照明灯具应采取防光外泄措施。

3.3.4　水污染控制应符合下列规定：

1　污水排放应符合现行行业标准《污水排入城镇下水道水质标准》CJ 343 的有关要求。

2　使用非传统水源和现场循环水时，宜根据实际情况对水质进行检测。

3　施工现场存放的油料和化学溶剂等物品应设专门库房，地面应做防渗漏处理。废弃的油料和化学溶剂应集中处理，不得随意倾倒。

4　易挥发、易污染的液态材料，应使用密闭容器存放。

5　施工机械设备使用和检修时，应控制油料污染；清洗机具的废水和废油不得直接排放。

6　食堂、盥洗室、淋浴间的下水管线应设置过滤网，食堂应另设隔油池。

7　施工现场宜采用移动式厕所，并应定期清理。固定厕所应设化粪池。

8　隔油池和化粪池应做防渗处理，并应进行定期清运和消毒。

3.3.5　施工现场垃圾处理应符合下列规定：

1　垃圾应分类存放、按时处置。

2　应制定建筑垃圾减量计划，建筑垃圾的回收利用应符合现行国家标准《工程施工废弃物再生利用技术规范》GB/T 50743 的规定。

　　3　有毒有害废弃物的分类率应达到 100%；对有可能造成二次污染的废弃物应单独储存，并设置醒目标识。

　　4　现场清理时，应采用封闭式运输，不得将施工垃圾从窗口、洞口、阳台等处抛撒。

3.3.6　施工使用的乙炔、氧气、油漆、防腐剂等危险品、化学品的运输和储存应采取隔离措施。

11.1.1　拆除工程应制定专项方案。拆除方案应明确拆除的对象及其结构特点、拆除方法、安全措施、拆除物的回收利用方法等。

11.3.1　人工拆除前应制定安全防护和降尘措施。拆除管道及容器时，应查清残留物性质并采取相应安全措施，方可进行拆除施工。

11.3.2　机械拆除宜选用低能耗、低排放、低噪声的机械；并应合理确定机械作业位置和拆除顺序，采取保护机械和人员安全的措施。

11.3.6　在城镇或人员密集区域，爆破拆除宜采用对环境影响小的静力爆破，并应符合下列规定：

　　5　孔内注入破碎剂后，作业人员应保持安全距离，不得在注孔区域行走。

　　6　使用静力破碎发生异常情况时，必须停止作业；待查清原因采取安全措施后，方可继续施工。

十二、屋面工程施工

《屋面工程质量验收规范》GB 50207—2012

3.0.2　施工单位应取得建筑防水和保温工程相应等级的资质证书；作业人员应持证上岗。

3.0.8　屋面工程使用的材料应符合国家现行有关标准对材料有害物质限量的规定，不得对周围环境造成污染。

《屋面工程技术规范》GB 50345—2012

5 屋面工程施工

5.1.1 屋面防水工程应由具备相应资质的专业队伍进行施工。作业人员应持证上岗。

5.1.2 屋面工程施工前应通过图纸会审，并应掌握施工图中的细部构造及有关技术要求；施工单位应编制屋面工程的专项施工方案或技术措施，并应进行现场技术安全交底。

5.1.5 屋面工程施工的防火安全应符合下列规定：

　　1 可燃类防水、保温材料进场后，应远离火源；露天堆放时，应采用不燃材料完全覆盖；

　　2 防火隔离带施工应与保温材料施工同步进行；

　　3 不得直接在可燃类防水、保温材料上进行热熔或热粘法施工；

　　4 喷涂硬泡聚氨酯作业时，应避开高温环境；施工工艺、工具及服装等应采取防静电措施；

　　5 施工作业区应配备消防灭火器材；

　　6 火源、热源等火灾危险源应加强管理；

　　7 屋面上需要进行焊接、钻孔等施工作业时，周围环境应采取防火安全措施。

5.1.6 屋面工程施工必须符合下列安全规定：

　　1 严禁在雨天、雪天和五级风及其以上时施工；

　　2 屋面周边和预留孔洞部位，必须按临边、洞口防护规定设置安全护栏和安全网；

　　3 屋面坡度大于30％时，应采取防滑措施；

　　4 施工人员应穿防滑鞋，特殊情况下无可靠安全措施时，操作人员必须系好安全带并扣好保险钩。

《种植屋面工程技术规程》JGJ 155—2013

6 种植屋面工程施工

6.1 一般规定

6.1.1 施工前应通过图纸会审，明确细部构造和技术要求，并编制施工方案，进行技术交底和安全技术交底。

6.4　耐根穿刺防水层

6.4.9　喷涂聚脲防水涂料施工应符合下列规定：

　　3　采用专用喷涂设备，并由经过培训的人员操作。

7.1.1　种植屋面工程施工验收前，施工单位应提交并归档下列文件：

　　2　防水和园林绿化施工单位的资质证书及主要操作人员的上岗证；

　　3　施工组织设计或施工方案，技术交底、安全技术交底文件；

　　4　既有建筑屋面的结构安全鉴定报告。

《倒置式屋面工程技术规程》JGJ 230—2010

3.0.5　倒置式屋面防水工程应由有相应资质的专业施工单位承担，作业人员应经培训持证上岗。

6.1.6　施工中应设置安全防护设施，当坡度大于15%的坡屋面施工时，应设有防滑梯、安全带和护身栏杆等安全设施。

6.1.7　在倒置式屋面工程施工完成后，应进行成品保护，不得随意打孔、明火作业、运输或堆放重物等。

《坡屋面工程技术规程》GB 50693—2011

3.2.10　屋面坡度大于100%以及大风和抗震设防烈度为7度以上的地区，应采取加强瓦材固定等防止瓦材下滑的措施。

3.2.17　严寒和寒冷地区的坡屋面檐口部位应采取防冰雪融坠的安全措施。

3.2.24　采光天窗的设计应符合下列规定：

　　4　天窗采用的玻璃应符合相关安全的要求。

3.2.25　坡屋面上应设置施工和维修时使用的安全扣环等设施。

3.3.2　坡屋面工程应由具有相应资质的专业队伍施工，操作人员应持证上岗。

3.3.12　坡屋面工程施工应符合下列规定：

　　1　屋面周边和预留孔洞部位必须设置安全护栏和安全网或

其他防止坠落的防护措施；

    2 屋面坡度大于 30％时，应采取防滑措施；

    3 施工人员应戴安全帽，系安全带和穿防滑鞋；

    4 雨天、雪天和五级风及以上时不得施工；

    5 施工现场应设置消防设施，并应加强火源管理。

7 块瓦屋面

7.2.6 屋面坡度大于 100％或处于大风区时，块瓦固定应采取下列加强措施：

    1 檐口部位应有防风揭和防落瓦的安全措施。

10 防水卷材屋面

10.1.8 屋面应严格控制明火施工，并采取相应的安全措施。

    《单层防水卷材屋面工程技术规程》JGJ/T 316—2013

6.1.2 屋面工程应由专业队伍施工，操作人员应持证上岗。

6.1.9 屋面工程安全施工必须符合下列规定：

    1 屋面周边和预留孔洞部位，必须按临边、洞口防护规定设置安全护栏和安全网；

    2 施工人员应戴安全帽，系安全带和穿防滑鞋；

    3 严禁在雨天、雪天和五级风及其以上时施工；

    4 施工现场应备消防设施，并应加强火源管理。

6.1.12 屋面使用的材料应符合现行国家标准《建设工程施工现场消防安全技术规范》GB 50720 的规定。

7.1.3 屋面工程施工验收前，施工单位应提交下列文件并归档：防水施工单位主要操作人员的上岗证；施工组织设计或施工方案、技术交底、安全交底文件。

    《屋面工程施工规程》

9 安全与绿色施工

9.0.1 屋面工程施工除应符合本章安全职业健康和环境保护措施的要求外，尚应符合国家、行业及地方相关施工安全的规定。

9.0.2 屋面工程所使用的材料应优先选择无（低）污染和低能耗的新型材料，采光顶玻璃宜优先选用夹丝玻璃、夹层玻璃。

9.0.3　屋面工程施工用电和屋面工程机械施工，应符合《建筑机械使用安全技术规程》JGJ 33、《施工现场临时用电安全技术规范》JGJ 46 的有关规定。

9.0.4　屋面工程施工应编制防火安全措施，并做好防火安全技术交底和应急预案。

9.0.5　建筑物临边及楼层洞口四周应设置安全防护设施，安全设施未经验收严禁施工。

9.0.6　屋面工程施工时应在建筑物四周搭设钢管脚手架等安全防护设施。

9.0.7　凡施工中有材料或辅料属于易燃物品的，应储存在专用仓库或专用场地，安排专人进行管理。其存放的仓库及施工现场严禁烟火，并配置消防器材。

9.0.8　屋面工程应办理合格动火证，对动火作业周围环境进行检查，消除可燃物，动火现场应配备灭火器材，设专人监护，发现异常情况立即停止动火，动火结束后清除现场一切残余火种。

9.0.9　施工中产生的胶粘剂、稀释剂等易燃、易爆化工制品的废弃物应及时收集送至指定储存器内，防止飘落与散失，严禁未经处理随意丢弃和排放。

9.0.10　各类涂料和其他有毒有害物质不得与其他材料混放，应放在通风良好的仓库内；对于存放有毒材料的库房，必须采取防渗漏措施。

9.0.11　湿作业产生的废水、废弃凝结胶料应统一处置，严禁未经处理而直接排入下水管道。

9.0.12　施工中产生挥发刺激性气体时，施工人员应站在上风口施工，有过敏性体质人员不宜参加施工。在存在有害气体环境中施工时，施工人员应戴防护口罩、袖套、鞋罩和手套等劳动防护用品。

9.0.13　高温天气施工，应采取防暑降温措施。

十三、施工现场临时性建筑物安全

《施工现场临时性建筑物应用技术规程》

3.0.15　临时性建筑物的承包单位应是具有相应资质的企业，作业人员应持证上岗。

5.1.4　临时性建筑物安装施工时，作业人员必须配备劳动保护用品，并正确使用。屋面施工应穿软底鞋，物料应妥善放置，工具应随手放入工具袋，传递物料严禁抛掷。

5.1.5　临时性建筑物的电气配线，应采用明线套管敷设。

5.1.6　五级以上大风、大雾和雨雪等恶劣天气，不得进行临时性建筑物的安装作业。

7.1　使用

7.1.1　临时性建筑物在使用过程中，不应更改原设计的使用功能，严禁超载，当确需改变临时性建筑物的使用功能时，必须由具有相应资质的检测机构对结构进行检测评估后确定。

7.1.2　使用单位应制定临时性建筑物防大风、防汛应急预案，在大风、雷暴雨来临前，使用单位应组织进行全面检查，并采取可靠的加固措施。

7.1.3　临时性建筑物使用期内，使用单位应组织相关人员对临时性建筑物的使用情况进行定期检查、维护，并建立相应的使用台账记录。

7.1.4　轻钢结构临时性建筑物的使用应符合下列规定：

　　1　避免硬物、车辆碰撞临时性建筑物的墙板，避免明火及高温热源靠近墙板。

　　2　在墙体上安装吊挂件，必须满足结构设计要求。

　　3　使用过程中，在无专门设计和加固措施的情况下，严禁擅自拆除隔墙和围护构件或改为大开间和敞开式房间。

　　4　临时性建筑物现场每 100m² 应配备 2 具灭火级别不小于 3A 级的灭火器。

7.1.5　对临时性建筑物检查过程中发现的安全隐患，应及时采取相应纠正措施。

7.1.6　临时性建筑物内不得安装振动性较大的机械设备，不得存放有毒有害、易燃易爆腐蚀性较大的化学材料。

7.1.7　临时性建筑物宿舍、办公场所内不得使用功率大于200W的照明器，不得使用易导致火灾、煤气中毒、人身伤害等设施，如电炉、明火取暖炉等，如确需使用，应采取安全防护措施。

7.1.8　使用单位对超过使用年限，但不能及时拆除的临时性建筑物，应采用相应的管理措施。

7.1.9　砌体围墙的使用应符合下列规定：

1　严禁在围墙墙体上方或紧靠围墙架设广告或宣传标牌，围墙内、外侧应设置不得堆放物品的警示标牌。

2　对围墙底部排水措施进行定期检查，如发现开裂沉降、倾斜等险情，应立即采取相应的加固措施。

3　施工现场堆场离围墙的安全距离不应小于1.0m。

4　围墙上的灯光照明设置等，应按《施工现场临时用电安全技术规范》JGJ 46的规定执行。

7.2　拆除

7.2.1　临时性建筑物应遵循谁安装谁拆除的原则，拆除施工前，施工单位应编制拆除施工方案。对有可能危及临时性建筑物整体稳定的不安全情况，必须采取先加固、后拆除的方法。

7.2.2　临时性建筑物在建筑工程竣工后，应及时拆除。凡超过安全使用期的，必须采用破坏性机械拆除，严禁作业人员进行人工拆除作业。

7.2.3　拆除临时性建筑物时，应设置可靠的安全防护措施。拆除高度在2m及以上的临时性建筑物，应搭脚手架，严禁作业人员站在墙体、构件上作业。

7.2.4　人工拆除临时性建筑物，作业流程应按自上而下、先非承重墙、后承重墙的搭建施工逆顺序进行，或按先拆除面板、后拆除隔栅，先拆除水平杆、后拆除立杆的顺序进行。

　　拆下的建筑物材料和建筑垃圾应及时清理，楼面、操作平台不得集中堆放建筑物材料和建筑垃圾。

7.2.5　临时性建筑物的稳定支撑系统，如水平杆、斜支撑、拉攀铁丝等杆件，必须逐跨、逐榀与构架同步拆除，防止构架整体失稳倒塌。对长杆件的拆除，应由 2 人以上配合操作，拆除后的长杆件应放置平稳或直接传递到地面。

7.2.6　周转使用的临时性建筑物，拆除中应避免对构件的损伤，构件及工作面板、钢管、扣件、钢丝绳等材料拆卸后应立即传送至地面，分类堆放在安全区域，不得高空抛掷。

7.2.7　拆除作业中，如有扬尘，应采取洒水降尘或覆盖措施。

7.2.8　五级以上大风、大雾和雨雪等恶劣天气，不得进行临时性建筑物的拆除作业。

8　施工安全

8.0.1　临时性建筑物安装施工时，作业人员必须配备劳动保护用品，并正确使用。

8.0.2　施工现场临时用电必须按照《施工现场临时用电安全技术规范》JGJ 46 的规定执行，并应单独设置分配电箱、开关箱。

8.0.3　临时性建筑物施工时，必须按照《建筑施工高处作业安全技术规范》JGJ 80 的规定执行。

8.0.4　使用梯子时，梯子与地面夹角以 $75°\pm5°$ 为宜，禁止二人同时在梯子上作业，如需加长使用，应绑扎牢固，人字梯底角要拉牢。

8.0.5　使用马凳（金属支架）或操作架，当高度超过 2m 时，应在其四周装设防护栏杆，脚手架跨度不得大于 2m，架子上堆放材料不得过于集中，在同一跨度内不应超过两人。

8.0.6　施焊作业时，电焊机应单独设置电源开关，并应安装二次空载降压保护器，做好接零保护。

8.0.7　立体交叉作业时，不得站立在同一垂直方向。

8.0.8　临时性建筑物安装或拆除高度在 2m 及以上时，应按《建筑施工扣件钢管脚手架安全技术规范》JGJ 130 的规定搭设脚手架，严禁作业人员站在墙体、构件上进行作业。

8.0.9　临时性建筑物的拆除应按《建筑拆除工程安全技术规范》JGJ 147 的规定执行。

十四、组合楼板施工

《组合楼板设计与施工规范》CECS 273：2010

10.3.2　楼承板铺设安装时除须满足国家法律法规及现行国家相关标准规范的要求外，尚应符合下列安全要求：

　　1　施工人员应有足够的安全防护措施，必要时采用安全网等安全措施。

　　2　施工人员应戴手套，穿胶底鞋。不得在未固定牢靠或未按设计要求设临时支撑的楼承板上行走。

十五、加固施工

《碳纤维片材加固混凝土结构技术规程》CECS 146：2003（2007 年版）

5.1　一般规定

5.1.1　采用粘贴碳纤维片材加固混凝土结构，应由熟悉该技术施工工艺的专业施工队伍承担，并应有加固施工技术方案和安全措施。

5.8　施工安全和注意事项

5.8.1　碳纤维片材为导电材料，施工碳纤维片材时应远离电气设备和电源，或采取可靠的防护措施。

5.8.2　施工过程中应避免碳纤维片材弯折。

5.8.3　碳纤维片材配套胶粘剂的原料应密封储存，远离火源。

5.8.4　胶粘剂的配制和使用场所应保持通风良好。

5.8.5　现场施工人员应采取相应的劳动保护措施。

《预应力高强钢丝绳加固混凝土结构技术规程》JGJ/T 325—2014

5.6　施工安全

5.6.1   现场施工用电应符合现行行业标准《施工现场临时用电安全技术规范》JGJ 46 的规定，高处作业时应采取防护措施。

5.6.2   现场施工人员应采取相应的劳动保护措施。

《钢绞线网片聚合物砂浆加固技术规程》JGJ 337—2015

Ⅳ   施工安全与环境保护

5.7.16   加固施工安全措施应符合现行行业标准《建筑施工安全检查标准》JGJ 59 的相关规定。

5.7.17   施工用各种支架搭设及脚手板满铺措施应符合现行行业标准《建筑施工扣件式钢管脚手架安全技术规范》JGJ 130 的相关规定，使用前应检查验收合格。

5.7.18   进入施工现场的作业人员必须戴好安全帽，高处、临空作业人员必须系安全带并应穿防滑鞋。

5.7.19   进行聚合物砂浆施工操作的人员应佩戴护目镜、口罩，防止砂浆溅入口、鼻、眼内。

5.7.20   在光线不足的施工现场，应保障足够照明。在潮湿环境作业应使用 36V 低压移动照明设备。

5.7.21   采用垂直运输设备上料时，严禁超载，运料小车的车把严禁伸出笼外，小车应有刹车装置并应刹牢，各楼层防护门应随时关闭。

5.7.22   清理施工垃圾时，不得从高处往下抛掷垃圾。

5.7.23   施工现场的楼梯口、电梯井口、作业临边等应做好围挡封闭并设置警示标识。

5.7.24   钢绞线为导电材料，施工时应采取可靠防护措施。

5.7.25   材料的运输和储存应符合产品说明和环保规定。

5.7.26   应严格控制施工噪声，白天施工噪声不得大于 70dB，晚上不得大于 55dB。

5.7.27   砂浆搅拌机应封闭，砂浆粉料投料时应避免扬尘。

5.7.28   需要基层打磨的构件，在打磨时应对基层面进行浇水湿润，减少扬尘。

5.7.29   盛装聚合物砂浆粉料的袋子和盛装乳液的桶使用后，应统一回收按固体废弃物处理。

5.7.30 施工现场废水应经沉淀并达到排放标准后方可排入市政管道。

《混凝土结构加固修复用聚合物水泥砂浆施工及验收规程》

5.3 安全措施

5.3.1 施工前须对加固构件采用必要的临时性的支撑进行卸荷，并做好安全支护，保证加固施工过程的安全。用于聚合物水泥加固砂浆作业的台架，必须牢固可靠，并应设置安全护栏。

5.3.2 施工中应经常检查输料管、接头和出料弯头的磨损情况。当有磨薄、击穿或松脱等现象时应及时更换或旋紧。

5.3.3 施工中检修机械或设备故障时，必须在断电、停风条件下进行。检修完毕，向机械或设备送电送风前应先通知有关人员，应定期检查电源线路、设备的电器部位，确保用电安全。

5.3.4 当采用加大风压处理堵管故障时，应先停风关机将输料软管顺直，并锤击管路堵塞部位，使堵塞料松散；加大风压清除堵塞料时，操作人员必须紧按喷头。喷头周围 2m 内不得有人，疏通管道的风压不得超过 0.4MPa。

5.3.5 喷射加固作业区的粉尘浓度不应大于 10mg/m^3，作业人员应佩戴防尘口罩、防尘帽、护目镜等防护用具。喷射作业区应有良好的通风和有效的降低粉尘量措施。

十六、砂浆施工

《玻化微珠保温隔热砂浆应用技术规程》JC/T 2164—2013

7.7 安全文明施工

7.7.1 在保温隔热工程施工过程中，各工种之间应紧密配合，合理安排工序，严禁工序颠倒作业。

7.7.2 中小型机械应保持完好状态，所有电气设备接地必须达标，操作人员按其使用要求持有效证件上岗。

7.7.3 高空作业必须系好安全带，并正确使用个人劳动防护用品。

7.7.4　施工操作前，应按有关操作规程检查脚手架是否牢固，经检查合格后方能进入岗位操作。

7.7.5　废弃的浆料应及时清理，按指定地点堆放。

7.7.6　材料、物品应分类堆放整齐、稳固并不超过规定高度。

7.7.7　施工过程中应作好保护措施防止环境污染，并及时清理建筑垃圾。

7.7.8　施工过程中适宜采用低噪声的施工机械。

《环氧树脂砂浆技术规程》DL/T 5193—2004

6.8　施工安全与劳动保护

1　脚手架的搭设应符合安全要求，验收合格后方可使用，每班施工前要进行安全检查。

2　施工用材料应存放在干燥、通风的库房内。防止日光直接照射，并隔绝火源，远离热源，防潮防水。

3　施工现场避免使用明火，施工现场要求不进食、不吸烟，有明显疾病或过敏者不得参加环氧砂浆施工。

4　不慎将材料溅入眼中，切忌用手揉搓，应及时用清水冲洗。

5　施工人员应穿工作服、戴手套，基层混凝土面处理人员应戴防尘面具。

十七、建筑防雷施工

《建筑防雷施工质量控制与验收规程》

13　施工现场防雷安全要求

13.0.1　在土壤电阻率低于 $200\Omega \cdot m$ 区域的电杆可不另设防雷接地装置，但在配电室的架空进线或出线处应将绝缘子铁脚（帽）、铁横担等金具与配电室的接地装置相连接。

13.0.2　施工现场内的起重机、井字架、龙门架等机械设备，以及钢脚手架和正在施工的在建工程等的金属结构在相邻建筑物、构筑物等设施的防雷装置接闪器的保护范围以外且机械设备高度 $\geqslant 20m$ 时，应安装防雷装置。

当最高机械设备上避雷针（接闪器）的保护范围能覆盖其他设备且又最后退出现场时，则其他设备可不设防直击雷装置。

13.0.3 机械设备或设施的防雷引下线可利用该设备或设施的金属结构体，但应保证电气连接。

13.0.4 机械设备上的避雷针（接闪器）长度应为 1~2m。塔式起重机可不另设避雷针（接闪器）。

13.0.5 安装避雷针（接闪器）的机械设备，所有固定的动力、控制、照明、信号及通信线路，宜采用钢管敷设。钢管与该机械设备的金属结构体应做电气连接。

13.0.6 施工现场内所有防雷装置的冲击接地电阻值不得大于 30Ω。

13.0.7 做防雷接地机械上的电气设备，所连接的 PEN 线必须同时做重复接地，同一台机械电气设备的重复接地和机械的防雷接地可共用同一接地体，但接地电阻应符合规定要求。

13.0.8 高度超过 20m 的大钢模板，就位后应及时采取防雷措施。

13.0.9 当雷暴天气来临时，施工现场内屋顶作业、外墙金属件安装、防雷装置安装、带电作业均应停止操作。

十八、建筑防水施工

《住宅室内防水工程技术规范》JGJ 298—2013

3.0.1 住宅室内防水工程应遵循防排结合、刚柔相济、因地制宜、经济合理、安全环保、综合治理的原则。

6.1.1 住宅室内防水工程施工单位应有专业施工资质，作业人员应持证上岗。

6.1.5 防水材料及防水施工过程不得对环境造成污染。

《建筑防水工程技术规程》

8 安全与环保

8.0.1 施工单位应定期对防水作业人员进行专项安全教育、环境保护的培训，掌握防火、防坠、防滑、防毒等安全施工措施。

8.0.2 防水材料进场后,应贮存在通风干燥处,避免日晒雨淋,禁止接近火源;不同类型、规格的产品应分别堆放,不应混杂。

8.0.3 材料堆放处、库房、防水作业区应设置严禁烟火警告标志,同时必须配备消防器材。

8.0.4 施工现场动火作业必须取得动火许可证后方可进行施工作业。火焰加热器必须专人操作,定时保养,禁止带故障使用;在加油或更换气瓶时必须关火,禁止在防水层上操作,喷头点火时不得正面对人并远离油桶、气瓶、防水材料及其他易燃易爆材料。

8.0.5 不得直接在可燃类防水、保温材料上进行热熔或热粘法施工。

8.0.6 防水卷材热熔法铺贴、防水涂料热刮涂施工时,操作人员应穿戴防止烫伤的防护用具。不得在通风不畅的作业区进行热熔法施工。

8.0.7 使用吊斗吊运防水卷材及桶装涂料等防水材料时,防水材料高度不得超过吊斗边沿。

8.0.8 无外脚手架的外墙进行防水作业时,操作人员应按规定使用安全带并扣好保险钩。

8.0.9 屋面周边和洞口、预留洞部位,必须按防护规定设置安全护栏和安全网。屋面坡度大于30%,应采取防滑措施。

8.0.10 不得在通风不畅的作业区进行溶剂型防水涂料施工。喷涂作业时,操作人员应配备工作服、护目镜、防护面具、乳胶手套等防护用品。

8.0.11 患有皮肤病、眼疾、刺激性过敏者,不得参加防水作业。施工过程中,发生恶心、头晕、过敏时,应立即停止作业。

8.0.12 五级及以上大风时不得进行涂料喷涂作业。

8.0.13 基层宜采用抛丸处理,表面清理宜采用吸尘器吸尘。

8.0.14 施工区域的垃圾应及时清理,并倾倒到指定位置。

《建筑外墙防水工程技术规程》JGJ/T 235—2011

6.1.9 外墙防水工程严禁在雨天、雪天和五级风及其以上时施工；施工的环境气温宜为 5℃～35℃。施工时应采取安全防护措施。

十九、龙门架及井架物料提升机使用安全

《龙门架及井架物料提升机安全技术规范》JGJ 88—2010

11　使用管理

11.0.1　使用单位应建立设备档案，档案内容应包括下列项目：

　1　安装检测及验收记录；

　2　大修及更换主要零部件记录；

　3　设备安全事故记录；

　4　累计运转记录。

11.0.2　物料提升机必须由取得特种作业操作证的人员操作。

11.0.3　物料提升机严禁载人。

11.0.4　物料应在吊笼内均匀分布，不应过度偏载。

11.0.5　不得装载超出吊笼空间的超长物料，不得超载运行。

11.0.6　在任何情况下，不得使用限位开关代替控制开关运行。

11.0.7　物料提升机每班作业前司机应进行作业前检查，确认无误后方可作业。应检查确认下列内容：

　1　制动器可靠有效；

　2　限位器灵敏完好；

　3　停层装置动作可靠；

　4　钢丝绳磨损在允许范围内；

　5　吊笼及对重导向装置无异常；

　6　滑轮、卷筒防钢丝绳脱槽装置可靠有效；

　7　吊笼运行通道内无障碍物。

11.0.8　当发生防坠安全器制停吊笼的情况时，应查明制停原因，排除故障，并应检查吊笼、导轨架及钢丝绳，应确认无误并重新调整防坠安全器后运行。

11.0.9　物料提升机夜间施工应有足够照明，照明用电应符合现行行业标准《施工现场临时用电安全技术规范》JGJ 46 的规定。

11.0.10   物料提升机在大雨、大雾、风速 13m/s 及以上大风等恶劣天气时，必须停止运行。

11.0.11   作业结束后。应将吊笼返回最底层停放，控制开关应扳至零位，并应切断电源，锁好开关箱。

二十、高处作业吊篮使用安全

《高处作业吊篮安装、拆卸、使用技术规程》JB/T 11699—2013

6   吊篮的使用

6.1   使用前准备工作

6.1.1   使用单位应对吊篮操作人员进行书面安全技术交底，技术交底资料应留存备查。

6.1.2   使用单位应按使用说明书的要求对吊篮进行日常保养，确保设备状态完好。

6.2   操作使用

6.2.1   对操作环境的基本要求如下：

　　a）工作环境温度：－20℃～40℃；

　　b）工作环境相对湿度：不大于 90％（25℃）；

　　c）工作处阵风风速：不大于 8.3m/s（相当于 5 级风力）；

　　d）工作地点高度：不大于海拔 1000m；

　　e）工作电压偏差：不大于±5％额定电压；

　　f）吊篮不宜在夜间使用；

　　g）在吊篮运行范围内，应与高压线或高压装置保持 10m 以上的安全距离；

　　h）在吊篮作业下方，应设置警示线或安全护栏，必要时设置安全警戒人员。

6.2.2   对吊篮设备的基本要求如下：

　　a）各部件完好无损，在规定使用期内或有效标定期内；

　　b）设备维护保养及时、到位，整机处于良好技术状态；

　　c）安装符合规定要求；

d) 电气系统接地良好、绝缘可靠。

6.2.3　对吊篮操作人员的基本要求如下：

a) 吊篮操作人员应经过专业安全技术培训，经国家相关主管部门认定的培训机构考核合格后并持有特种作业资格证书方可上岗操作。

b) 无不适应高处作业的疾病和生理缺陷。患有高血压、心脏病、恐高症等人员不得从事高空作业。

c) 酒后、过度疲劳、情绪异常者不得上岗。

d) 作业时应佩戴附本人照片的特种作业操作证。

e) 作业时应戴安全帽，使用安全带。并能正确熟练地使用安全带、自锁器和安全大绳、安全大绳上端固定应牢固可靠，使用时安全大绳应基本保持垂直于地面，作业人员身后安全带余绳不得超过 1m。

f) 操作人员不应穿拖鞋或塑料底等易滑鞋进行作业。

g) 操作人员上机器操作前，应认真学习和掌握使用说明书，应按日常检验项目检验合格后，方可上机操作，使用中严格执行安全操作规程。

h) 使用双动力吊篮时操作人员不允许单独一人进行作业。

i) 操作人员应在地面进出悬吊平台，不得在空中攀缘窗口出入，严禁作业人员从一悬吊平台跨入另一悬吊平台。

j) 作业人员发现事故隐患或不安全因素，有权要求消除安全隐患和不安全因素。

k) 操作人员在身体不适应或安全得不到保证的情况下有权拒绝进行高处悬挂作业。对管理人员违章指挥，强令冒险作业，有权拒绝执行。

6.2.4　吊篮作业准确阶段的安全操作要求如下：

a) 认真查阅交接班记录。

b) 按表 C.1 逐项检查设备技术状况。检查中发现问题应及时解决或上报。确认无问题后，由操作人员填表并签字，然后交主管领导审批签字后，方可上机操作。

c) 检查悬吊平台运行范围内有无障碍物。

d) 将悬吊平台升至离地 1m 处，检查制动器、安全锁和手动滑降装置、急停和上限位是否灵敏、有效。

6.2.5   吊篮作业阶段的安全操作要求如下：

a) 作业时应精神集中，不得做有碍操作安全的事情。

b) 不准将吊篮作为垂直运输设备使用。

c) 严禁超载作业。

d) 尽量使载荷均匀分布在悬吊平台上，避免偏载。

e) 当电源电压偏差超过±5%，但未超过 10% 或环境温度超过 40℃或工作地点超过海拔 1000m 时，应降低载荷使用，此时的载重量不宜超过额定载重量的 80%。

f) 禁止在悬吊平台内用梯子或其他装置取得较高的工作高度。禁用密目网或其他附加装置围挡悬吊平台。

g) 利用吊篮进行电焊作业时，严禁用吊篮作电焊接线回路，吊篮内严禁放置氧气瓶、乙炔瓶等易燃易爆品；吊篮内严禁放置电焊机。

h) 在运行过程中，悬吊平台发生明显倾斜时，应及时进行调平。

i) 严禁在悬吊平台内猛烈晃动或做"荡秋千"等危险动作。

j) 电动机起动频率不得大于 6 次/min，连续不间断工作时间不得大于 30min。

k) 应经常检查电动机和提升机是否过热，当其温升超过 65K 时，应暂停使用提升机。

l) 严禁固定安全锁开启手柄，人为使安全锁失效。

m) 严禁在安全钢丝绳绷紧的情况下，硬性扳动安全锁的开锁手柄。

n) 悬吊平台向上运行时，严禁使用上行程限位开关停车。

o) 严禁在大雾、雷雨或冰雪等恶劣气候条件下进行作业。

p) 在作业中，突遇大风或雷电雨雪时，应立即将悬吊平台降至地面，切断电源，绑牢悬吊平台，有效遮盖提升机、安全锁和电控箱后，方准离开。

q）运行中发现设备异常（如异响、异味、过热等），应立即停机检查。故障不排除不得开机作业。

r）运行中提升机发生卡绳故障时，应立即停机排除。严禁反复按动升降按钮强行排险。

s）发生故障，应由专业维修人员进行排除，安全锁应由制造厂进行维修、标定。

t）在运行过程不得进行任何保养、调整和检修工作。

6.2.6　吊篮作业后的安全操作要求如下：

a）切断电源，锁好电控箱；

b）检查各部位安全技术状况；

c）对悬吊平台各部位进行卫生清理；

d）妥善遮盖提升机、安全锁和电控箱；

e）将悬吊平台停放平稳，必要时进行捆绑固定；

f）认真填写交接班记录。

6.2.7　吊篮施工现场安全管理要求如下：

a）吊篮进入施工现场时应办理交接手续，无相关资质的或不合格的吊篮不准进场；

b）施工现场应指定专职安全员负责吊篮的安全管理工作，及时纠正和制止违章操作；

c）应由具有特种作业操作证的吊篮专业安装人员严格按吊篮施工方案，指导吊篮的安装、移位和拆卸工作；

d）安装或移位后的吊篮，应经过相关人员检查验收并履行签字手续后，方可投入使用；

e）吊篮的操作人员应经过严格的三级安全教育，并持证上岗；

f）专业维修安装人员应严格执行巡检制度，及时排除设备故障和事故隐患；

g）吊篮使用单位应严格执行三级维保制度，使吊篮设备始终处于良好的安全技术状态。

二十一、墙体施工

《现浇泡沫混凝土轻钢龙骨复合墙体应用技术规程》

4.1.7   复合墙体的防火设计应符合现行国家标准《建筑设计防火规范》GB 50016 的有关规定。

4.1.8   当复合外墙采用复合保温外墙形式时，保温材料的燃烧性能等级低于 A 级，应设置防火隔离带。防火隔离带的设置应符合国家现行标准《建筑设计防火规范》GB 50016 和《建筑外墙外保温防火隔离带技术规程》JGJ 289 的有关规定。

5.1.8   在施工安装时，应根据材料特性，采取保证复合墙体完整、安装质量和生产安全的措施，施工安装完成后的复合墙体应做好成品保护措施。

5.1.9   施工单位应采取有效措施控制建筑工程施工现场的各种粉尘、废弃物、噪声等对周围环境造成的污染和危害。

5.1.10   施工设备应符合下列规定：

　　2   应定期检查生产设备的相关安全保护及维护措施，确保设备的安全运行；

　　5   设备检修应有专业人员进行操作，未经培训不得进行设备的检修工作；

　　6   设备操作应安排专人进行，操作人员应经培训合格后才能上岗。

5.1.11   施工安装现场临时用电应符合国家现行标准《建设工程施工现场供用电安全规范》GB 50194、《施工现场临时用电安全技术规范》JGJ 46 的有关规定．

5.1.12   施工安装现场使用建筑机械应符合现行行业标准《建筑机械使用安全技术规程》JGJ 33 的有关规定。

《聚苯模块保温墙体应用技术规程》JGJ/T 420—2017

6.7   施工安全

6.7.1   施工现场安全管理应符合国家现行标准《建设工程施工现场消防安全技术规范》GB 50720 和《建筑施工安全检查标准》

JGJ 59 的规定。

6.7.2 模块安装组合出现非整块需要切割时，应将切割器设在对应施工作业面的楼层内或指定区域，不应在外脚手架上切割。

6.7.3 外保温系统施工时，模块保温层裸露高度不宜超过 3 个楼层。首层系统施工完毕，应及时将其外表面用防护面层覆盖。

6.7.4 长期停工的外保温系统，停工前应将模块外表面用防护面层覆盖，一层门洞口应临时封闭。

6.7.5 模块堆放场地应远离明火作业区，应垫平分类摆放，不应将其随意堆放到室外。

6.7.6 施工现场的明火作业不应与外保温系统在同一工作面内出现施工交叉，当不可避免时，应制定安全防火和质量保证施工方案。

6.7.7 用装饰和保温材料制作的外墙装饰线与立面造型不应蹬踏。

《钢丝网架水泥岩棉夹芯板（GSY 板）墙体应用技术规程》

5.5 安全环保措施

5.5.1 GY 板堆放处应有防火措施。

5.5.3 应采取有效措施控制施工现场切割 GY 板和 GSY 板时产生的各种粉尘、废弃物、噪声等对周围环境造成的污染和危害。

5.5.4 GY 板和 GSY 板施工使用的脚手架，应按照建筑施工安全标准搭设，脚手架上搭设跳板应用钢丝绑扎固定，不得有探头板。

5.5.5 施工机具在使用前应进行严格检查，符合有关安全规定和标准后方可使用，非操作人员严禁乱动机具，以防伤人。

二十二、建筑采光追逐镜施工

《建筑采光追逐镜施工技术规程》JGJ/T 295—2013

3 施工深化设计

3.0.5 施工深化设计应为建筑采光追逐镜提供安全的安装条件，并应在安装组件的部位采取安全防护措施。

3.0.7 结构设计应为建筑采光追逐镜安装、使用、维护等提供承载条件，并进行结构安全性复核。

4 施工

4.1 一般规定

4.1.1 新建建筑采光追逐镜的安装施工应编制专项施工方案，方案中应考虑季节性施工措施和安全措施。

4.7 安全要求

4.7.1 施工现场应采取可靠的安全防护、防火措施，并符合施工组织设计或专项安全技术措施的要求。

4.7.2 高处作业及登高架设作业前，应对防护措施及个人安全防护用品进行检查。

4.7.3 进行洞口作业，有人与物坠落危险或危及人身安全的其他洞口进行高处作业时，应采取设防护栏杆、加盖件、张挂安全网等防护措施。

4.7.4 悬空作业处应有牢靠的立足处，并配置防护拦网或其他安全设施。

二十三、建筑施工临时支撑结构施工

《建筑施工临时支撑结构技术规范》JGJ 300—2013

7 施工

7.2 施工准备

7.2.1 支撑结构专项施工方案应包括：工程概况、编制依据、施工计划、施工工艺、施工安全保证措施、劳动力计划、计算书及相关图纸等。

7.4 检查与验收

7.4.3 支撑结构搭设完毕、使用前检查项目应包括下列主要内容：

    3 安全防护措施；

7.4.5 支撑结构使用过程中的检查项目应包括下列主要内容：

    5 安全防护措施；

7.5 使用

7.5.2 在沟槽开挖等影响支撑结构地基与地基的安全时，必须对其采取加固措施。

7.5.3 在支撑结构上进行施焊作业时，必须有防火措施。

7.5.4 支撑结构搭设和使用阶段的安全防护措施，应符合施工现场安全管理相关规定。

7.7 安全管理

7.7.1 支撑结构操作人员应佩戴安全防护用品。

7.7.2 支撑结构作业层上的施工荷载不得超过设计允许荷载。

7.7.3 支撑结构的防护措施应齐全、牢固、有效。

7.7.4 支撑结构在使用过程中，应设专人监护施工，当发现异常情况，应立即停止施工，并应迅速撤离作业面上的人员，启动应急预案。排除险情后，方可继续施工。

7.7.5 模板支撑结构拆除前，项目技术负责人、项目总监理工程师应核查混凝土同条件试块强度报告，达到拆模强度后方可拆除，并履行拆模审批签字手续。

7.7.6 支撑结构搭设和拆除过程中，地面应设置围栏和警戒标志，派专人看守，严禁非操作人员进入作业范围。

7.7.7 支撑结构与架空输电线应保持安全距离，接地防雷措施等应符合现行行业标准《施工现场临时用电安全技术规范》JGJ 46 的有关规定。

二十四、拆除安全

《建筑拆除工程安全技术规范》JGJ 147—2016

6 安全管理

6.0.1 拆除工程施工组织设计和安全专项施工方案，应经审批后实施；当施工过程中发生变更情况时，应履行相应的审批和论证程序。

6.0.2 拆除工程施工前，应对作业人员进行岗前安全教育和培训，考核合格后方可上岗作业。

6.0.3 拆除工程施工前，必须对施工作业人员进行书面安全技术交底，且应有记录并签字确认。

6.0.4 拆除工程施工必须按施工组织设计、安全专项施工方案实施；在拆除施工现场划定危险区域，设置警戒线和相关的安全警示标志，并应由专人监护。

6.0.5 拆除工程使用的脚手架、安全网，必须由专业人员按专项施工方案搭设，经验收合格后方可使用。

6.0.6 安全防护设施验收时，应按类别逐项查验，并应有验收记录。

6.0.7 拆除工程施工作业人员应按现行行业标准《建筑施工作业劳动防护用品配备及使用标准》JGJ 184 的规定，配备相应的劳动防护用品，并应正确使用。

6.0.8 当遇大雨、大雪、大雾或六级及以上风力等影响施工安全的恶劣天气时，严禁进行露天拆除作业。

6.0.9 当日拆除施工结束后或暂停施工时，机械设备应停放在安全位置，并应采取固定措施。

6.0.10 拆除工程施工必须建立消防管理制度。

6.0.11 拆除工程应根据施工现场作业环境，制定相应的消防安全措施。现场消防设施应按现行国家标准《建设工程施工现场消防安全技术规范》GB 50720 的规定执行。

6.0.12 当拆除作业遇有易燃易爆材料时，应采取有效的防火防爆措施。

6.0.13 对管道或容器进行切割作业前，应检查并确认管道或容器内无可燃气体或爆炸性粉尘等残留物。

6.0.14 施工现场临时用电应按现行行业标准《施工现场临时用电安全技术规范》JGJ 46 的规定执行。

6.0.15 当拆除工程施工过程中发生事故时，应及时启动生产安全事故应急预案，抢救伤员、保护现场，并应向有关部门报告。

6.0.16 拆除工程施工应建立安全技术档案，应包括下列主要内容：

1　拆除工程施工合同及安全生产管理协议；

2　拆除工程施工组织设计、安全专项施工方案和生产安全事故应急预案；

3　安全技术交底及记录；

4　脚手架及安全防护设施检查验收记录；

5　劳务分包合同及安全生产管理协议；

6　机械租赁合同及安全生产管理协议；

7　安全教育和培训记录。

7　文明施工

7.0.1　拆除工程施工组织设计中应包括相应的文明施工、绿色施工管理内容。

7.0.2　施工总平面布置应按设计要求进行优化，减少占用场地。

7.0.3　拆除工程施工，应采取节水措施。

7.0.4　拆除工程施工，应采取控制扬尘和降低噪声的措施。

7.0.5　施工现场严禁焚烧各类废弃物。

7.0.6　电气焊作业应采取防光污染和防火等措施。

7.0.7　拆除工程的各类拆除物料应分类，宜回收再生利用；废弃物应及时清运出场。

7.0.8　施工现场应设置车辆冲洗设施，运输车辆驶出施工现场前应将车轮和车身等部位清洗干净。运输渣土的车辆应采取封闭或覆盖等防扬尘、防遗撒的措施。

7.0.9　拆除工程完成后，应将现场清理干净。裸露的场地应采取覆盖、硬化或绿化等防扬尘的措施。对临时占用的场地应及时腾退并恢复原貌。

二十五、建筑主体之有害物质限量

《建筑防水涂料中有害物质限量》JC 1066—2008

4　要求

4.1　水性建筑防水涂料

水性建筑防水涂料中有害物质含量应符合表 2 的要求。

表 2　水性建筑防水涂料中有害物质含量

序号	项　　目		含　量	
			A	B
1	挥发性有机化合物(VOC)/g/L　≤		80	120
2	游离甲醛/mg/kg　≤		100	200
3	苯、甲苯、乙苯和二甲苯总和/mg/kg ≤		300	
4	氨/mg/kg　≤		500	1000
5	可溶性重金属[a]/mg/kg　≤	铅 Pb	90	
		镉 Cd	75	
		铬 Cr	60	
		汞 Hg	60	
a) 无色、白色、黑色防水涂料不需测定可溶性重金属				

4.2　反应型建筑防水涂料

反应型建筑防水涂料中有害物质含量应符合表 3 的要求。

表 3　反应型建筑防水涂料中有害物质含量

序号	项　　目		含　量	
			A	B
1	挥发性有机化合物(VOC)/g/L　≤		50	200
2	苯/mg/kg　≤		200	
3	甲苯+乙苯+二甲苯/g/kg　≤		1.0	5.0
4	苯酚/mg/kg　≤		200	500
5	蒽/mg/kg　≤		10	100
6	萘/mg/kg　≤		200	500
7	游离 TDI[a]/g/kg　≤		3	7
8	可溶性重金属[b]/mg/kg　≤	铅 Pb	90	
		镉 Cd	75	
		铬 Cr	60	
		汞 Hg	60	
a) 仅适用于聚氨酯类防水涂料。				
b) 无色、白色、黑色防水涂料不需测定可溶性重金属				

4.3　溶剂型建筑防水涂料

溶剂型建筑防水涂料中有害物质含量应符合表4的要求。

表4　溶剂型建筑防水涂料有害物质含量

序号	项　　　　目		含　量
			B
1	挥发性有机化合物(VOC)/g/L	≤	750
2	苯/g/kg	≤	2.0
3	甲苯＋乙苯＋二甲苯/g/kg	≤	400
4	苯酚/mg/kg	≤	500
5	蒽/mg/kg	≤	100
6	萘/mg/kg	≤	500
7	可溶性重金属[a]/mg/kg　　　≤	铅 Pb	90
		镉 Cd	75
		铬 Cr	60
		汞 Hg	60

a) 无色、白色、黑色防水涂料不需测定可溶性重金属

《建筑胶粘剂有害物质限量》GB 30982—2014

4　要求

4.1　建筑胶粘剂分类

建筑胶粘剂分为溶剂型、水基型、本体型三大类。

4.2　溶剂型建筑胶粘剂中有害物质限量

溶剂型建筑胶粘剂中有害物质限量值应符合表1的规定。

表1　溶剂型建筑胶粘剂中有害物质限量值

项目	指标				
	氯丁橡胶胶粘剂	SBS胶粘剂	聚氨酯类胶粘剂	丙烯酸酯类胶粘剂	其他胶粘剂
苯/（g/kg）	≤5.0				
甲苯十二甲苯/（g/kg）	≤200	≤80	≤150		

续表1

项目	指标				
	氯丁橡胶胶粘剂	SBS胶粘剂	聚氨酯类胶粘剂	丙烯酸酯类胶粘剂	其他胶粘剂
甲苯二异氰酸酯/（g/kg）			≤10		
二氯甲烷/（g/kg）	总量≤5.0	≤200	—	总量≤50	
1，2-二氯乙烷/（g/kg）		总量≤5.0			
1，1，1-三氯乙烷/（g/kg）					
1，1，2-三氯乙烷/（g/kg）					
总挥发性有机物/（g/L）	≤680	≤630	≤680	≤600	≤680

4.3　水基型建筑胶粘剂中有害物质限量

水基型建筑胶粘剂中有害物质限量值应符合表2的规定。

表2　水基型建筑胶粘剂中有害物质限量值

项目	指标						
	聚乙酸乙烯酯类	缩甲醛类	橡胶类	聚氨酯类	VAE乳液类	丙烯酸酯类	其他类
游离甲醛/（g/kg）	≤0.5	≤1.0	≤1.0	—	≤0.5	≤0.5	≤1.0
总挥发性有机物/（g/L）	≤100	≤150	≤150	≤100	≤100	≤100	≤150

4.4　本体型建筑胶粘剂中有害物质限量

本体型建筑胶粘剂中有害物质限量值应符合表3的规定。

表3　本体型建筑胶粘剂中有害物质限量值

项目	指　标				
	有机硅类（含MS）	聚氨酯类	聚硫类	环氧类	
				A组分	B组分
总挥发性有机物/（g/kg）	≤100	≤50	≤50	≤50	—
甲苯二异氰酸酯/（g/kg）	—	≤10	—	—	—

续表 3

项目	指　标				
	有机硅类（含 MS)	聚氨酯类	聚硫类	环氧类	
				A 组分	B 组分
苯/（g/kg）	—	≤1	—	≤2	≤1
甲苯/（g/kg）	—	≤1	—	—	—
甲苯十二甲苯/（g/kg）	—	—	—	≤50	≤20

第四篇　装配式结构施工安全

一、装配式建筑施工质量安全控制要点

《××省装配式建筑施工质量安全控制要点》

5　装配式建筑施工安全控制要点

5.1　主要规范

《塔式起重机安全规程》GB 5144

《建设工程施工现场消防安全技术规范》GB 50720

《建筑机械使用安全技术规程》JGJ 33

《施工现场临时用电安全技术规范》JGJ 46

《建筑施工安全检查标准》JGJ 59

《建筑施工高处作业安全技术规范》JGJ 80

《建筑施工扣件式钢管脚手架安全技术规范》JGJ 130

《建设工程施工现场环境与卫生标准》JGJ 146

《建筑施工模板安全技术规范》JGJ 162

《建筑施工工具式脚手架安全技术规范》JGJ 202

《建筑施工起重吊装工程安全技术规范》JGJ 276

《装配式建筑施工现场安全技术规程》

5.2　一般规定

5.2.1　构件的吊装安装应编制专项施工方案，经施工单位技术负责人审批、项目总监理工程师审核合格后实施。

5.2.2　施工单位在分派生产任务时，对相关的管理人员、作业人员进行书面安全技术交底。

5.2.3　施工单位应建立安全巡查制度，组织对现场的安全进行巡视，对事故隐患应及时定人、定时间、定措施进行整改。

5.2.4　雨期施工中，应经常检查起重设备、道路、构件堆场、临时用电等；冬期施工中，吊装作业面低于0℃时不宜施工。

5.2.5　定期对进场的安装和吊装工人、设备操作人员、灌浆工等进行安全教育、考核。项目经理、专职安全员和特种作业人员应持证上岗。

5.2.6　对现场的垂直运输设备，建立设备出厂、现场安拆、安

装验收、使用检查、维修保养等资料。

5.2.7 针对现场可能发生的危害、灾害和突发事件等危险源，制定专项应急救援预案，定期组织员工进行应急救援演练。

5.2.8 危险性较大工程以及采用安全性能不明确的工艺技术的工程，应根据相关规定及工程实际，组织相应的评审、论证。

5.3 构件的进场、运输与堆放

5.3.1 预制构件进场、运输与堆放应编制相应方案，其技术、安全要求应符合省地方标准《装配式建筑施工现场安全技术规程》第 6 章构件的进场、运输与堆放的相关规定。

5.3.2 施工现场场地、道路应满足预制构件运输、堆放的要求。当堆场设置在地下室顶板上时，应对地下室结构进行验算。

5.4 预制构件安装

5.4.1 预制构件吊装

1 预制构件吊装、吊具、连接及临时支撑应符合省地方标准《装配式建筑施工现场安全技术规程》第 7 章构件安装的相关规定。

2 外挂式防护架的设置、安拆应符合省地方标准《装配式建筑施工现场安全技术规程》第 8 章高处作业的相关规定。

3 钢筋材料禁止集中堆放在某一块叠合板上，应放置在小跨度板上，且材料重心搁置在墙体上，避免集中荷载出现叠合板断裂情况；禁止把钢筋堆放在外挂架上或楼层边缘。

4 钢筋材料应轻拿轻放，禁止大力撞击叠合板。

5 在墙柱钢筋、模板登高作业时，使用可移动的操作平台，杜绝使用靠墙梯、站立在墙体或墙体斜支撑上操作的情况。

5.4.2 混凝土浇筑

1 检查楼层临边、阳台临边、楼梯临边、采光井、烟道口、电梯井口等部位安全防护设施是否完善；检查人员上下通道是否安全可靠、照明是否充足。

2 检查叠合板支撑、墙体支撑杆件、外挂架穿墙螺栓是否有松动、缺失等情况。

3 吊斗卸放混凝土时，操作人员禁止站在外架上或楼层边缘，应站立在楼层内侧，避免吊斗摆动撞击人员。

4 在浇筑叠合板混凝土时，吊斗应降至离板面约 30cm 位置，且混凝土应慢放，禁止出现高度过高，混凝土卸放瞬间荷载过大，造成叠合板断裂现象。

5.4.3 墙体封堵与注浆

1 封堵注浆外墙外侧时，作业人员应使用安全带，站立于安全区域。

2 注浆机应配备单独的三级配电箱，并应按照"一机、一闸、一漏保、一箱"的原则进行接电。

3 电缆线应沿墙角布置，避免物体撞击，导致漏电伤人。

4 每块墙体注浆完毕后，及时用清水进行冲洗，做好工完场清、成品保护工作。

5.4.4 高处作业

高处作业应符合省地方标准《装配式建筑施工现场安全技术规程》第 8 章高处作业的相关规定。

5.5 钢结构安装

5.5.1 操作平台设置

1 操作平台应经过设计计算、方案审批、制作和验收，其强度和稳定性应满足设计要求。

2 按照设计要求进行制作，操作平台的具体尺寸按照实际情况而定，操作平台外围边到柱边的距离不小于 700mm。

3 操作平台制作、安装完成后，经验收合格后挂牌，方可使用。

4 固定式操作平台与悬挑式操作平台部分参数尺寸及材料选用可参考《建筑工程钢结构施工安全防护设施技术规程》。

5.5.2 安全网设置

1 安全网的质量应符合《安全网》GB 5725 的规定，进场前须进行验收，经验收合格后，方可投入使用。

2 对使用中的安全网，应进行定期或不定期的检查，并及时清理网中落下的杂物，当受到较大冲击时，应及时更换安全网。

3　安全网相关挂设具体要求可参考《建筑工程钢结构施工安全防护设施技术规程》。

5.5.3　垂直登高挂梯设置

1　挂钩、支撑的组件圆钢与扁钢之间采用双面角焊焊接成型，挂钩为备选挂件，挂梯顶部挂钩及连接方式可根据工程实际情况单独设计，严禁使用螺纹钢。

2　钢柱吊装前，应将垂直登高挂梯安装就位后，方可进行吊装。

3　每副挂梯应设置两道支撑，挂梯与钢柱之间的间距以 120mm 为宜，挂梯顶部挂件应挂靠在牢固的位置并保持稳固，荷载 2kN 以内。

4　挂梯梯梁及踏棍分别采用 $60 \times 6mm$ 的扁钢及直径不小于 15mm 的圆钢塞焊而成。

5　单副挂梯长度以 3m 为宜，挂梯宽度以 350mm 为宜，踏棍间距以 300mm 为宜，挂梯连接增长超过 6m 应增加固定点。

6　垂直登高挂梯建议尺寸及相关材料可参考《建筑工程钢结构施工安全防护设施技术规程》。

5.5.4　钢斜梯设置

1　钢斜梯垂直高度不应大于 6m，水平跨度不应大于 3m。

2　梯梁采用 12.6 槽钢，喷涂橘黄色防腐油漆，通过夹具固定在钢梁上。

3　斜梯设置双侧护栏，喷涂防腐警示油漆，油漆每段长度以 300mm 为宜。护栏的立柱、扶手、中间栏杆均采用 $\Phi 30 \times 2.5$ 钢管，套管连接件为 $\Phi 38 \times 2.5$ 钢管，上下两道横杆的高度分别为 1.2m 和 0.6m，立柱间距不大于 2m。

4　立柱与连接板焊接形成整体，栓接于梯梁上。

5　转换平台采用 4mm 厚花纹钢板制作，平台底部侧面设置高 200mm、厚 1mm 的踢脚板。

6 钢斜梯相关尺寸参数与材料可参考《建筑工程钢结构施工安全防护设施技术规程》。

5.5.5 水平通道设置

1 钢制组装通道相关尺寸参数及材料可参考《建筑工程钢结构施工安全防护设施技术规程》。

2 抱箍式安全绳通道，其抱箍采用 PL30×6 扁钢制作，其尺寸根据钢柱直径而定，制作完成后，喷涂防腐警示油漆。

3 安全绳采用 $\varPhi$9 镀锌钢丝绳，其技术性能应符合《一般用途钢丝绳》GB/T 20118 中的相关规定。

4 端部钢丝绳使用绳卡进行固定，绳卡压板应在钢丝绳长头的一端，绳卡数量应不少于 3 个，绳卡间距 100mm，钢丝绳固定后弧垂应为 10～30mm。

5 抱箍式安全绳通道相关尺寸参数及材料可参考《建筑工程钢结构施工安全防护设施技术规程》。

6 立杆式安全绳通道中的立杆应由规格为 $\varPhi$48×3.5 的钢管、直径为 6mm 的圆钢拉结件及底座组成。

7 立杆与底座之间除焊接固定外，还应有相应的加固措施。

8 钢丝绳两端分别用 $D=9$mm 的绳卡固定，绳卡数量不得少于 3 个，绳卡间距保持在 100mm 为宜，最后一个绳卡距绳头的长度不得小于 140mm。

5.5.6 接火盆设置

1 焊接、气割作业应设置接火措施。

2 接火盆在使用时应在盆底满铺石棉布。

3 接火盆相关设计要求、尺寸参数及装配流程可参考《建筑工程钢结构施工安全防护设施技术规程》。

5.6 消防安全

5.6.1 现场应建立消防安全管理机构，制定消防管理制度，定期开展消防应急演练。现场消防设施应符合《建设工程施工现场消防安全技术规范》GB 50720 规定，临时消防设施应与工程施工进度同步设置。

5.6.2　构件之间连接材料、接缝密封材料、外墙装饰、保温材料要求是不燃材料或 A 级防火材料。

5.6.3　施工临时用电应符合《施工现场临时用电安全技术规范》JGJ 46 相关规定。

5.6.4　装配式混凝土建筑密封胶配套的清洗液和底涂液均属于易燃易爆物品，并具有一定的毒性，使用者应采取必要的防护措施，工作场所应有良好的通风条件，严禁烟火。

5.7　职业健康安全与环境保护

5.7.1　职业健康安全

1　装配式建筑工程应制定职业健康管理计划，按规定程序经批准后实施。

2　应对职业健康管理计划的实施进行管理。

3　应制定并执行职业健康的检查制度，记录并保存检查的结果。对影响职业健康的因素应采取措施。

5.7.2　环境保护措施

1　施工过程中，应采取建筑垃圾减量化措施。施工过程中产生的建筑垃圾，应进行分类处理。

2　在临建设计、材料选择、各施工工序中做好相应的环境保护工作，并加强监督落实。

3　施工过程中，应采取防尘、降尘措施。施工现场的主要道路，宜进行硬化处理或采取其他扬尘控制措施。可能造成扬尘的露天堆储材料，宜采取扬尘控制措施。

4　施工过程中，应对材料搬运、施工设备和机具作业等采取可靠的降低噪声措施，施工作业在施工场界的噪声级，应符合现行国家标准《建筑施工场界噪声限值》GB 12523 的有关规定。

5　施工过程中，应采取光污染控制措施。可能产生强光的施工作业，应采取防护和遮挡措施。夜间施工时，应采取低角度灯光照明。

6　应采取沉淀、隔油等措施处理施工过程中产生的污水，不得直接排放。

7 宜选用环保型脱模剂。涂刷模板脱模剂时，应防止洒漏。含有污染环境成分的脱模剂，使用后剩余的脱模剂及其包装等不得与普通垃圾混放，并应由厂家或有资质的单位回收处理。

8 施工过程中，对施工设备和机具维修、运行、存储时的漏油，应采取有效的隔离措施，不得直接污染土壤。漏油应统一收集并进行无害化处理。

9 起重设备、吊索、吊具等保养中的废油脂应集中回收处理；操作工人使用后的废旧油手套、棉纱等应集中回收处理。

10 密封胶、涂料等化学物质应按规定进行存放、使用、回收，严禁随意处置。混凝土外加剂、养护剂的使用，应满足环境保护和人身安全的要求。

11 施工过程中可能接触有害物质的操作人员应采取有效的防护措施。

12 不可循环使用的建筑垃圾，应集中收集，并应及时清运至有关部门指定的地点。可循环使用的建筑垃圾，应加强回收利用，并应做好记录。

13 施工中产生的胶粘剂、稀释剂等易燃、易爆化学制品的废弃物应及时收集送至指定存储器内并按规定回收，严禁随意丢弃和堆放。

二、装配式混凝土结构施工

《装配式混凝土结构技术规程》JGJ 1—2014

12.1.1 装配式结构施工前应制定施工组织设计、施工方案；施工组织设计的内容应符合现行国家标准《建筑工程施工组织设计规范》GB/T 50502 的规定；施工方案的内容应包括构件安装及节点施工方案、构件安装的质量管理及安全措施等。

12.1.8 装配式结构施工过程中应采取安全措施，并应符合现行行业标准《建筑施工高处作业安全技术规范》JGJ 80、《建筑机械使用安全技术规程》JGJ 33 和《施工现场临时用电安全技术规范》JGJ 46 等的有关规定。

12.2.5 安装施工前，应检查复核吊装设备及吊具处于安全操作状态。

《装配式混凝土结构工程施工与质量验收规程》

9 施工安全与环境保护

9.1 施工安全

9.1.1 施工单位应对从事预制构件吊装作业及相关人员进行安全培训与交底，明确预制构件进场、卸车、存放、吊装、就位各环节的作业风险，并制订防止危险情况的处理措施。

9.1.2 预制构件卸车时，应按照规定的装卸顺序进行，确保车辆平衡，避免由于卸车顺序不合理导致车辆倾覆。

9.1.3 预制构件卸车后，应将构件按编号或按使用顺序，合理有序存放于构件存放场地，并应设置临时固定措施或采用专用插放支架存放，避免构件失稳造成构件倾覆。

9.1.4 安装作业开始前，应对安装作业区进行围护并做出明显的标识，拉警戒线，并派专人看管，严禁与安装作业无关的人员进入。

9.1.5 应定期对预制构件吊装作业所用的安装工器具进行检查，发现有可能存在的使用风险，应立即停止使用。

9.1.6 吊机吊装区域内，非作业人员严禁进入。吊运预制构件时，构件下方严禁站人，应待预制构件降落至距地面 1m 以内方准作业人员靠近，就位固定后方可脱钩。

9.1.7 装配式结构在绑扎柱、墙钢筋时，应采用专用高凳作业，当高于围挡时，作业人员应佩戴穿芯自锁保险带。

9.1.8 遇到雨、雪、雾天气，或者风力大于 6 级时，不得进行吊装作业。

9.1.9 夹心保温外墙板后浇混凝土连接节点区域的钢筋安装连接施工时，不得采用焊接连接。

9.2 环境保护

9.2.1 预制构件运输过程中，应保持车辆整洁，防止对场内道路的污染，并减少扬尘。

9.2.2 现场各类预制构件应分别集中存放整齐，并悬挂标识牌，严禁乱堆乱放，不得占用施工临时道路，并做好防护隔离。

9.2.3 夹心保温外墙板和预制外墙板内保温材料，采用粘结板块或喷涂工艺的保温材料，其组成原材料应彼此相容，并应对人体和环境无害。

9.2.4 预制构件施工中产生的胶粘剂、稀释剂等易燃、易爆化学制品的废弃物应及时收集送至指定储存器内并按规定回收，严禁丢弃未经处理的废弃物。

《装配整体式混凝土结构施工及质量验收规范》

7 安全控制

7.1 一般规定

7.1.1 装配整体式混凝土结构施工过程中应按照现行国家行业标准《建筑施工安全检查标准》JGJ 59、《建筑施工现场环境与卫生标准》JGJ 146 和市地方标准《现场施工安全生产管理规范》等安全、职业健康和环境保护的有关规定执行。

7.1.2 施工现场临时用电的安全应符合现行国家行业标准《施工现场临时用电安全技术规范》JGJ 46 和用电专项方案的规定。

7.1.3 施工现场消防安全应符合现行国家标准《建设工程施工现场消防安全技术规程》GB 50720 的有关规定。

7.2 安全防护

7.2.1 装配整体式混凝土结构施工宜采用围挡或安全防护操作架，特殊结构或必要的外墙板构件安装可选用落地脚手架，脚手架搭设应符合国家现行有关标准的规定。

7.2.2 装配整体式混凝土结构施工在绑扎柱、墙钢筋，应采用专用登高设施。当高于围挡时，必须佩戴穿芯自锁保险带。

7.2.3 安全防护采用围挡式安全隔离时，楼层围挡高度应不低于 1.50m，阳台围挡不应低于 1.10m，楼梯临边应加设高度不小于 0.9m 的临时栏杆。

7.2.4 围挡式安全隔离，应与结构层有可靠连接，满足安全防护需要。

7.2.5 围挡设置应采取吊装一件外墙板，拆除相应位置围挡的方法，按吊装顺序，逐块（榀）进行。预制外墙板就位后，应及时安装上一层围挡。

7.2.6 安全防护采用操作架时，操作架应与结构有可靠的连接体系，操作架受力应满足计算要求。

7.2.7 预制构件、操作架、围挡在吊升阶段，在吊装区域下方设置安全警示区域，安排专人监护，该区域不得随意进入。

7.2.8 遇到大雨、大雪、大雾等恶劣天气或者六级以上大风时，不得进行预制构件吊装。

7.2.9 装配整体式结构施工现场应设置消防疏散通道、安全通道以及消防车通道，防火防烟应分区。

7.2.10 施工区域应配制消防设施和器材，设置消防安全标志，并定期检验、维修，消防设施和器材应完好、有效。

7.3 施工安全

7.3.1 吊运预制构件时，下方禁止站人，不得在构件顶面上行走。必须待吊物降落至离地 1m 以内，方准靠近，就位固定后，方可脱钩。

7.3.2 高空构件装配作业时，严禁在结构钢筋上攀爬。

7.3.3 预制外墙板吊装就位并固定牢固后，方可进行脱钩，脱钩人员应使用专用梯子，在楼层内操作。

7.3.4 预制外墙板吊装时，操作人员应站在楼层内，佩戴穿芯自锁保险带并与楼面内预埋件（点）扣牢。

7.3.5 当构件吊至操作层时，操作人员应在楼层内用专用钩子将构件上系扣的缆风绳勾至楼层内，然后将墙板拉到就位位置。

7.3.6 预制构件吊装应单件逐件安装，起吊时构件应水平和垂直。

7.3.7 操作人员在楼层内进行操作，在吊升过程中，非操作人员严禁在操作架上走动与施工。

7.3.8 当一榀操作架吊升后，操作架端部出现的临时洞口不得站人或施工。

7.3.9　操作架要逐次安装与提升，不得交叉作业，每一单元不得随意中断提升，严禁操作架在不安全状态下过夜。

7.3.10　操作架安装、吊升时，如有障碍，应及时查清，并在排除障碍后，方可继续。

7.3.11　预制结构现浇部分的模板支撑系统不得利用预制构件下部临时支撑作为支点。

8　绿色施工

8.1　一般规定

8.1.1　装配整体式混凝土结构施工应符合国家绿色施工的标准，实现经济效益、社会效益和环境效益的统一。

8.1.2　实施装配整体式混凝土结构绿色施工，应根据因地制宜的原则，贯彻执行国家、行业和市的现行有关规范和相关技术经济政策。

8.1.3　装配整体式混凝土结构应建立绿色施工管理体系，并在施工管理、环境保护、节材与材料资源利用、节水与水资源利用、节能与能源利用、节地与施工用地保护等方面制定相应的管理制度与目标。

8.1.4　应落实和推进装配整体式混凝土结构绿色施工的新技术、新设备、新材料与新工艺。

8.1.5　装配整体式混凝土结构施工前，应进行总体方案优化，充分考虑绿色施工的总体要求，为绿色施工提供基础条件。

8.1.6　应对施工策划、材料采购、现场施工、工程验收等各阶段绿色施工进行控制，加强对整个绿色施工过程的管理和监督。

8.1.7　装配整体式混凝土结构施工中采用保温材料的品种、规格应符合设计要求，其性能应符合国家和本市现行有关标准的要求。

8.1.8　绿色施工节能产品应具有产品合格证、检验报告和检测机构出具的复验报告。

8.1.9　应编制绿色施工方案，绿色节能的施工质量应严格按照现行国家标准《建筑节能工程施工质量验收规范》GB 50111 和市工程建设规范《建筑节能工程施工质量验收规程》执行。

8.1.10　预制混凝土叠合夹心保温墙板和预制混凝土夹心保温外墙板施工中，与内外层墙板的连接件，宜选用断热型抗剪连接件。

8.1.11　预制外墙内保温有粘贴保温板和喷涂保温材料等施工方式，保温材料选用应与构件材料相容，并应具有物理化学稳定性，表面装饰饰面应按现行国家标准《建筑装饰装修工程质量验收规范》GB 50210 执行。

8.2　资源与能源节约

8.2.1　装配整体式混凝土结构施工现场道路，宜采用永久道路和临时道路相结合的原则布置。

8.2.2　现场构件运输道路及临时堆场保洁洒水和冲洗宜优先采用施工循环水或雨水存水再利用。

8.2.3　进场构件，应根据构件吊装位置，就近布置构件堆放场地，避免二次搬运。

8.2.4　进场构件，应根据构件类型进行组合驳运，合理搭配各种构件类型，充分利用车辆空间，选用车辆适当，减少构件车辆驳运耗能。

8.2.5　应选用功率与负载相匹配的施工机械设备，大功率施工机械设备不得低负载长时间运行。装配施工可采用节电型机械设备。

8.2.6　应合理安排构件起吊，减少起吊量，降低施工机械设备的能耗。

8.2.7　有条件的装配式结构，构件吊装施工宜采用节材型围挡安全防护。

8.2.8　应选用耐用、可周转及维护与拆卸方便的调节杆、限位器等临时固定和校正工具。

8.2.9　预制阳台、叠合板、叠合梁等宜采用工具式支撑体系，提高周转率和使用效率。

8.2.10　贴面类材料构件在吊装前，应结合构件进行总体排版，减少非整块材料的数量，并宜与构件在工厂构件制作一次成型。

8.2.11   各类预埋件和留孔留洞应与工厂化构件制作同步预留，不宜采用后续二次预埋和现场钻孔方式。

8.3   环境保护

8.3.1   预制构件运输和驳运过程中，应保持车辆的整洁，防止对道路的污染，减少道路扬尘，施工现场出口应设置洗车池。

8.3.2   在施工现场应加强对废水、污水的管理，现场应设置污水池和排水沟。废水、废弃涂料、胶料应统一处理，严禁未经过处理而直接排入下水管道。

8.3.3   装配整体式混凝土结构施工中产生的胶粘剂、稀释剂等易燃、易爆化学制品的废弃物应及时收集送至指定存储器内，按规定回收，严禁未经处理随意丢弃和堆放。

8.3.4   装配式结构施工应选用绿色、环保材料。

8.3.5   预制混凝土叠合夹心保温墙板和预制混凝土夹心保温外墙板内保温系统的材料，采用粘贴板块或喷涂工艺的保温材料，其组成材料应彼此相容，并应对人体和环境无害。

8.3.6   应选用低噪声设备和性能完好的构件装配起吊机械进行施工，机械、设备应定期维护保养。

8.3.7   构件装配时，施工楼层与地面联系不得选用扩声设备，应使用对讲机等低噪声器具或设备。

8.3.8   在预制结构施工期间，应严格控制噪声和遵守现行国家标准《建筑施工场界噪声限值》GB 12523 的规定。

8.3.9   在夜间施工时，应防止光污染对周边居民的影响。

《装配整体式混凝土剪力墙结构体系居住建筑技术规程》

6.5   安全与环境保护

6.5.1   预制装配整体式钢筋混凝土结构施工安全及环境保护应参照国家现行建筑施工安全技术规范执行。

6.5.2   施工外围护脚手架宜根据工程特点选择普通钢管落地式脚手架、承插装配式脚手架或装配外挂式脚手架等，并应编制详细的验算书。

6.5.3 采用装配外挂式围护脚手架进行当前施工层作业时，允许脚手架标高处于 N-1 层（N 为当前施工层），暂不提升，但应分别在外脚手架外侧和第 N 层作业面的外临边位置加一设施工安全围护。其中，围护立杆间距不宜大于 3m，转角必设，高度不宜小于 1.2m。

6.5.4 装配外挂式脚手架的提升可根据施工进度安排施工时间段，严禁发生主体施工作业面高于脚手架 2 层进行施工。

三、装配整体式混凝土框架结构施工

《装配整体式混凝土框架结构技术规程》

7.7 施工安全管理

7.7.1 当吊装作业时，应符合本规程的相应规定。当发生异常情况时，项目经理应立即下令停止作业，待障碍排除后方可继续施工。

7.7.2 起吊前的准备工作应满足下列要求：

1 吊装作业人员应持证上岗，作业前应逐级进行书面安全交底。

2 起重机械的使用应符合《起重机械安全监察规定》（质检总局令第 92 号）的规定；现场施工应遵守《建筑工程安全生产管理条例》（中华人民共和国国务院令第 393 号）的规定，以保证作业人员的安全。

3 起吊前，应检查起重机械、吊具、钢索是否完好。

4 吊装作业范围应设置安全区域。

7.7.3 预制构件的安装应满足下列要求：

1 预制构件安装应采用半自动脱钩吊具或吊篮载人脱钩，减少作业人员登高次数。

2 当支撑高度超过 3.5m 时，可调顶撑应加设纵横向水平杆件。

7.7.4 预制构件支撑拆除时间应满足下列要求：预制梁、板的支撑拆除，应待节点混凝土强度达到设计要求后方可全部拆除。当设

计无具体要求时，应达到设计强度的 75% 以上，方可全部拆除。

四、装配整体式混凝土剪力墙结构施工

《装配整体式混凝土剪力墙结构技术规程》

13.5　安全管理

13.5.1　安装作业施工过程中应按照现行行业标准《建筑施工安全检查标准》JGJ 59 和《建筑施工现场环境与卫生标准》JGJ 146、《建筑施工高处作业安全技术规范》JGJ 80、《建筑机械使用安全技术规程》JGJ 33 等现行标准规范有关安全、职业健康和环境保护的规定执行。

13.5.2　作业人员应经教育培训合格后方可上岗作业，特种作业人员应持有效证件，作业前，应向作业人员进行安全技术交底。作业人员在现场应戴安全帽，系安全带，穿防滑鞋。

13.5.3　塔式起重机、施工升降机安装、拆卸、加节等应有专项方案，方案中应有附墙装置安装、多塔作业防碰撞等措施。

13.5.4　安装作业前，应编制详细的安全专项措施及吊装措施。安装施工方案内应明确构件堆放场地；从构件堆放场地吊运至建筑物特定区段内吊装设备回转半径下应设警戒线，非作业人员严禁入内，以防坠物伤人。遇到雨、雪、雾天气，或者风力大于 5 级时，不得吊装预制构件。

13.5.5　施工外围护脚手架宜根据工程特点选择，并应编制详细的验算书及外围护安全专项施工方案。

13.5.6　应编制详细的高处作业及预防高处坠落安全保障措施。

13.5.7　在进行电、气焊作业时，应有防火措施和专人看守。

五、预制预应力混凝土装配整体式框架结构施工

《预制预应力混凝土装配整体式框架结构技术规程》JGJ 224—2010

7.6　安全措施

7.6.1　预制构件吊装时，除应按现行行业标准《建筑施工高处

作业安全技术规范》JGJ 80 的有关规定执行，尚应符合下列规定：

    1　预制构件吊装前，应按照专项施工方案的要求，进行安全、技术交底，并应严格执行；

    2　吊装操作人员应按规定持证上岗。

7.6.2　预制构件吊装前应检查吊装设备及吊具是否处于安全操作状态。

7.6.3　预制构件的吊装应按专项施工方案的要求进行。起吊时绳索与构件水平面的夹角不宜小于 60°，不应小于 45°，否则应采用吊架或经验算确定。

7.6.4　起吊构件时，不得中途长时间悬吊、停滞。

六、装配式劲性柱混合梁框架结构施工

《装配式劲性柱混合梁框架结构技术规程》JGJ/T 400—2017

7.5　安全控制

7.5.1　施工过程中应按现行行业标准《建筑施工安全检查标准》JGJ 59、《建筑施工现场环境与卫生标准》JGJ 146 的有关规定执行。

7.5.2　作业人员应进行安全生产教育和培训，未经安全生产和教育培训合格的作业人员不得上岗作业。

7.5.3　施工区域应配置消防设施和器材，设置消防安全标志，并定期检验、维修，消防设施和器材应完好、有效。

7.5.4　预制构件吊装应采用慢起、快升、缓放的操作方式；起吊应依次逐级增加速度，不应越挡操作。雨、雪、雾天气，或者风力大于 5 级时，不应吊装预制构件。

7.5.5　作业人员应配备劳动防护用品并正确使用；高处作业使用的工具和零配件等，应采取防坠落措施，严禁上下抛掷。

七、模块化蒸压加气混凝土轻钢复合保温墙体

《模块化蒸压加气混凝土轻钢复合保温墙体工程技术规程》

7.5　安全规定

7.5.1　模块化蒸压加气混凝土轻钢复合保温墙体的安装施工除应符合现行行业标准《建筑施工高处作业安全技术规范》JGJ 80、《建筑机械使用安全技术规程》JGJ 33、《施工现场临时用电安全技术规范》JGJ 46 的有关规定外，尚应符合施工组织设计中的相应规定。

7.5.2　安装施工机具在进场之前，应进行全面检查和检修；在使用中，还应定期进行安全检查；开工前，应进行试运转，手持电动工具应进行绝缘电压试验。吊装机具操作人员应经专业培训。

7.5.3　当模块化蒸压加气混凝土轻钢复合保温墙体安装与主体结构施工交叉作业时，结构施工层的下方应采取可靠的安全防护措施。

7.5.4　现场焊接作业时，应采取可靠的防火措施。

7.5.5　严禁站立或坐、骑在墙体、门窗构件上进行施工。

7.5.6　遇到雨、雪、大雾天气，或者风力大于 5 级时，不得进行吊装作业。

7.5.7　施工过程中，每完成一道施工工序后，应及时清理施工现场遗留的杂物。施工过程中，不得在窗台、栏杆上放置施工工具。在脚手架和吊篮上施工时，不得随意抛掷物品。

八、装配式混凝土综合管廊

《装配式混凝土综合管廊工程技术规程》

4.5　安全防灾规划

4.5.1　装配式综合管廊出入口、吊装口、通风口等都应设置在地势相对较高的位置，所有孔口标高应高于室外地面，并满足当地防洪要求。

4.5.2　抗震设防区的装配式综合管廊要严格按照抗震设防标准规划，设防标准应不低于本地区抗震设防烈度等级的要求，重点或特殊工程应进行抗震专项论证。

4.5.3　装配式综合管廊应设可靠的消防设施，火灾报警系统应具有可靠性、稳定性、技术先进、组网灵活、经济合理、易于维护保养，并应有扩展功能、抗电磁干扰能力强等特性。如特殊工程应进行消防专项论证。

4.5.4　装配式综合管廊应设安保系统。对各种人员能进入口部安装可靠监控防入侵报警装置。内部空间应有全面时时显示现场的电子画面，同时能传送到监控中心专用安保计算机并报警。

4.5.5　装配式综合管廊工程选址应避开灾害性地质区域（如滑坡、崩塌、冲沟、地震带等），如无法避让时，应采取必要的技术措施。

8.6　安全与环境保护

8.6.1　装配式综合管廊施工严格执行国家相关规范和《城市地下综合管廊工程安全管理规定》相关规定执行，认真落实各级各类人员的安全生产责任制。

8.6.2　施工机械操作应符合现行行业标准《建筑机械使用安全技术规程》JGJ 33 的规定，应按操作规程进行使用，严防伤及自己和他人。

8.6.3　施工现场临时用电的安全应符合现行行业标准《施工现场临时用电安全技术规范》JGJ 46 和用电专项方案的规定。

8.6.4　吊装前必须检查吊具、钢梁、葫芦、钢丝绳等用品的性能是否完好，如有出现变形或者损害，必须及时更换。

8.6.5　预制构件在安装吊具过程中，严禁拆除预制构件与存放架的安全固定装置，待起吊时方可将其拆除，避免构件由于自身重力或振动引起的构件倾斜和翻转。

8.6.6　预制构件吊运时，起重机械回转半径范围内应设置警示带，严禁非作业人员进入吊装区域，以防坠物伤人。

8.6.7　预制构件在安装和调校期间，严禁拆除钢丝绳，当预制构件临时固定安装后，方可脱钩。

8.6.8　在吊装过程中，要随时检查吊钩和钢丝绳的质量，当吊点螺栓出现变形或者钢丝绳出现毛刺，必须将其及时更换。

8.6.9 预制构件吊装施工作业，不得在恶劣气候条件下施工，保证施工安全。

8.6.10 装配式结构施工过程，根据环境管理体系职业安全与卫生管理体系，明确环境管理目标，监理环境管理体系，严防各类污染源的排放。

8.6.11 预制构件吊装施工期间，应严格控制噪声和遵守现行国家标准《建筑施工场界噪声限值》GB 12523 的规定。

8.6.12 在施工现场应加强对废水、污水的管理，现场应设置污水池和排水沟。废水应统一处理，严禁未经处理而直接排入市政管网中。

8.6.13 施工现场各种材料分类堆放、码放整齐并悬挂标识牌，严禁乱堆乱放，不得占用临时道路和施工便道。

8.6.14 施工现场要设置废弃物临时置放点，并指定专人管理，专人管理负责废弃物的分类、放置及管理工作，废弃物清运应符合有关规定。

第五篇　钢结构施工安全

一、钢结构施工

《钢结构施工规范》GB 50755—2012

16   施工安全和环境保护

16.1   一般规定

16.1.1   本章适用于钢结构工程的施工安全和环境保护。

16.1.2   钢结构施工前,应编制施工安全、环境保护专项方案和安全应急预案。

16.1.3   作业人员应进行安全生产教育和培训。

16.1.4   新上岗的作业人员应经过三级安全教育。变换工种时,作业人员应先进行操作技能及安全操作知识的培训,未经安全生产教育和培训合格的作业人员不得上岗作业。

16.1.5   施工时,应为作业人员提供符合国家现行有关标准规定的合格劳动保护用品,并应培训和监督作业人员正确使用。

16.1.6   对易发生职业病的作业,应对作业人员采取专项保护措施。

16.1.7   当高空作业的各项安全措施经检查不合格时,严禁高空作业。

16.2   登高作业

16.2.1   搭设登高脚手架应符合现行行业标准《建筑施工扣件式钢管脚手架安全技术规范》JGJ 130 和《建筑施工碗扣式钢管脚手架安全技术规范》JGJ 166 的有关规定;当采用其他登高措施时,应进行结构安全计算。

16.2.2   多层及高层钢结构施工应采用人货两用电梯登高,对电梯尚未到达的楼层应搭设合理的安全登高设施。

16.2.3   钢柱吊装松钩时,施工人员宜通过钢挂梯登高,并应采用防坠器进行人身保护。钢挂梯应预先与钢柱可靠连接,并应随柱起吊。

16.3   安全通道

16.3.1   钢结构安装所需的平面安全通道应分层平面连续搭设。

16.3.2   钢结构施工的平面安全通道宽度不宜小于 600mm,且两侧应设置安全护栏或防护钢丝绳。

16.3.3 在钢梁或钢桁架上行走的作业人员应佩戴双钩安全带。

16.4 洞口和临边防护

16.4.1 边长或直径为 20cm～40cm 的洞口应采用刚性盖板固定防护；边长或直径为 40cm～150cm 的洞口应架设钢管脚手架、满铺脚手板等；边长或直径在 150cm 以上的洞口应张设密目安全网防护并加护栏。

16.4.2 建筑物楼层钢梁吊装完毕后，应及时分区铺设安全网。

16.4.3 楼层周边钢梁吊装完成后，应在每层临边设置防护栏，且防护栏高度不应低于 1.2m。

16.4.4 搭设临边脚手架、操作平台、安全挑网等应可靠固定在结构上。

16.5 施工机械和设备

16.5.1 钢结构施工使用的各类施工机械，应符合现行行业标准《建筑机械使用安全技术规程》JGJ 33 的有关规定。

16.5.2 起重吊装机械应安装限位装置，并应定期检查。

16.5.3 安装和拆除塔式起重机时，应有专项技术方案。

16.5.4 群塔作业应采取防止塔吊相互碰撞措施。

16.5.5 塔吊应有良好的接地装置。

16.5.6 采用非定型产品的吊装机械时，必须进行设计计算，并应进行安全验算。

16.6 吊装区安全

16.6.1 吊装区域应设置安全警戒线，非作业人员严禁入内。

16.6.2 吊装物吊离地面 200mm～300mm 时，应进行全面检查，并应确认无误后再正式起吊。

16.6.3 当风速达到 10m/s 时，宜停止吊装作业；当风速达到 15m/s 时，不得吊装作业。

16.6.4 高空作业使用的小型手持工具和小型零部件应采取防止坠落措施。

16.6.5 施工用电应符合现行行业标准《施工现场临时用电安全

技术规范》JGJ 46 的有关规定。

16.6.6 施工现场应有专业人员负责安装、维护和管理用电设备和电线路。

16.6.7 每天吊至楼层或屋面上的构件未安装完时，应采取牢靠的临时固定措施。

16.6.8 压型钢板表面有水、冰、霜或雪时，应及时清除，并应采取相应的防滑保护措施。

16.7   消防安全措施

16.7.1 钢结构施工前，应有相应的消防安全管理制度。

16.7.2 现场施工作业用火应经相关部门批准。

16.7.3 施工现场应设置安全消防设施及安全疏散设施，并应定期进行防火巡查。

16.7.4 气体切割和高空焊接作业时，应清除作业区危险易燃物，并应采取防火措施。

16.7.5 现场油漆涂装和防火涂料施工时，应按产品说明书的要求进行产品存放和防火保护。

16.8   环境保护措施

16.8.1 施工期间应控制噪声，应合理安排施工时间，并应减少对周边环境的影响。

16.8.2 施工区域应保持清洁。

16.8.3 夜间施工灯光应向场内照射；焊接电弧应采取防护措施。

16.8.4 夜间施工应做好申报手续，应按政府相关部门批准的要求施工。

16.8.5 现场油漆涂装和防火涂料施工时，应采取防污染措施。

16.8.6 钢结构安装现场剩下的废料和余料应妥善分类收集，并应统一处理和回收利用。不得随意搁置、堆放。

二、钢结构防腐蚀

《建筑钢结构防腐蚀技术规程》JGJ/T 251—2011

6   安全、卫生和环境保护

6.1　一般规定

6.1.1　钢结构防腐蚀工程的施工应符合国家有关法律、法规对环境保护的要求，并应有妥善的劳动保护和安全防范措施。

6.2　安全、卫生

6.2.1　涂装作业安全、卫生应符合现行国家标准《涂装作业安全规程涂漆工艺安全及其通风净化》GB 6514、《金属和其他无机覆盖层热喷涂操作安全》GB 11375、《涂装作业安全规程安全管理通则》GB 7691 和《涂装作业安全规程涂漆前处理工艺安全及其通风净化》GB 7692 的有关规定。

6.2.2　涂装作业场所空气中有害物质不得超过最高允许浓度。

6.2.3　施工现场应远离火源，不得堆放易燃、易爆和有毒物品。

6.2.4　涂料仓库及施工现场应有消防水源、灭火器和消防器具，并应定期检查。消防道路应畅通。

6.2.5　密闭空间涂装作业应使用防爆灯具，安装防爆报警装置；作业完成后油漆在空气中的挥发物消散前，严禁电焊修补作业。

6.2.6　施工人员应正确穿戴工作服、口罩、防护镜等劳动保护用品。

6.2.7　所有电气设备应绝缘良好，临时电线应选用胶皮线，工作结束后应切断电源。

6.2.8　工作平台的搭建应符合有关安全规定。高空作业人员应具备高空作业资格。

6.3　环境保护

6.3.1　涂料产品的有机挥发物含量（VOC）应符合国家现行相关的要求。

6.3.2　施工现场应保持清洁，产生的垃圾等应及时收集并妥善处理。

6.3.3　露天作业时应采取防尘措施。

《钢结构防腐蚀涂装技术规程》

6.5　安全和环境保护

6.5.1　钢结构防腐蚀涂装施工作业的安全和环境保护，应符合现行国家标准《涂装作业安全规程 涂漆工艺安全及其通风净化》GB 6514、《涂漆作业安全规程 安全管理通则》GB 7691、《涂装作业安全规程 涂漆前处理工艺安全及其通风净化》GB 7692、《金属和其他无机覆盖层 热喷涂 操作安全）GB 11375、《建筑防腐蚀工程施工及验收规范》GB 50212 和本规程的规定。施工前应制定严格的安全劳保操作规程和环境卫生措施，确保安全、文明施工。

6.5.2 参加涂装作业的操作和管理人员，应持证上岗，施工前必须进行安全技术培训，施工人员必须穿戴防护用品，并按规定佩戴防毒用品。

6.5.3 涂料、稀释剂和清洁剂等易燃、易爆和有毒材料应进行严格的管理，应存放在通风良好的专用库房内，不得堆放在施工现场。同时，施工现场和库房必须设置消防器材，并保证消防水源的充足供应，消防道路应畅通。

6.5.4 施工现场应有通风排气设备。现场有害气体、粉尘不得超过表 6.5.4 规定的最高允许浓度。

表 6.5.4   施工现场有害气体、粉尘的最高允许浓度

物质名称	最高允许浓度 （mg/m³）	物质名称	最高允许浓度 （mg/m³）
二甲苯	100	溶剂汽油	300
甲苯	100	含 50%～80%游离 二氧化硅粉尘	1.5
苯乙烯	40		
乙醇	1500	含 80%以上游离 二氧化硅粉尘	1
环己酮	50		
丙酮	400	—	—

6.5.5 防腐蚀涂料和稀释剂在运输、储存、施工及养护过程中，不得与酸、碱等化学介质接触，并应防尘、防暴晒。

6.5.6 在易燃易爆区严禁有电焊或明火操作，并严禁携带火种和易产生火花与静电的物品。

6.5.7 所有电器设备应绝缘良好，密闭空间涂装作业应使用防爆灯和磨具，安装防爆报警装置，涂装作业现场严禁电焊等明火作业。

6.5.8 高处作业时，使用的脚手架、吊架、靠梯和安全带等必须经检查合格后，方可使用。

《城镇桥梁钢结构防腐蚀涂装工程技术规程》CJJ/T 235—2015

5.6　安全文明施工

5.6.1 涂装作业前应识别危险源。作业场所空气中有害物质含量应符合国家现行标准《工业企业设计卫生标准》GBZ 1 的规定。

5.6.2 高处作业应符合现行行业标准《建筑施工高处作业安全技术规范》JGJ 80 的规定。

5.6.3 施工现场应采取防火、防爆措施。

5.6.4 施工现场应满足清洁化生产要求，废弃物应及时环保处置。

5.6.5 施工和维护人员作业时应正确穿戴工作服、口罩和防护眼镜等劳动保护用品。

三、压型金属板工程施工

《压型金属板工程应用技术规范》GB 50896—2013

8.3.1 压型金属板围护系统工程施工应符合下列规定：

　　1 施工人员应戴安全帽，穿防护鞋；高空作业应系安全带，穿防滑鞋；

　　2 屋面周边和预留孔洞部位应设置安全护栏和安全网，或其他防止坠落的防护措施；

　　3 雨天、雪天和五级风以上时严禁施工。

8.3.10 防坠落设施应按设计要求进行布置和安装。防坠落系统、各组件及与压型金属板系统或结构的连接应安全可靠，防坠落设施应具有安全性能检测报告。

四、钢结构加固

《钢结构加固技术规范》CECS 77：96

8.1 施工安全

8.1.1 钢结构加固工作开始前，应按设计要求采取卸荷或支顶措施，确保施工安全。

8.1.2 钢结构加固时，必须保证结构的稳定，应事先检查各连接点是否牢固，必要时可先加固连接点或增设临时以撑，待加固完毕后再行拆除。

8.1.3 托梁换柱施工过程中应采取下列安全措施：

   1 检查和加设支撑应确保顶升时屋架的稳定；

   2 顶升屋盖结构时，全部千斤顶应同步工作；

   3 顶起屋架后，拆柱安装托架过程中，应设置防止千斤顶回落的安全装置（图 8.1.3）；

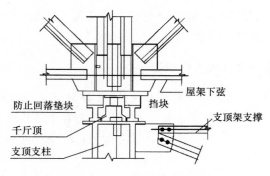

图 8.1.3 防止回落装置

   4 应采取措施保证顶升后临时支柱的侧向稳定。

《钢结构检测评定及加固技术规程》YB 9257—1996

1.0.6 钢结构检测及加固工作中的安全、劳动保护、防火防爆等，必须有专人负责，符合专门规定。

五、钢结构焊接热处理

《钢结构焊接热处理技术规程》

3.0.1　焊接热处理操作人员和技术人员应经过专门的培训、考核，并取得相应的资格证书，持证上岗。

3.0.5　焊接热处理作业时操作人员应穿戴必要的劳动防护用品，并防止烫伤、触电。

3.0.6　焊接热处理作业过程中，应遵守施工现场对电器设备、易燃易爆物品的安全规定，工作场所应放置灭火器材并设置高温、有电等警示牌。

3.0.7　采用电加热时，值班人员不应少于两人；采用中频以上频率感应加热时，控制室应采取屏蔽措施。拆装热处理加热装置之前必须确认已切断电源；焊接热处理工作完毕后，值班人员应检查现场，确认无引起火灾的危险后方可离开。

3.0.8　焊接热处理作业过程中，应对设备中含苯的电容采取措施，减少或降低苯污染。

3.0.9　保温材料的性能应满足工艺及环保要求。当采用硅酸铝棉制品作保温材料时，其产品质量应符合现行国家标准《绝热用硅酸铝棉及其制品》GB/T 16400 的有关规定。

六、门式刚架施工

《门式刚架轻型房屋钢结构技术规范》GB 51022—2015

14.2.5　门式刚架轻型房屋钢结构在安装过程中，应根据设计和施工工况要求，采取措施保证结构整体稳固性。

14.4.1　安装定位焊接应符合下列规定：

　　1　现场焊接应由具有焊接合格证的焊工操作，严禁无合格证者施焊。

14.6.5　在角部、屋脊、檐口、屋面板孔口或突出物周围，应设置具有良好密封性能和外观的泛水板或包边板。

14.6.6　安装压型钢板屋面时，应采取有效措施将施工荷载分布至较大面积，防止因施工集中荷载造成屋面板局部压屈。

14.6.7   在屋面上施工时，应采用安全绳等安全措施，必要时应采用安全网。

七、高层民用建筑钢结构

《高层民用建筑钢结构技术规程》JGJ 99—2015

9.6   焊接

9.6.1   从事钢结构各种焊接工作的焊工，应按现行国家标准《钢结构焊接规范》GB 50661 的规定经考试并取得合格证后，方可进行操作。

10   安装

10.1   一般规定

10.1.1   钢结构安装前，应根据设计图纸编制安装工程施工组织设计。对于复杂、异型结构，应进行施工过程模拟分析并采取相应安全技术措施。

10.1.4   钢结构安装时应有可靠的作业通道和安全防护措施，应制定极端气候条件下的应对措施。

10.1.5   电焊工应具备安全作业证和技能上岗证。持证焊工须在考试合格项目认可范围有效期内施焊。

10.1.7   安装用的专用机具和工具，应满足施工要求，并定期进行检验，保证合格。

10.1.11   安装工作应符合环境保护、劳动保护和安全技术方面现行国家有关法规和标准的规定。

10.6.5   当采用内、外爬塔式起重机或外附塔式起重机进行高层民用建筑钢结构安装时，对塔式起重机与钢结构相连接的附着装置，应进行验算，并应采取相应的安全技术措施。

10.6.6   进行钢结构安装时，楼面上堆放的安装荷载应予限制，不得超过钢梁和压型钢板的承载能力。

10.8   安装的焊接工艺

10.8.2   当焊接作业处于下列情况之一时，严禁焊接：

1 焊接作业区的相对湿度大于 90%；

2 焊件表面潮湿或暴露于雨、冰、雪中；

3 焊接作业条件不符合现行国家标准《焊接与切割安全》GB 9448 的有关规定。

八、组合结构施工

《钢—混凝土组合结构施工规范》GB 50901—2013

3 基本规定

3.1 一般规定

3.1.3 钢—混凝土组合结构工程施工单位应具备相应的工程施工资质，并应建立安全、质量和环境的管理体系。

3.2 施工组织

3.2.3 钢—混凝土组合结构工程施工应编制交叉和高空作业安全专项方案。

4 材料与构件

4.5 钢构件

4.5.4 运输到安装工地的钢构件，应按施工组织设计的平面布置进行有效码放，高度和堆载限量应符合要求。

10 质量验收

10.1.8 当钢—混凝土组合结构工程施工质量不符合本规范要求时，应按下列规定进行处理：

3 经有资质的检测单位检测鉴定达不到设计要求的，但经原设计单位核算认可能够满足结构安全和使用功能的检验批，可予以验收；

4 经返修或加固处理的分项、分部工程，虽然改变外形尺寸，尚能满足安全使用要求，可按处理的技术方案和协商文件进行验收。

《钢管混凝土结构设计与施工规范》CECS 28：2012

7.0.1 钢管混凝土柱的耐火等级和耐火极限，以及进行防火保护时所采用的防火涂料或外包裹防火措施应符合现行国家标准

《建筑设计防火规范》GB 50016 和现行协会标准《建筑钢结构防火技术规范》CECS 200 的有关规定。

7.0.4　每个楼层的钢管混凝土柱均应设置直径为 20mm 的排气孔，其位置宜位于柱与楼板相交位置的上方及下方 100mm 处，并应沿柱身反对称布置。排气孔纵向间距不宜超过 6m。

《铝合金结构工程施工规程》JGJ/T 216—2010

12.2　施工安装

12.2.3　当铝合金幕墙结构采用吊篮施工时，应符合下列规定：

1　应对吊篮进行合理设计，并应在使用前进行安全检查。

2　吊篮不应作为运输工具，且不得超载。

3　不应在空中进行吊篮检修。

4　吊篮上的施工人员应佩系安全带。

九、建筑消能减震

《建筑消能减震技术规程》JGJ 297—2013

8.6　施工安全和施工质量验收

8.6.1　消能部件的施工应符合国家现行标准《建筑施工高处作业安全技术规范》JGJ 80 和《建筑机械使用安全技术规程》JGJ 33 的有关规定，并根据消能部件的施工安装特点，在施工组织设计中制定施工安全措施。

8.6.2　消能部件子分部工程有关安全及功能的见证取样检测项目和检验项目可按表 8.6.2 的规定执行。

表 8.6.2　消能部件子分部工程有关安全及功能的
见证取样检测项目和检验项目

项次	项目	抽检数量及检验方法	合格质量标准
1	见证取样送样检测项目：（1）消能部件钢材复验；（2）高强度螺栓预拉力和扭矩系数复验；（3）摩擦面抗滑移系数复验	《钢结构工程施工质量验收规范》GB 50205 的规定	《钢结构工程施工质量验收规范》GB 50205 的规定

续表 8.6.2

项次	项目	抽检数量及检验方法	合格质量标准
2	焊缝质量：（1）焊缝尺寸；（2）内部缺陷；（3）外观缺陷	一、二级焊缝按焊缝处数随机抽检 3%，且不应少于 3 处；检验采用超声波或射线探伤及量规、观察	《钢结构工程施工质量验收规范》GB 50205 的规定
3	高强度螺栓施工质量：（1）终拧扭矩；（2）梅花头检查	按节点数随机抽检 3%，且不应少于 3 个节点；检验方法应符合《钢结构工程施工质量验收规范》GB 50205 的规定	《钢结构工程施工质量验收规范》GB 50205 的规定
4	消能部件平面外垂直度	随机抽查 3 个部位的消能部件	符合设计文件及《钢结构工程施工质量验收规范》GB 50205 的规定

十、建筑钢结构防腐涂料中有害物质限量

《建筑钢结构防腐涂料中有害物质限量》GB 30981—2014

5　要求

5.1　产品中挥发性有机化合物（VOC）含量应符合表 1 的限量要求，该要求仅限溶剂型涂料。

表 1　挥发性有机化合物（VOC）的限量要求

涂料类型		挥发性有机化合物（VOC）的限量值 g/L
预涂底漆（车间底漆）	无机类	680
	环氧树脂类	680
	其他树脂类	700
底漆	无机类（富锌[a]）	660
	醇酸树脂类	560
	氯化橡胶类	620
	氯化聚烯烃树脂类	700
	环氧树脂类（富类[a]）	650
	环氧树脂类	580
	其他树脂类	650

续表1

涂料类型		挥发性有机化合物（VOC）的限量值 g/L
联接漆b		720
中间漆	醇酸树脂类	490
	环氧树脂类	550
	氯化橡胶类	600
	氯化聚烯烃树脂类	700
	丙烯酸酯类	550
	其他树脂类	500
面漆	醇酸树脂类	590
	丙烯酸树脂类	650
	环氧树脂类	600
	氯化橡胶类	610
	氯化聚烯烃树脂类	720
	聚氨酯树脂类	630
	氟碳树脂类	700
	硅氧烷树脂类	390
	其他树脂类	700

注：按产品明示的配比和稀释比例混合后测定。如稀释剂的使用量为某一范围时，应按照推荐的最大稀释量稀释后进行测定。

a　富锌底漆是指不挥发分中金属锌含量≥60%的底漆。

b　在无机富锌底漆上涂覆的一通过渡涂料作为联接（封闭）涂层。

5.2　产品中有害溶剂含量应符合表2的限量要求。该要求适用于溶剂型涂料和水性涂料。

表2　有害溶剂的限量要求

项　目		限量值
苯含量/%	≤	1
卤代烃（二氯甲烷、三氯甲烷、二氯乙烷、三氯乙烷、1，2-二氯丙烷、三氯乙烯、甲氯化碳）总和含量/%	≤	1
甲醇含量（限无机类涂料）/%	≤	1
乙二醇醚（乙二醇甲醚、乙二醇乙醚）总和含量/%	≤	1

注：溶剂型涂料按产品明示的配比和稀释比例混合后测定。如稀释剂的使用量为某一范围时，应按照推荐的最大稀释量稀释后进行测定。水性涂料不考虑稀释配比。

5.3 对产品中有害重金属含量的推荐性要求见表 3。该要求仅限色漆，适用于溶剂型涂料和水性涂料。

表 3　有害重金属含量的推荐性要求

项　　目		推荐值
铅（Pb）含量/（mg/kg）	≤	1000
镉（Cd）含量/（mg/kg）	≤	100
六价铬（Cr^{5+}）含量/（mg/kg）	≤	1000
汞（Hg）含量/（mg/kg）	≤	1000
注：按产品明示的配比（稀释剂无须加入）混合各组分样品，并制备厚度适宜的涂膜。在产品说明书规定的干燥条件下，待涂膜完全干燥后，对干涂膜进行测定。		

第六篇　装饰装修施工安全

一、幕墙工程

（一）全玻幕墙

《全玻幕墙工程技术规程》

7.6　施工安全

7.6.1　全玻幕墙的安装施工应严格执行国家、地方和企业的有关劳动保护的法规、章程和安全生产制度。

7.6.2　施工用的机械，设备及工具在使用前应严格检验其安全性能：

    1　手持电动工具应检验其电气绝缘性能；

    2　玻璃吸盘机及手持吸盘应检验吸附可靠性；

    3　起吊装备机具在起吊之前应进行设备检验。

7.6.3　现场施工人员应配备安全帽、安全带及工具袋等劳防用品，防止人员或物件坠落。

7.6.4　施工作业部位的下方应设置安全防护网。

7.6.5　在电焊及气割作业现场，应配置消防器材，并由专人监护。

7.6.6　在暴风雨、停电等情况下应停止施工作业。

7.6.7　在全玻幕墙工程施工、维修及保养时，凡是高空作业工序必须遵守《建筑施工高处作业安全技术规范》JGJ 80 的有关规定。

（二）玻璃幕墙

《玻璃幕墙工程技术规范》JGJ 102—2013

4.4　安全规定

4.4.1　框支承玻璃幕墙，宜采用安全玻璃。

4.4.2　点支承玻璃幕墙的面板玻璃应采用钢化玻璃。

4.4.3　采用玻璃肋支承的点支承玻璃幕墙，其玻璃肋应采用钢化夹层玻璃。

4.4.4　人员流动密度大、青少年或幼儿活动的公共场所以及使用中容易受到撞击的部位，其玻璃幕墙应采用安全玻璃；对使用中容易受到撞击的部位，尚应设置明显的警示标志。

4.4.5　当与玻璃幕墙相邻的楼面外缘无实体墙时，应设置防撞设施。

4.4.6　玻璃幕墙的防火设计应符合现行国家标准《建筑设计防火规范》GB 50016 的有关规定。

4.4.7　玻璃幕墙与其周边防火分隔构件间的缝隙、与楼板或隔墙外沿间的缝隙、与实体墙面洞口边缘间的缝隙等，应进行防火封堵设计。

4.4.8　玻璃幕墙的防火封堵构造系统，在正常使用条件下，应具有伸缩变形能力、密封性和耐久性；在遇火状态下，应在规定的耐火时限内，不发生开裂或脱落，保持相对稳定性。

4.4.9　玻璃幕墙防火封堵构造系统的填充料及其保护性面层材料，应采用耐火极限符合设计要求的不燃烧材料或难燃烧材料。

4.4.10　无窗槛墙的玻璃幕墙，应在每层楼板外沿设置耐火极限不低于 1.0h，高度不低于 0.8m 的不燃烧实体裙墙或防火玻璃裙墙。

4.4.11　玻璃幕墙与各层楼板、隔墙外沿间的缝隙，当采用岩棉或矿棉封堵时，其厚度不应小于 100mm，并应填充密实；楼层间水平防烟带的岩棉或矿棉宜采用厚度不小于 1.5mm 的镀锌钢板承托；承托板与主体结构、幕墙结构及承托板之间的缝隙宜填充防火密封材料。当建筑要求防火分区间设置通透隔断时，可采用防火玻璃，其耐火极限应符合设计要求。

4.4.12　同一幕墙玻璃单元，不宜跨越建筑物的两个防火分区。

4.4.13　玻璃幕墙的防雷设计应符合国家现行标准《建筑防雷设计规范》GB 50057 和《民用建筑电气设计规范》JGJ/T 16 的有关规定。幕墙的金属框架应与主体结构的防雷体系可靠连接，连接部位应清除非导电保护层。

10.7　安全规定

10.7.1　玻璃幕墙安装施工应符合现行行业标准《建筑施工高处作业安全技术规范》JGJ 80、《建筑机械使用安全技术规程》JGJ

33、《施工现场临时用电安全技术规范》JGJ 46 的有关规定。

10.7.2 安装施工机具在使用前，应进行严格检查。电动工具应进行绝缘电压试验；手持玻璃吸盘及玻璃吸盘机应进行吸附重量和吸附持续时间试验。

10.7.3 采用外脚手架施工时，脚手架应经过设计，并应与主体结构可靠连接。采用落地式钢管脚手架时，应双排布置。

10.7.4 当高层建筑的玻璃幕墙安装与主体结构施工交叉作业时，在主体结构的施工层下方应设置防护网；在距离地面约 3m 高度处，应设置挑出宽度不小于 6m 的水平防护网。

10.7.5 采用吊篮施工时，应符合下列要求：

　1 吊篮应进行设计，使用前应进行安全检查；

　2 吊篮不应作为竖向运输工具，并不得超载；

　3 不应在空中进行吊篮检修；

　4 吊篮上的施工人员必须佩系安全带。

10.7.6 现场焊接作业时，应采取防火措施。

（三）金属与石材幕墙

《金属与石材幕墙工程技术规范》JGJ 133—2001

7.5　幕墙安装施工安全

7.5.1 幕墙安装施工的安全措施除应符合现行行业标准《建筑施工高处作业安全技术规范》JGJ 80 的规定外，还应遵守施工组织设计确定的各项要求。

7.5.2 安装幕墙用的施工机具和吊篮在使用前应进行严格检查，符合规定后方可使用。

7.5.3 施工人员作业时必须戴安全帽，系安全带，并配备工具袋。

7.5.4 工程的上下部交叉作业时，结构施工层下方应采取可靠的安全防护措施。

7.5.5 现场焊接时，在焊接下方应设防火斗。

7.5.6 脚手板上的废弃杂物应及时清理，不得在窗台、栏杆上放置施工工具。

9　保养与维修

9.0.1　金属与石材幕墙工程竣工验收后，应制定幕墙的保养、维修计划与制度，定期进行幕墙的保养与维修。

9.0.2　幕墙的保养应根据幕墙墙面积灰污染程度，确定清洗幕墙的次数与周期，每年至少应清洗一次。

9.0.3　幕墙在正常使用时，使用单位应每隔 5 年进行一次全面检查。应对板材、密封条、密封胶、硅酮结构密封胶等进行检查。

9.0.4　幕墙的检查与维修应按下列规定进行：

　　1　当发现螺栓松动，应及时拧紧，当发现连接件锈蚀应除锈补漆或更换；

　　2　发现板材松动、破损时，应及时修补与更换；

　　3　发现密封胶或密封条脱落或损坏时，应及时修补与更换；

　　4　发现幕墙构件和连接件损坏，或连接件与主体结构的锚固松动或脱落时，应及时更换或采取措施加固修复；

　　5　应定期检查幕墙排水系统，当发现堵塞时，应及时疏通；

　　6　当五金件有脱落、损坏或功能障碍时，应进行更换和修复；

　　7　当遇到台风、地震、火灾等自然灾害时，灾后应对幕墙进行全面检查，并视损坏程度进行维修加固。

9.0.5　对幕墙进行保养与维修中应符合下列安全规定：

　　1　不得在 4 级以上风力或大雨天气进行幕墙外侧检查、保养与维修作业；

　　2　检查、清洗、保养维修幕墙时，所采用的机具设备必须操作方便、安全可靠；

　　3　在幕墙的保养与维修作业中，凡属高处作业者必须遵守现行行业标准《建筑施工高处作业安全技术规范》JGJ 80 的有关规定。

（四）人造板材幕墙施工

　　《人造板材幕墙工程技术规范》JGJ 336—2016

9.5　安全规定

9.5.1　幕墙的安装施工除应符合现行行业标准《建筑施工高处作业安全技术规范》JGJ 80、《建筑机械使用安全技术规程》JGJ 33、《施工现场临时用电安全技术规范》JGJ 46 的有关规定外，尚应符合施工组织设计中确定的各项要求。

9.5.2　施工机具在进场之前，应全面检查、检修；使用中，应定期安全检查。开工前，应试运转。手持电动工具应进行绝缘电压试验。

9.5.3　吊装机具应符合下列规定：

1　吊装机具运行速度应可控制，并有安全保护措施；

2　吊装前，应对吊装机具进行全面的质量、安全检验，并进行空载试运转之后才能进行吊装；

3　定期对吊挂用钢丝绳进行检查，发现断股应及时更换；

4　定期对吊装机具进行检查、保养，发现问题立即停工修理，严禁吊装机具带病作业；

5　吊装机具操作人员应经培训并考核合格。

9.5.4　采用外脚手架施工时，脚手架应经过设计，并应与主体结构可靠连接。悬挂式脚手架宜为 3 层层高；落地式脚手架应为双排布置。

9.5.5　当幕墙安装与主体结构施工交叉作业时，在主体结构的施工层下方应设置防护网；在距离地面约 3m 高度处，应设置挑出宽度不小于 6m 的水平防护网。

9.5.6　采用吊篮施工时，应符合下列规定：

1　施工吊篮应进行设计，使用前应进行严格的安全检查，符合要求方可使用；

2　安装吊篮的场地应平整，并能承受吊篮自重和各种施工荷载的组合设计值；

3　吊篮用配重与吊篮应可靠连接；

4　每次使用前应进行空载运转并检查安全锁是否有效；进行安全锁试验时，吊篮离地面高度不得大于 2m，并只能进行单侧试验；

    5 施工人员应经过培训，熟练操作施工吊篮；

    6 施工吊篮不应作为竖向运输工具，并不得超载；

    7 不应在空中进行施工吊篮检修；

    8 施工吊篮上的施工工人必须戴安全帽、配系安全带，安全带必须系在保险绳上并与主体结构有效连接；

    9 吊篮上不得放置电焊机，也不得将吊篮和钢丝绳作为焊接地线，收工后，吊篮应降至地面，并切断吊篮电源；

    10 收工后，吊篮及吊篮钢丝绳应固定牢靠，并应做好电器防雨、防潮和防尘措施；长期停用，应对钢丝绳的采取有效的防锈措施。

9.5.7 现场焊接作业前，应清除焊接施工位置下方楼层和地面上的可燃物。焊接施工时，应在焊接点的下方设置接火斗。接火斗应采用镀锌钢板制成，接火斗内部应敷设岩棉毡并喷洒清水，防止焊渣飞溅。

9.5.8 施工过程中，不得在窗台、栏杆上放置施工工具，每完成一道施工工序后，应及时清理施工现场遗留的杂物。在脚手架和吊篮上施工时，不得随意抛掷物品。

11.3.2 清洗幕墙时，应符合现行行业标准《建筑外墙清洗维护技术规程》JGJ 168 的规定，并符合下列规定：

    6 幕墙的维修应由经过培训合格的人员进行；

    7 雨天、雾天、气温高于 35℃ 或低于 5℃ 时，不得进行幕墙清洗；风力大于 5 级时，不得进行高空作业；

    8 作业面下方地面，应进行围挡并做好警戒、警示标志，并派专人监护。

    （五）点支式玻璃幕墙

    《点支式玻璃幕墙工程技术规程》

4.4 安全规定

4.4.1 点支式玻璃幕墙的防火设计应按《建筑设计防火规范》GB 50016 的有关规定执行。

4.4.2 点支式玻璃幕墙与每层楼板、隔墙交接处的缝隙应采用不燃烧材料填充，并用防火板材托住。防火板与玻璃间灌注防火密封胶，并作建筑技术处理；也可采用防火玻璃作层间隔断。

4.4.3　点支式玻璃幕墙应形成墙身防雷系统，并与主体结构防雷体系可靠接通。幕墙的防雷设计应符合《建筑物防雷设计规范》GB 50057 的规定。

4.4.4　任何一块幕墙的玻璃面板均应能单独更换。玻璃面板损坏或更换所引起负荷变化，不应导致支承结构的破坏。

7.5　安装的安全措施

7.5.1　点支式玻璃幕墙安装的安全措施应符合现行行业标准《玻璃幕墙工程技术规范》JGJ 102 的有关规定。

7.5.2　点支式玻璃幕墙安装前应对作业人员进行安全技术交底。

7.5.3　点支式玻璃幕墙工程吊装与玻璃安装期间应设置警戒范围，先进行试吊装，可行后正式吊装。

（六）采光顶与金属屋面

《采光顶与金属屋面技术规程》JGJ 255—2012

9.9　安全规定

9.9.1　采光顶与金属屋面的安装施工除应符合现行行业标准《建筑施工高处作业安全技术规范》JGJ 80、《建筑机械使用安全技术规程》JGJ 33、《施工现场临时用电安全技术规范》JGJ 46 的有关规定外，还应符合施工组织设计中规定的各项要求。

9.9.2　安装施工机具在使用前，应进行安全检查。电动工具应进行绝缘电压试验。手持玻璃吸盘及玻璃吸盘机应进行吸附重量和吸附持续时间试验。

9.9.3　采用脚手架施工时，脚手架应经过设计，并应与主体结构可靠连接。

9.9.4　与主体结构施工交叉作业时，在采光顶与金属屋面的施工层下方应设置防护网。

9.9.5　现场焊接作业时，应采取可靠的防火措施。

9.9.6　采用吊篮、马道施工时，应符合下列要求：

　1　施工吊篮、马道应进行设计，使用前应进行严格的安全检查，符合要求方可使用；马道两侧的护栏高度不得小于1100mm，底部应铺厚度不小于 3 mm 的防滑钢板，并连接可靠；

　　2　施工吊篮、马道不宜作为垂直运输工具，并不得超载；

　　3　不宜在空中进行施工吊篮、马道检修；

　　4　不宜在施工马道内放置带电设备，不得利用施工马道构件作为焊接地线；

　　5　施工工人应戴安全帽、佩戴安全带。

（七）既有建筑幕墙维修工程

《既有建筑幕墙维修工程技术规程》

7　安全和环境保护

7.1　施工安全

7.1.1　施工前，应调查建筑物内部使用情况．按规定采取围挡措施，制定各项应急预案。

7.1.2　建筑幕墙维修工程施工应根据现场实际情况编制安全施工方案，并做好安全与技术交底。高度超过 50m 的幕墙修理工程应编制专项方案，并按规定组织论证。

7.1.3　建筑幕墙维修工程施工应严格遵守国家、行业及本市有关施工安全和职业健康的规定。

7.1.4　施工现场应做好围护隔离措施，非相关人员不得进入施工区域。

7.1.5　建筑幕墙维修工程施工用电和机械设备的使用，应执行《施工现场临时用电安全技术规范》JGJ 46、《建筑机械使用安全技术规程》JGJ 33 的相关规定。

7.1.6　幕墙外表面的检查、清洗、保养与维修作业中，凡属高空作业者，应遵守《建筑施工高处作业安全技术规范》JGJ 80 的有关规定。

7.1.7　施工过程中，应对脚手架、吊篮、垂直运输设备、电器设备等设施器械采取安全防护措施。

7.1.8　易燃材料或辅料，在运输、贮存和施工时应配置相应的消防器材，并远离明火。

7.1.9 对存在安全隐患的部位和区域，除了采取可行的安全防护措施外，应在醒目位置设置警示标识。

7.1.10 操作人员应持有健康证明，凡患有高血压、心脏病、贫血病及不适宜高空作业者严禁从事高空作业。患有心脏病、肝炎、气管炎等疾病者不得参加有易产生刺激性挥发气体和尘埃较大的施工作业。

7.1.11 电工、电焊工、吊篮操作工、起重工等特殊工种应持证上岗。

7.1.12 脚手架使用前，应经验收合格后方可使用。使用过程中应随时检查，不得随意拆除、变更脚手架杆件。

7.1.13 拆除和安装施工过程中，在气割、电焊前应按消防规定办理动火手续。作业处下方应设置接火斗，应有专人看管及清理现场。

7.1.14 实施拆除作业时，应使用机械吊运或人工传运方式，严禁抛掷与重摔。

7.1.15 施工人员应佩戴安全帽和必要的劳动防护用品。不得穿拖鞋、有跟鞋和硬底鞋。高空作业应佩戴安全带，安全带应高挂低用，吊篮施工时，安全带应挂在可靠的主体结构上，不得挂在吊篮或与吊篮同一挂点的安全绳上。高空作业应有安全措施。

7.1.16 蜘蛛人清洗幕墙时，安全带应挂牢在独立的安全绳上。

7.1.17 脚手架上不得堆物。脚手架及吊篮严禁超载。吊篮不得作为垂直运输的工具。

7.1.18 石材应在工厂加工，现场安装需加工板材时，应戴防护口罩．脸部不得正对或靠近加工的板材。以砂轮切割槽口时，作业人员应位于切割机侧边。

7.1.19 高温季节施工时，应采取防暑降温措施。冬期施工时，脚手板、吊篮等施工现场应及时清除冰霜积雪。

7.1.20 材料贮存、堆放，应采取措施防止有害气体的散发和伤人。

7.1.21 施工过程中产生的易燃、易爆及废弃物，应及时收集送至指定储存器内，防止掉落与散失，禁止随意丢弃。

7.2 环境保护

7.2.1 幕墙维修、改造、拆除施工．应根据现场实际情况编制相应的降噪声、防污染的施工方案。

7.2.2 幕墙维修、改造、拆除施工中应采用符合环保要求的材料、工艺、设备、方法。

7.2.3 在施工现场和噪声敏感区域宜选择使用低噪声的设备，必要时应采取降低噪声的措施。有强噪声的电动工具应在规定的作业时间内使用。

7.2.4 施工现场应采取防止扬尘的围挡措施，并设专人洒水、清扫。

7.2.5 幕墙维修、改造、拆除的材料及建筑垃圾，应分类集中堆放，专人管理。工地内的临时堆放场地，应采取围挡、遮盖措施，并及时清运。

7.2.6 有毒有害物料应集中存放，并按有关规定采取防散漏措施，应委托市废弃物管理部门认可的单位统一处置。

7.2.7 现场不应使用有毒有害材料进行清除作业。拆除、装卸、运送散装物料和建筑垃圾时，宜采用密闭方式清运，防止扬撒。

7.2.8 幕墙清洗应采用中性清洗液，当采用弱酸、碱性清洗液时，应及时采取防污染措施。

7.2.9 施工现场不宜采用砂轮切割、开槽、磨边等后加工。如确需在现场进行后加工时，应穿戴劳动防护用品，做好防扬尘和防污染措施。

7.2.10 施工现场应保持良好通风。

7.2.11 施工期间的照明灯光应向场内照射，防止影响周边区域。

（八）建筑幕墙通用规定

《建筑幕墙工程技术规范》

15.11 安全规定

15.11.1 幕墙的安装施工除应符合现行行业标准《建筑施工高

处作业安全技术规范》JGJ 80、《建筑机械使用安全技术规程》JGJ 33 和《施工现场临时用电安全技术规范》JGJ 46 的有关规定外，尚应遵守施工组织设计中确定的各项要求。

15.11.2 幕墙施工作业人员应经安全技术培训，上岗前应进行安全技术交底并书面记录，特种作业人员应取得安全操作资格证书后持证上岗。

15.11.3 施工现场安全管理应符合现行地方标准《建设工程施工现场安全管理规程》的有关规定，现场临时用电应符合国家现行标准《施工现场临时用电安全技术规范》JGJ 46 和《建设工程施工现场临时用电配电箱安全技术标准》的有关规定；电焊机的一次侧电源线长度应小于 5m、二次侧电源线长度应小于 30m、手持电动工具的不带电金属外壳及金属保护管应做接零保护。

15.11.4 安装施工机具在使用前，应进行全面检查、检修；使用中，应定期进行安全检查。手持电动工具应进行绝缘电压试验；手持玻璃吸盘及玻璃吸盘机应进行吸附重量和吸附持续时间试验。开工前，应进行试运转。

15.11.5 采用外脚手架施工时，脚手架应进行设计，架体应与主体结构可靠连接。

15.11.6 幕墙安装与主体结构施工交叉作业时，在主体结构的施工层下方应设置防护措施。

15.11.7 吊装机械应具备生产厂家制造许可证、产品合格证、检测检验报告、设计计算书、使用说明书；吊装机械安装和拆除必须由取得建设行政主管部门颁发的资质证书的单位进行。起重机械应符合现行行业标准《建筑机械使用安全技术规程》JGJ 33 的有关规定。吊装作业应符合现行行业标准《建筑施工起重吊装工程安全技术规范》JGJ 276 的有关规定，并应符合下列要求：

　　1 吊装前必须对吊装机械的吊具、索具、滑车、吊钩防脱钩保险装置的安全性能进行测试和试吊检验；

　　2 吊点应符合设计要求，一般不应少于 2 个；

　　3 起吊时，应使各吊点均匀受力，并控制吊具升降和平移运行速度，保持吊装物平稳，防止吊装物摆动或者撞击，采取措施保证装饰面不受磨损和挤压；

4 单元板块吊装应选择技术参数满足要求的吊装机具。

15.11.8 采用扣件式钢管脚手架应符合现行行业标准《建筑施工扣件式钢管脚手架安全技术规范》JGJ 130 的有关规定；采用碗扣式钢管脚手架应符合现行行业标准《建筑施工碗扣式钢管脚手架安全技术规范》JGJ 166 的有关规定；采用门式钢管脚手架应符合现行行业标准《建筑施工门式钢管脚手架安全技术规范》JGJ 128 的有关规定。

15.11.9 脚手架上不得超载，应及时清理杂物，应有防坠落措施，栏杆上不应挂放工具。如需部分拆除脚手架与主体结构的连接时，应采取措施防止失稳。

15.11.10 主体结构临边应设置符合现行地方标准《建设工程施工现场安全管理规程》有关规定的防护设施；测量放线和检测人员严禁站在建筑物边缘或身体探出墙外测量放线或检测。

15.11.11 高处作业吊篮应具备防坠落、防碰撞、防倾覆安全装置，符合现行行业标准《建筑施工工具式脚手架安全技术规范》JGJ 202 的有关规定，并应符合下列要求：

1 施工吊篮应进行设计，使用前应进行严格的安全检查，符合要求方可使用；

2 安全吊篮的场地应平整，并能承受吊篮自重和各种施工荷载的组合设计值；

3 吊篮不得作为垂直运输工具；

4 每次使用前应进行空载运转并检查安全锁是否有效。进行安全锁试验时，吊篮离地面高度不得超过 1.0m；

5 不应在空中进行吊篮检修；

6 施工吊篮上的施工工人必须戴安全帽、佩系安全带，安全带必须系在与主体结构有效连接的保险绳上；

7 安全绳应固定在独立可靠的结构上，安全带挂在安全绳的自锁器上，不得挂在吊篮上；

8 风力超过 5 级时，不应进行吊篮施工；

9 吊篮暂停使用时，应落地停放；

10 施工人员应经过培训，熟练操作施工吊篮；

11 吊篮上不得放置电焊机，也不得将吊篮和钢丝绳作为焊接地线，收工后，吊篮应降至地面，并切断吊篮电源；

12 收工后，吊篮及吊篮钢丝绳应固定牢靠，并做好电器防雨、防潮和防尘措施。长期停用，应对钢丝绳采取有效的防锈措施。

15.11.12 高处作业吊篮安装的悬挂机构前支架应与支承面保持垂直，脚轮不得受力；配重件的重量应符合设计规定，稳定可靠地安放在配重架上，并应有防止随意移动的措施；支承点处和配重件安放处的主体结构承载力，应大于吊篮各工况的荷载最大值；吊篮内的作业人员不应超过 2 人。严禁前支架支承在女儿墙上、女儿墙外或建筑物挑檐边缘，严禁使用破损的配重件或其他替代物代替配重件。

15.11.13 不应在脚手架或吊篮上进行石材面板的开孔、开槽作业；不得在建筑窗台、挑台上放置施工工具。

15.11.14 现场焊接作业时，应采取可靠的防火措施。

15.11.15 施工过程中，每完成一道施工工序后，应及时清理施工现场遗留的杂物。在脚手架和吊篮上施工时，不得随意抛掷物品。

21.7 安全规定

21.7.1 幕墙安装施工应符合《建筑施工高处作业安全技术规范》JGJ 80、《建筑机械使用安全技术规程》JGJ 33、《施工现场临时用电安全技术规范》JGJ 46 和其他相关规定。

21.7.2 施工机具在使用前应严格检查。电动工具应进行绝缘测试；手持玻璃吸盘及玻璃吸盘机应测试吸附重量和吸附持续时间。

21.7.3 外脚手架应满足设计要求，与主体结构可靠连接，并符合下列规定：

1 落地式钢脚手架应双排布置。

2 悬挑脚手架应采用热轧普通型钢，不得采用钢管及其配件。采用工字钢时宜不小于 I18。悬挑式脚手架高度不宜超过 3 层。

3 脚手架经验收合格后方可使用。

21.7.4 脚手架上不得超载，应及时清理杂物。脚手架应有防坠落措施，栏杆上不应挂放工具。如需部分拆除脚手架与主体结构的连接时，应采取措施防止失稳。

21.7.5 当幕墙安装与主体结构施工交叉作业时，在主体结构的施工层下方必须设置防护网；在距离地面高度约 3m 处，必须设置挑出宽度不小于 6m 的水平防护网。

21.7.6 采用吊篮施工的要求：

1 吊篮设置应符合设计要求，使用前应进行安全检查并通过验收。

2 吊篮不得作为竖向运输工具，并不得超载。

3 不应在空中检修吊篮。

4 吊篮上的施工人员必须按规定佩系安全带。

5 安全绳应固定在独立可靠的结构上，安全带挂在安全绳的自锁器上，不得挂在吊篮上。

6 风力达到 5 级及以上时，不应进行吊篮施工。

7 吊篮暂停使用时，应落地停放。

21.7.7 现场焊接作业时，应有防火措施。

《铝塑复合板幕墙工程施工及验收规程》CECS 231：2007

6.4 安装施工安全

6.4.1 幕墙安装施工的安全措施除应符合现行行业标准《建筑施工高处作业安全技术规范》JGJ 80、《建筑机械使用安全技术规程》JGJ 33、《施工现场临时用电安全技术规范》JGJ 46、《金属与石材幕墙工程技术规范》JGJ 133 的有关规定外，还应遵守施工组织设计中确定的各项要求。

二、建筑装饰装修工程施工

《建筑装饰装修工程施工规程》

12 职业健康安全

12.0.1 建筑装饰装修工程施工应严格遵守国家、行业及地方相关的施工安全和职业健康的规定。

12.0.2 建筑装饰装修工程中的防火施工应符合现行国家标准《建筑内部装修防火施工及验收规范》GB 50352 的规定。

12.0.3 建筑装饰装修工程施工用电和机械的使用，应分别执行现行国家标准《施工现场临时用电安全技术规范》JGJ 26 和《建筑机械使用安全技术规程》JGJ 33 的有关规定。登高作业应符合现行国家标准《建筑施工高处作业安全技术规范》JGJ 80 的相关规定。

12.0.4 建筑装饰装修工程施工应根据工程实际情况编制相应的防火和其他安全方案，并做好安全技术交底。

12.0.5 建筑装饰装修工程中外墙和屋面分部工程施工时应在建筑物的四周设置安全防护设施。室内装饰装修工程应根据相关规定和需求搭设必要的脚手架。脚手架搭设应符合有关规范要求。

12.0.6 施工现场防火应符合下列规定：

　　1 施工现场应划分出禁火作业区、仓库区，各区域之间要按规定保持防火安全距离。

　　2 施工现场所有易燃或易爆设备、材料应安全存放、使用，远离明火，并配置消防器材。

　　3 各类油漆或其他易燃、有毒材料，应存放在专用库房内，不得与其他材料混放；挥发性油料应装入密闭容器内妥善保管；专用库房应设置消防器材和"严禁烟火"等明显标志。

12.0.7 施工现场及配料场所应通风。施工现场应打开门窗通风或配置通风设备。

12.0.8 施工过程中产生的废弃物处置应符合下列规定：

　　1 施工中产生的易燃、易爆物、料应及时收集送至指定储存器内，防止飘落与散失，禁止随意丢弃和堆放。

2 湿作业产生的废水、废弃凝结胶料应作处置，禁止直接排入下水道。

12.0.9 施工人员及进入现场的其他人员，应依据现行国家标准《建筑施工作业劳动防护用品配备及使用标准》JGJ 182 的相关规定，佩戴相应的劳动防护用品。

12.0.10 操作工人应持有健康证。凡患有高血压、心脏病、贫血病及不适宜高空作业的人员严禁从事高空作业；患有心脏病、肝炎、气管炎等疾病者不宜参加有乙二胺、苯类等易产生挥发刺激性气体的作业。

12.0.11 铺设石材宜采用场外加工，现场实施装配式施工。现场加工板材时，脸部不得正对或靠近加工的板材。采用砂轮切割机时，作业人员应位于切割机侧边，防止砂轮片破裂伤人。

12.0.12 高温季节施工，应做好防暑降温措施。冬期施工时，外墙脚手板有冰霜、积雪，应先清除后才能进行施工。

13　环境保护

13.0.1 装修采用的装修材料应符合下列环保规定：

1 装修材料及辅料应符合现行国家标准《民用建筑工程室内环境污染控制规范》GB 50325 的规定。

2 天然石材的放射性应符合现行国家标准《建筑材料放射性核素限量》GB 6566 的规定。

3 人造板材料应符合现行国家标准《室内装饰装修材料 人造板及其制品中甲醛释放限量》GB 18580 的规定。

4 溶剂型木器涂料应符合现行国家标准《室内装饰装修材料 溶剂型木器涂料中有害物质限量》GB 18581 的规定。

5 内墙涂料应符合现行国家标准《室内装饰装修材料 内墙涂料中有害物质限量》GB 18582 的规定。

6 胶粘剂材料应符合现行国家标准《室内装饰装修材料 胶粘剂中有害物质限量》GB 18583 的规定。

7 水性木器涂料应符合现行国家标准《室内装饰装修材料

水性木器涂料中有害物质限量》GB 24410 的规定。

8 壁纸材料应符合现行国家标准《室内装饰装修材料 壁纸中有害物质限量》GB 18585 的规定。

9 室内装修施工时，不应使用苯、二甲苯和汽油清除旧油漆作业。

10 室内装修中所使用的木地板及其他木质材料，严禁采用沥青类防腐、防潮处理剂。

11 饰面人造木板除芯板为 E_1 类外，应对其断面及无饰面部位进行密封处理。

12 建筑装饰装修工程宜使用绿色标记材料。严禁使用国家明令淘汰的材料。

13 施工单位应对装饰装修材料进行进场检验。

13.0.2 施工现场对噪声的控制应符合现行国家标准《声环境质量标准》GB 3096 和《建筑施工场界环境噪声排放标准》GB 12523 的规定。应定期对噪声进行测量。

13.0.3 噪声控制应采取下列措施：

1 选用低噪声设备和施工机械。施工机械进场应先试车，确保润滑良好，无强噪声。

2 设备操作人员应熟悉操作规程，掌握减少噪声的技术措施。

3 有噪声的电动工具应在规定的作业时间内施工，现场切割应在室内，并集中加快作业进度，减少噪声排放强度、时间和频次。

4 做好噪声测量记录。当噪声超标时，应及时采取降噪措施。

13.0.4 运送粉状材料、散装物料、建筑垃圾时，应采用密闭方式清运，防止扬尘和运输过程中洒落。不应高空抛掷、扬撒。

13.0.5 胶粘剂、溶剂等使用后，应及时封存，不应随意敞开放置，如有散漏，应及时清除。所用器具应及时清洗，保持清洁。

13.0.6 施工现场使用或维修机械时，应有防滴漏油措施，严禁将机油滴漏于地表。

13.0.7　施工产生的废水应经三级沉淀池沉淀后，达到现行国家标准《污水综合排放标准》GB 8978 的要求后方可排到室外管网。

13.0.8　各种废料应分类管理，按"可利用"、"不可利用"、"有毒有害"等进行标识。可利用垃圾应分类存放，不可利用的垃圾应存放在垃圾场，及时运走，有毒有害的物品应密封存放，加强管理，并委托有资质的单位妥善处置。

13.0.9　垃圾堆放点及固废、危险品仓库的位置及保护、处理措施应符合有关规定及要求。严禁将废弃物、料在施工现场丢弃、焚烧。

13.0.10　施工现场应保持良好通风。

13.0.11　施工期间的照明，应做好对周边光污染的防治措施，减少对居民区的影响。

《住宅装饰装修工程施工规范》GB 50327—2001

4　防火安全

4.1　一般规定

4.1.1　施工单位必须制定施工防火安全制度，施工人员必须严格遵守。

4.1.2　住宅装饰装修材料的燃烧性能等级要求，应符合现行国家标准《建筑内部装修设计防火规范》GB 50222 的规定。

4.2　材料的防火处理

4.2.1　对装饰织物进行阻燃处理时，应使其被阻燃剂浸透，阻燃剂的干含量应符合产品说明书的要求。

4.2.2　对木质装饰装修材料进行防火涂料涂布前应对其表面进行清洁。涂布至少分两次进行，且第二次涂布应在第一次涂布的涂层表干后进行，涂布量应不小于 500g/m^2。

4.3　施工现场防火

4.3.1　易燃物品应相对集中放置在安全区域并应有明显标识。施工现场不得大量积存可燃材料。

4.3.2　易燃易爆材料的施工，应避免敲打、碰撞、摩擦等可能出现火花的操作。配套使用的照明灯、电动机、电气开关、应有安全防爆装置。

4.3.3 使用油漆等挥发性材料时，应随时封闭其容器。擦拭后的棉纱等物品应集中存放且远离热源。

4.3.4 施工现场动用电气焊等明火时，必须清除周围及焊渣滴落区的可燃物质，并设专人监督。

4.3.5 施工现场必须配备灭火器、砂箱或其他灭火工具。

4.3.6 严禁在施工现场吸烟。

4.3.7 严禁在运行中的管道、装有易燃易爆的容器和受力构件上进行焊接和切割。

4.4   电气防火

4.4.1 照明、电热器等设备的高温部位靠近非 A 级材料或导线穿越 B_1 级以下装修材料时，应采用岩棉、瓷管或玻璃棉等 A 级材料隔热。当照明灯具或镇流器嵌入可燃装饰装修材料中时，应采取隔热措施予以分隔。

4.4.2 配电箱的壳体和底板宜采用 A 级材料制作。配电箱不得安装在 B_2 级以下（含 B_2 级）的装修材料上。开关、插座应安装在 B_1 级以上的材料上。

4.4.3 卤钨灯灯管附近的导线应采用耐热绝缘材料制成的护套，不得直接使用具有延燃性绝缘的导线。

4.4.4 明敷塑料导线应穿管或加线槽板保护，吊顶内的导线应穿金属管或 B_1 级 PVC 管保护，导线不得裸露。

4.5   消防设施的保护

4.5.1 住宅装饰装修不得遮挡消防设施、疏散指示标志及安全出口，并且不应妨碍消防设施和疏散通道的正常使用。不得擅自改动防火门。

4.5.2 消火栓门四周的装饰装修材料颜色应与消火栓门的颜色有明显区别。

4.5.3 住宅内部火灾报警系统的穿线管，自动喷淋灭火系统的水管线应用独立的吊管架固定。不得借用装饰装修用的吊杆和放置在吊顶上固定。

4.5.4　当装饰装修重新分割了住宅房间的平面布局时，应根据有关设计规范针对新的平面调整火灾自动报警探测器与自动灭火喷头的布置。

4.5.5　喷淋管线、报警器线路、接线箱及相关器件宜暗装处理。

三、门窗工程

《塑料门窗工程技术规程》JGJ 103—2008

7.1　施工安全

7.1.1　施工现场成品及辅助材料应堆放整齐、平稳，并应采取防火等安全措施。

7.1.2　安装门窗、玻璃或擦拭玻璃时，严禁手攀窗框、窗扇、窗梃和窗撑；操作时，应系好安全带，且安全带必须有坚固牢靠的挂点，严禁把安全带挂在窗体上。

7.1.3　应经常检查电动工具，不得有漏电现象，当使用射钉枪时应采取安全保护措施。

7.1.4　劳动保护、防火防毒等施工安全技术，应按国家现行标准《建筑施工高处作业安全技术规范》JGJ 80 执行。

7.1.5　施工过程中，楼下应设警示区域，并应设专人看守，不得让行人进入。

7.1.6　施工中使用电、气焊等设备时，应做好木质品等易燃物的防火措施。

7.1.7　施工中使用的角磨机设备应设有防护罩。

《铝合金门窗工程技术规范》JGJ 214—2010

4　建筑设计

4.12　安全规定

4.12.1　人员流动性大的公共场所，易于受到人员和物体碰撞的铝合金门窗应采用安全玻璃。

4.12.2　建筑物中下列部位的铝合金门窗应使用安全玻璃：

　　1　七层及七层以上建筑物外开窗；

　　2　面积大于 1.5m² 的窗玻璃或玻璃底边离最终装修面小于500mm 的落地窗；

　　3　倾斜安装的铝合金窗。

4.12.3　开启门扇、固定门和落地窗玻璃设计，应符合现行行业标准《建筑玻璃应用技术规程》JGJ 113 中的人体冲击安全规定。

4.12.4　铝合金推拉门、推拉窗的扇应有防止从室外侧拆卸的装置。推拉窗用于外墙时，应设置防止窗扇向室外脱落的装置。

4.12.5　有防盗要求的建筑外门窗应采用夹层玻璃和牢固的门窗锁具。

4.12.6　有锁闭要求的铝合金窗开启扇，宜采用带钥匙的窗锁、执手等锁闭器具。

4.12.7　双向开启的铝合金地弹簧门应在可视高度部分安装透明安全玻璃。

7　安装施工

7.7　安全技术措施

7.7.1　在洞口或有坠落危险处施工时，应佩戴安全带。

7.7.2　高处作业时应符合现行行业标准《建筑施工高处作业安全技术规范》JGJ 80 的规定，施工作业面下部应设置水平安全网。

7.7.3　现场使用的电动工具应选用Ⅱ类手持式电动工具。现场用电应符合现行行业标准《施工现场临时用电安全技术规范》JGJ 46 的规定。

7.7.4　玻璃搬运与安装应符合下列安全操作规定：

　　1　搬运与安装前应确认玻璃无裂纹或暗裂；

　　2　搬运与安装时应戴手套，且玻璃应保持竖向；

　　3　风力五级以上或楼内风力较大部位，难以控制玻璃时，不应进行玻璃搬运与安装；

　　4　采用吸盘搬运和安装玻璃时，应仔细检查，确认吸盘安全可靠，吸附牢固后方可使用。

7.7.5 施工现场玻璃存放应符合下列规定：

1 玻璃存放地应离开施工作业面及人员活动频繁区域，且不应存放于风力较大区域；

2 玻璃应竖向存放，玻璃面与地面倾斜夹角应为 70°～80°，顶部应靠在牢固物体上，并应垫有软质隔离物。底部应用木方或其他软质材料垫离地面 100mm 以上；

3 单层玻璃叠片数量不应超过 20 片，中空玻璃叠片数量不应超过 15 片。

7.7.6 使用有易燃性或挥发性清洗溶剂时，作业面内不得有明火。

7.7.7 现场焊接作业时，应采取有效防火措施。

9 保养与维修

9.2 检查、维修及维护

9.2.2 回访及维护应符合下列规定：

3 铝合金门窗保养和维修作业时严禁使用门窗的任何部件作为安全带的固定物；高空作业，必须遵守现行行业标准《建筑施工高处作业安全技术规范》JGJ 80 的有关规定。

《住宅建筑门窗应用技术规范》

6.4 施工安全

6.4.1 施工现场成品及辅助材料应堆放整齐、平稳，并应采取防火措施。

6.4.2 安装门窗、玻璃或擦拭玻璃时，严禁手攀窗框、窗扇、窗梃和窗撑；操作时，应系好安全带，且安全带必须有坚固牢靠的挂点，严禁把安全带挂在窗体上。

6.4.3 电动工具使用前应进行检查，不得有漏电现象，当使用射钉枪时应采取安全保护措施。

6.4.4 劳动保护、防火防毒措施应按《建筑施工高处作业安全技术规范》JGJ 80 执行。

6.4.5 施工中，楼下应设警示区域，并设专人看守。

6.4.6 施工中使用电、气焊等设备时，应对保温材料、木质品等采取防火措施。

6.4.7 施工中使用角磨机设备时应设置防护罩。

6.5 门窗保护

6.5.1 门窗安装过程中应采取防污损的措施。门窗下框宜加盖防护板。边框宜使用胶带密封保护，不得损坏型材表面保护膜。

6.5.2 应防止利器划伤门窗表面，并防止电、气焊火花烧伤或烫伤面层。

6.5.3 立体交叉作业时，不得碰撞门窗。

6.5.4 严禁在门窗框、扇上安装脚手架、悬挂重物；脚手架不得顶压在门窗框、扇或窗撑上；不得蹬踩窗框、窗扇或窗撑。

6.5.5 已安装门窗框、扇的洞口，不得用作运料通道。

6.5.6 安装窗台板或进行内外装修时严禁撞、挤门窗，不得堵塞下框排水孔槽。

6.5.7 安装验收前，应撕去外门、外窗型材室外面的保护膜，不宜撕去型材室内面的保护膜。

《铝木复合门窗应用技术规程》

6.5 门窗安全设计

6.5.1 门窗扇应有防脱落装置、水平调节装置，宜安装门窗扇互锁及门窗扇关闭锁紧装置。

6.5.2 门窗在下列部位必须使用安全玻璃：

  1 单块玻璃面积大于 $1.5m^2$ 或玻璃底边离最终装修面高度小于 500mm 的落地窗；

  2 倾斜窗、天窗，应采用钢化夹胶玻璃；

  3 7 层及 7 层以上的建筑外开窗。

7.4 安全及保护

7.4.1 铝木复合门窗应采取防雷措施。

7.4.2 验收前检查防脱落装置和门窗锁紧装置是否齐全。

7.4.3 施工安全应符合下列有关规定：

  1 施工现场成品及辅料应堆放整齐、平稳，并应采取防火等安全措施；

2　施工人员应配备安全帽、安全带、工具袋；

3　在高层门窗与上部结构施工交叉作业时，结构施工层下方应架设防护网，在离地面 3m 高处，应搭设水平防护措施；

4　安装门窗、玻璃或擦拭玻璃时，严禁使窗框、窗扇和窗撑受力，操作时应系好安全带，严禁把安全带挂在窗撑上；

5　安装施工工具在使用前应进行严格检查，电动工具应作绝缘电压实验，确保无漏电现象；

6　劳动保护、防火、防毒等施工安全技术应按国家现行标准《建筑施工高处作业安全技术规范》JGJ 80 执行。

7.4.4　清理与成品保护

1　已安装好的门窗应采取保护措施，不得污损、不得破坏保护膜。安装完成后，应及时制定清扫方案，清扫表面粘附物，避免排水孔堵塞并采取防护措施，不得使铝木复合门窗受污损；

2　门窗安装完毕后，应清除窗框、扇、玻璃表面的残胶，但不得使用尖锐工具刨刮型材及保护膜；

3　已装门窗、扇的洞口，不得作为物料运输及人员进出的通道；

4　严禁在门窗框、扇上安装脚手架、悬挂重物；外脚手架不得顶压在门窗框、扇或窗撑上，严禁蹬踩门窗框、扇或窗撑；

5　应防止利器划伤门窗表面，并应防止电、气焊火花烧伤或烫伤门窗表面；

6　所有外露型材应进行贴膜保护。立体交叉作业时，门窗严禁被碰撞。

四、喷涂涂饰工程

《机械喷涂抹灰施工规程》JGJ/T 105—2011

7　施工安全与环境保护

7.1　一般规定

7.1.1　高处作业，应符合现行行业标准《建筑施工高处作业安全技术规范》JGJ 80 的有关规定。施工前，应进行安全检查，合格后方可施工。

7.1.2　施工前，应检查垂直输浆管的固定方式是否安全以及是否固定牢靠。

7.1.3　从事高处作业的施工人员，应经过体检，其健康状况应符合高处安全作业的有关要求。

7.1.4　在雷雨、暴风雨、风力大于六级等恶劣天气时，不得进行室外高处作业。

7.1.5　机械设备传动机构外露部分应有安全防护装置。

7.1.6　当采用电气方法在喷涂操作端控制设备启停时，其控制电压应低于 36V，并满足防水要求。

7.1.7　电动机、电气控制箱及电气装置，应符合现行行业标准《施工现场临时用电安全技术规范》JGJ 46 的有关规定。

7.2　**喷涂作业**

7.2.1　喷涂前作业人员应正确穿戴工作服、防滑鞋、安全帽、安全防护眼具等安全防护用品，高处作业时，必须系好安全带。

7.2.2　喷涂作业前，应试运转喷涂设备，检查喷嘴是否堵塞。检查时，应使枪口朝向空地。

7.2.3　喷涂作业时，严禁将喷枪口对人。当喷枪管道堵塞时，应先停机卸压，避开人群进行拆卸排除，卸压前严禁敲打或晃动管道。

7.2.4　在喷涂过程中，宜设专人协助喷枪手移动管道，并应定时检查输浆管道连接处是否松动。

7.2.5　润滑用浆液与落地灰应及时收集，并宜妥善利用，减少废弃物排放量，但落地灰不得再次用于喷涂抹灰。

7.2.6　清洗输浆管时，应先卸压，后进行清洗。

7.2.7　应设置回收池，对清理后的污物进行沉淀回收，冲洗用水宜循环利用，未经处理的废水不得排放。

7.3　**机械操作**

7.3.1　喷涂设备和喷枪应按设备说明书要求由专人操作、管理与保养。工作前，应作好安全检查。

7.3.2　喷涂前应检查超载安全装置，喷涂时应监视压力表升降变化，以防止超载危及安全。

7.3.3　非专职检修人员不得拆卸或调整安全装置。

7.3.4　不得在设备使用的同时进行维修；设备出现故障时，不得继续运转。

7.3.5　设备检修清理时，应切断电源，并挂牌示意或设专人看护。

《无机纤维喷涂工程技术规程》

6.1.6　喷涂施工人员应佩戴防尘口罩、手套、绝缘鞋等做好劳保防护。高空作业时应佩戴安全帽、安全绳等，其他按高空作业规范规定执行。

6.3.2　喷涂作业用的施工平台应符合现行行业标准《建筑施工高处作业安全技术规范》JGJ 80 的规定。

《建筑外墙饰面涂饰翻新规程》

6.1.1　涂饰翻新工程施工单位应具备相应资质，施工人员应持证上岗。

6.1.4　严禁不合格材料进入施工现场。

6.1.5　施工现场和仓库必须配备相应的消防和安全设施，设置警示标志。

6.1.6　施工现场应加强环境保护。

6.1.7　涂饰作业应符合《涂装作业安全规程　安全管理通则》GB 7691 的规定。

五、保温工程施工

《XPS 板外墙外保温技术规程》

6.6　安全、文明施工

6.6.1　安全防护应符合下列要求：

　　1　高处作业时，应符合现行行业标准《建筑施工高处作业安全技术规范》JGJ 80 及施工组织设计的有关规定，并应设专人现场监护；

　　2　施工人员作业时，应戴安全帽、系安全带、配工具袋，并应有防止工具、用具、材料坠落的措施；

　　3　采用外脚手架施工时，脚手架应进行设计，并应与主体结构有可靠连接；

　　4　采用吊篮施工时，使用前应进行安全检查。吊篮不得作为竖向运输工具，并不得超载。

6.6.2　材料堆放应符合下列要求：

　　1　原材料应按计划组织进场，按品种、规格分类堆放整齐；

　　2　现场垃圾应及时分拣外运，裁切下来的 XPS 板条应集中回收，不应作为一般的建筑垃圾处理。

6.6.3　防火安全应符合本规程附录 B 的规定。

附录 B　XPS 板外墙外保温体系防火基本要求（规范性附录）

B.1　设计基本要求

B.1.1　XPS 板外墙外保温体系的基层墙体，其耐火极限应符合现行国家标准《建筑设计防火规范》GB 50016 的有关规定。采用金属、石材等非透明幕墙结构建筑的基层墙体，其耐火极限应符合现行防火规范关于外墙耐火极限的有关规定；玻璃幕墙间的窗间墙、窗槛墙、裙墙的耐火极限和防火构造应符合国家现行防火规范关于建筑幕墙的有关规定。

B.1.2　XPS 板的燃烧性能应符合表 B.1.2 的规定。

表 B.1.2　XPS 板的燃烧性能

建筑类型		高度 H（m）	燃烧性能分级	备注
非幕墙式	住宅	$60 \leqslant H < 100$	B_1 级	—
			B_2 级	每层设置水平防火隔离带
		$24 \leqslant H < 60$	B_1 级	—
			B_2 级	每两层设置水平防火隔离带
		$H < 24$	B_1 级	—
			B_2 级	每三层设置水平防火隔离带
	其他民用建筑	$24 \leqslant H < 50$	B_1 级	每两层设置水平防火隔离带
		$H < 24$	B_1 级	—
			B_2 级	每层设置水平防火隔离带
幕墙式		$H < 24$	B_1 级	每层设置水平防火隔离带

B.1.3　XPS 板外墙外保温体系应设防护层。并应符合下列要求：

　　1　防护层应采用不燃或难燃材料，对幕墙式建筑应采用不燃材料；

　　2　防护层应将 XPS 板完全覆盖；

　　3　防护层厚度，首层不应小于 6mm，其他层不应小于 3mm；对幕墙式建筑不应小于 3mm。

B.1.4　当按表 B.1.2 规定设置水平防火隔离带时，应符合下列要求：

　　1　应沿楼板位置设置，且应封闭；

　　2　防火隔离带的宽度不应小于 300mm；

　　3　防火墙隔离带与墙面应进行全面积粘贴，并应设金属钉辅助锚栓，锚栓间距不应大于 1000mm；

　　4　防火隔离带应采用 A 级保温材料。

B.1.5　建筑幕墙与基层墙体、窗间墙、窗槛墙及裙墙之间的空间，应在每层楼板标高处用防火封堵材料封堵。

B.1.6　电气线路不应穿过 XPS 板，当必须穿过时应采取穿金属套管等防火保护措施。

B.1.7　XPS 板外墙外保温体系，当采用面砖饰面时不应采用燃烧性能为 B_2 级及以下的 XPS 板。

B.2　施工基本要求

B.2.1　XPS 板进场后，应远离火源。露天存放时，应采用不燃材料进行覆盖。

B.2.2　在 XPS 板上不应放置易燃及溶剂型化学物品。

B.2.3　不应在堆放 XPS 板周边进行电、气焊作业，严禁在 XPS 板上进行电、气焊作业，严禁明火接触 XPS 板及其他可燃材料。

B.2.4　防火隔离带的施工应与 XPS 板施工同步进行。

B.2.5　XPS 板施工应分区段进行，各区段应保持足够的防火间距，并宜做到边固定边涂抹防护层。未涂抹防护层的 XPS 板高度不应超过 3 层。

B. 2. 6　幕墙的支撑构件和空调机等设备的支撑构件，其焊接等工序应在 XPS 板铺设前进行，当必须在 XPS 板铺设后进行时，应在电焊部位的周围及底部铺设防火毯等防火保护设施。

B. 2. 7　施工现场应设置室内外临时消火栓系统，并应满足现场火灾扑救的消防供水要求。

B. 2. 8　应有专人负责防火，应配置足够的消防灭火器材。

《EPS 模块外保温工程技术规程》

6. 5　施工现场安全管理

6. 5. 1　外保温工程施工现场的安全措施应符合现行国家标准《建筑工程施工现场消防安全技术规范》GB 50720 的规定外，尚应符合如下要求：

1　施工前，应对施工人员进行安全技术培训，经考核合格后方可上岗操作；

2　模块堆放场地应远离明火作业区，应将模块垫平，并分类摆放，不应将其随意堆放到室外。

3　外墙粘贴系统或外保温现浇系统，当第二层主体工程施工完成后，应将首层模块的外表而用薄抹灰防护面层覆盖。

4　因故长期停工的外墙粘贴系统或外保温现浇系统工程，在停工前，应将模块外表而用薄抹灰防护面层覆盖，一层门洞口应临时封闭。

5　施工现场明火作业不应与外墙外保温系统出现施工交叉，当不可避免时，应专门制定安全防火和质量保证施工方案，监管施工。

6　当模块需要切割时，应将模块切割器设在对应施工作业而的楼层内，不应在外脚手架上切割模块。

7　严禁蹬踏装饰和保温材料制作的外墙装饰线和立面造型。

《硬泡聚氨酯板外墙外保温技术规程》

6. 6　安全、文明施工

6. 6. 1　安全防护应符合下列要求：

    1 高处作业时，应符合现行行业标准《建筑施工高处作业安全技术规范》JGJ 80 及施工组织设计的有关规定，并应设专人现场监护；

    2 施工人员作业时，应戴安全帽、系安全带、配工具袋，并应有防止工具、用具、材料坠落的措施；

    3 采用外脚手架施工时，脚手架应进行设计，并应与主体结构有可靠连接；

    4 采用吊篮施工时，使用前应进行安全检查。吊篮不得作为竖向运输工具，并不得超载。

6.6.2 材料堆放应符合下列要求：

    1 原材料应按品种、规格分类堆放整齐；

    2 现场垃圾应及时分拣外运，裁切下来的硬泡聚氨酯板条应集中回收，不应作为一般的建筑垃圾处理。

6.6.3 防火安全应符合下列规定：

    1 硬泡聚氨酯板进场后，应远离火源。露天存放时，应采用不燃材料进行覆盖；

    2 在硬泡聚氨酯板上不应放置易燃及溶剂型化学物品；

    3 不应在硬泡聚氨酯板周边进行电、气焊作业，严禁在硬泡聚氨酯板上进行电、气焊作业，严禁明火接触硬泡聚氨酯板及其他可燃材料；

    4 防火隔离带的施工应与硬泡聚氨酯板施工同步进行；

    5 硬泡聚氨酯板施工应分区段进行，各区段应保持足够的防火间距，并应及时涂抹防护层。未涂抹防护层的硬泡聚氨酯板高度不应超过 3 层；

    6 空调机等设备的支撑构件，其焊接等工序应在硬泡聚氨酯板铺设前进行。当必须在硬泡聚氨酯板铺设后进行时，应在电焊部位的周围及底部铺设防火毯等防火保护设施；

    7 施工现场应设置室内外临时消火栓系统，并应满足现场火灾扑救的消防供水要求；

    8 应有专人负责防火，应配置足够的消防灭火器材。

《聚苯模块保温墙体应用技术规程》JGJ/T 420—2017

6.7　施工安全

6.7.1　施工现场安全管理应符合国家现行标准《建设工程施工现场消防安全技术规范》GB 50720 和《建筑施工安全检查标准》JGJ 59 的规定。

6.7.2　模块安装组合出现非整块需要切割时，应将切割器设在对应施工作业面的楼层内或指定区域，不应在外脚手架上切割。

6.7.3　外保温系统施工时，模块保温层裸露高度不宜超过 3 个楼层。首层系统施工完毕，应及时将其外表面用防护面层覆盖。

6.7.4　长期停工的外保温系统，停工前应将模块外表面用防护面层覆盖，一层门洞口应临时封闭。

6.7.5　模块堆放场地应远离明火作业区，应垫平分类摆放，不应将其随意堆放到室外。

6.7.6　施工现场的明火作业不应与外保温系统在同一工作面内出现施工交叉，当不可避免时，应制定安全防火和质量保证施工方案。

6.7.7　用装饰和保温材料制作的外墙装饰线和立面造型不应蹬踏。

《无机轻集料砂浆保温系统技术规程》JGJ 253—2011

6.6　安全文明施工

6.6.1　保温施工中各专业工种应紧密配合，合理安排工序，不得颠倒工序作业。

6.6.2　电器机具应由专人负责。电动机接地应安全可靠，非机电人员不得动用机电设备。

6.6.3　高空作业应系好安全带，并应正确使用个人劳动防护用品。

6.6.4　施工操作前，应按国家现行标准及有关操作规程检查脚手架，经检查合格后方能进入岗位操作，施工过程中应加强检查和维护。

6.6.5　废弃的材料应在指定地点堆放。

6.6.6 施工现场材料应堆放整齐，并应作好标识。

6.6.7 切割面砖等板材时应有防止粉尘产生的措施。

6.6.8 施工过程中应及时清理建筑垃圾，不得随意抛撒，施工垃圾应及时清运，并应适量洒水减少扬尘。

6.6.9 施工过程中宜使用低噪声的施工机具。

六、板装饰施工

《建筑用金属面绝热夹芯板安装及验收规程》

4.5 施工安全

4.5.1 施工需要采用明火时，应向工程负责人或工地安全生产部门申报，经批准后方可实施。施工时必须采取有效的防火措施，动火现场应有专人监护。

4.5.2 施工前应检查电动工具漏电保护装置。使用时应采取相应的保护措施。

4.5.3 高处作业应按现行行业标准《建筑施工高处作业安全技术规范》JGJ 80 执行。

4.5.4 屋面施工时，应采取防滑、防风、防坠落措施。预留孔洞应有防护措施和警示标志。

4.5.5 施工现场应设置明显的防火标志。

4.6 施工中成品保护

4.6.1 夹芯板工程在安装过程中及工程验收前，应采取防风及其他防护措施，避免损坏。

4.6.2 在夹芯板成品上钻孔、切割等作业时，应对夹芯板表面进行保护，遗留的金属屑、铆钉、铆钉芯、铁钉、螺钉和废板、泡沫等，应随时清除。

4.6.3 安装人员作业时，应穿软底胶鞋，不得穿金属底鞋或钉有铁钉的鞋。

4.6.4 施工时不得拖行夹芯板。禁止在夹芯板上拖行工具、配件、辅件等。

4.6.5 进行切割、电焊（或气焊）作业时，应采取措施防止切割、电焊（或气焊）火花烧伤或烫伤夹芯板。

4.6.6 立体交叉作业时，严禁碰撞已施工好的夹芯板屋面、墙面。严禁将脚手架顶压在成品墙体或屋面上。

4.6.7 钢板涂层在施工中如有划伤，应进行涂层修补。

《点挂外墙板装饰工程技术规程》JGJ 321—2014

7.4   安全规定

7.4.1 安装施工除应符合现行行业标准《建筑施工高处作业安全技术规范》JGJ 80 有关规定外，尚应符合施工组织设计中确定的各项规定。

7.4.2 加工、安装点挂外墙板装饰工程用的机具和吊篮应符合现行行业标准《建筑机械使用安全技术规程》JGJ 33 和《施工现场临时用电安全技术规范》JGJ 46 的规定。

7.4.3 板材的切割、钻孔的操作人员应佩戴防护眼镜。

7.4.4 施工人员作业时应戴安全帽，系安全带，并应配备工具袋。遇 4 级以上风力或雨天应停止室外施工作业。

《建筑陶瓷薄板应用技术规程》JGJ/T 172—2009

5.7   安全环保措施

5.7.1 切割陶瓷薄板时宜采取降噪措施。

5.7.2 施工中建筑废料和粉尘宜及时清理。

5.7.3 配制胶粘剂和填缝剂时，操作人员应佩戴手套。

5.7.4 施工过程中脚手架的搭设和使用必须符合现行行业标准《建筑施工门式钢管脚手架安全技术规程》JGJ 128、《建筑施工扣件式钢管脚手架安全技术规范》JGJ 130、《建筑施工木脚手架安全技术规范》JGJ 164、《建筑施工碗扣式钢管脚手架安全技术规范》JGJ 166 和《建筑施工高处作业安全技术规范》JGJ 80 的规定。

七、白蚁预防

《房屋白蚁预防技术规程》JGJ/T 245—2011

3.4   施工安全

3.4.1　白蚁防治单位应向建筑施工单位介绍安全事项。

3.4.2　白蚁防治施工人员应持证上岗，穿戴必要的安全防护用品，施工现场和操作期间严禁吸烟与进食。

3.4.3　室内进行药物低压喷洒时，应保持室内的通风良好。施药人员每次连续作业时间不得超过 2.0h，每天接触药物时间累计不得超过 5.0h。在密闭空间或较为封闭的空间内进行低压喷洒时，施药人员每次连续作业时间不得超过 0.5h。室外人员应定时与施药人员保持联系。

3.4.4　眼睛或者皮肤上沾染药物，应及时清洗。衣物被药物污染后，应立即更换。施工完毕后应及时清洗工具和双手、头脸等外露部位。

3.4.5　施药时，不得向周边环境随意喷药。

3.4.6　皮肤病患者、有药物禁忌症或过敏史的人员以及经期、孕期、哺乳期妇女，不得进行药物处理施工。

3.4.7　发生药物中毒时，可按本规程附录 G 进行现场急救，并应立即送医院诊治。

　　《房屋白蚁预防技术规程》之二

5.6　施工安全措施

5.6.1　应严格遵守施工现场及有关安全生产规定，在施工操作过程中，施药人员必须穿戴好防护用具，如专用工作服、安全帽、防毒口罩、防护手套、防护鞋等。

5.6.2　施药人员每次连续作业时间不得超过二小时，每人接触药物时间累计不得超过五小时。

5.6.3　严禁在施工现场和操作期间抽烟、进食。

5.6.4　施药前，应与建设（开发）单位联系，让老、弱、病、幼及孕妇等人员离开现场。施药中，应避免将药剂喷溅在食物、餐具、饮用水及饲料中，以免中毒。

5.6.5　室内进行药剂低压喷洒时，应保持通风良好。在封闭或半封闭环境中施药，应配置通风设备，施药人员必须定时轮换。

5.6.6　施工操作需接电源时，应征得现场建筑施工方的同意，并由具备电工专业岗位证书的人员操作。

5.6.7 严禁在雨天或大雨后对露天的施药区域立即喷洒施药，避免流失，造成环境污染。

5.6.8 皮肤沾有药剂时，应及时用肥皂、冷水清洗；施工操作完毕后，应及时清洗工具和双手、头脸等外露部位、及时更换衣服。

5.6.9 施药结束后，应及时清洗器械，药剂容器应集中处理，不得任意丢弃或作他用，剩余药剂应运回仓库妥善保管。

5.6.10 施药处理完毕后，应向建筑施工单位交代注意事项。

5.6.11 定期检查施工器械，保证使用性能良好；不得把设备挪作他用，以免污染其他物品。

5.6.12 凡皮肤病患者、有禁忌症的人员、"三期"（即经期、孕期、哺乳期）间的妇女，不应参与配药及施药操作。

5.6.13 发生药物中毒时，应立即送医院诊治。

八、LED 照明工程

《LED 照明工程安装与质量验收规程》

5.1.2 施工单位应具有相应的资质，电工作业、金属焊接切割作业、登高架设作业等特种作业人员应取得《特种作业人员操作证》。

5.1.5 LED 照明工程的施工安全技术措施应符合国家现行有关标准的规定。高处作业必须遵守《建筑施工高处作用安全技术规范》JGJ 80 的有关规定；施工用电必须遵守《施工现场临时用电安全技术规范》JGJ 46 的有关规定。监理或建设单位应督促落实施工安全技术措施的实施。

九、屋顶绿化

《屋顶绿化规范》

5.4 防护

5.4.1 屋顶绿化应设置独立出入口和安全通道，可设置专门的疏散楼梯。

5.4.2 应在屋顶周边设置高度 1.20m 以上的防护围栏。

5.5　垂直运输

5.5.1 屋顶施工应符合 JGJ 80 中的相关规定。

5.5.2 高空垂直运输中，应采取确保人员安全和防止施工材料坠落的措施。

8.1.2 施工前应进行设计交底，明确细部构造和技术要求，并编制施工方案、进行技术交底和安全技术交底。

8.1.6 施工安全应符合下列规定：

　　a) 屋顶绿化施工材料不得在屋顶集中码放；

　　b) 施工中应注意成品保护；

　　c) 屋顶周边和预留孔洞部位应设置安全防护；

　　d) 雷、雨、雪和风力 4 级及以上天气时，屋顶施工应停止；

　　e) 施工现场应设置必要的消防设施。

十、油漆与粉刷作业安全

《油漆与粉刷作业安全规范》AQ 5205—2008

4　基本规定

4.1 从事油漆与粉刷作业活动的单位应具备相应资质，并取得施工许可证，作业人员应具备相应资格。

4.2 油漆与粉刷作业应采取安全技术措施并经过审核和交底。

4.3 高处作业以及在有限空间内进行油漆作业、防水涂层作业应制订应急预案。应急预案应符合 AQ/T 9002 的要求及第 10 章的规定。

4.4 工程承包单位（施工企业）应向油漆与粉刷作业人员提供合适的劳动防护用品，并按规定日期安排相关作业人员进行体检。患有职业禁忌症的人员不应从事有毒作业和高处作业。

4.5 所有上岗的油漆作业、防水涂层作业、高空外墙粉刷及与其相关（登高作业、供用电作业等）人员均经过操作培训和安全培训。安全培训应符合国家相关法规及第 9 章的规定。

4.6 工程承包单位（施工企业）应将设备制造商及材料制造商在使用说明书中给出的所有安全信息通告给有关人员。作业人员应了解作业过程中所使用材料的危害和防范措施，并应能随时获得相关安全操作规程、危险物质数据表（Material Safety Data Sheet，MSDS）等安全资料。

4.7 工程承包单位（施工企业）的所有使用设备（如各类喷枪、搅拌设备、吊篮、临时供用电设备、各类安全设施与装置等）应经过相关部门认可。

4.8 现场管理施工人员应持证上岗，并应熟悉油漆与粉刷作业的各种危险有害因素及其控制措施。作业前应进行有害因素辨识。

4.9 所有机具的操作、材料的使用应按制造商的使用说明进行，并且符合本标准的有关规定。

4.10 油漆与粉刷作业安全除按本规范执行外，还应符合 GB 6514、GB 7691、GB 8958—2006、GB 12942、JGJ 46、JGJ 80 和其他安全要求。

4.11 高空作业人员应体检合格取得相关部门颁发的资格证书，在进行工程施工前出具体检合格证明方能上岗。

4.12 油漆与粉刷作业应制订安全操作规程。作业人员应按安全操作规程进行岗前安全确认，并按 GB/T 11651 规定发放个人防护用具。对产生有害蒸汽、气体和粉尘的场所或部位应保证通风良好，作业人员应配备防护用品。生石灰加水搅拌时应注意呼吸系统和眼睛的防护。

4.13 涂料施工现场禁止明火，并应配备相应的消防设施。涂料库房与建筑物应保持一定的安全距离。

4.14 未经许可任何人不得随意拆改安全防护设施和设备。

5 材料

5.1 准备

5.1.1 材料在使用前应辨识其危害并采取相应的防护措施。油漆与粉刷作业常见有毒有害物特性见附录 A。

5.1.2 涂饰材料应存放在指定的专用库房内。溶剂型涂料存放地点应按 GB 50140 设置消防器材。涂饰材料应存放于阴凉干燥且通风的环境内，其贮存温度应在 5～40℃之间。

5.1.3 溶剂型涂料库房与调料间应分开设置，并符合以下要求：

a）应与散发火花的场所保持一定的防火间距；

b）性质相抵触、灭火方法不同的品种，应分库存放；

c）调料间应有良好的通风，并应采用防爆电器设备，室内禁止一切火源，调料间不能兼作更衣室和休息室；

d）调料人员应穿防静电服、防静电鞋。使用开启涂料和稀释剂包装的工具，应采用不易产生火花型的工具；

e）调料人员应严格遵守操作规程，调料间内不应存放超过当日施工所用的原料；

f）贮存易燃涂料产品时，操作过程中严禁火花产生，在抽注产品或倒罐时，罐（槽车）及活管应静电接地，其接地电阻值应不大于 $10^6 \Omega$；

g）贮存场所应具备防雷击装置。

5.1.4 工程中用易燃、易爆等危险物品的，应建立严格的申报、采购、进库、领用管理程序。易燃、易爆等危险品进工地后，立即存放危险品仓库。多家分包单位应集中设置危险品仓库。库房及周围场所应设置醒目的安全标志。

5.2　使用

5.2.1 油漆与粉刷作业用材料应优先采用绿色环保产品。需使用溶剂型涂料时，应尽量用刷涂或辊涂。

5.2.2 施工企业应建立严格的领发料制度，按计划发放材料，施工现场存放的涂料和稀释剂应不超过当班用量。

5.2.3 油漆工应穿防静电工作服。接触涂料、稀释剂的工具应采用防火花型的。

5.2.4 油漆与粉刷作业人员饭前应洗手、洗脸、更衣，不应在作业场所进食。因操作不小心，涂料溅到皮肤上时，可用木屑加肥皂水擦洗。禁止用汽油或其他有机溶剂擦洗。

5.2.5   在危险化学品的容器上，应贴上符合规定的安全标签。标签上应标明化学品的名称、危险标识、危害以及安全预防措施等资料。

5.2.6   涂漆施工场地要有良好的通风，如在通风条件不好的环境涂漆时，应安装通风设备。如发生头痛、恶心、心闷和心悸等，应停止作业，立即就诊，并向医护人员出示有关化学品标签。

5.2.7   涂刷溶剂型耐酸、耐腐蚀、防水涂料或使用其他有毒涂料时，应戴防毒口罩。使用机械除锈工具（如钢丝刷、粗挫、风动或电动除锈工具）清除锈层、旧漆膜以及用砂纸打磨基层时应戴防尘口罩。

5.2.8   配制、贮存、涂刷溶剂涂料的地点严禁烟火，进行电焊、气焊等明火作业时，30m 范围内进行严格清理。

5.2.9   在维修工程施工中，使用脱漆剂时应采用不燃性脱漆剂。若因工艺或技术上的需要使用易燃性脱漆剂时，一次涂刷脱漆剂量不宜过多，控制在能使漆膜起皱膨胀为宜，清除掉的漆膜要及时妥善处理。

5.2.10   使用水泥、麻刀、石灰应尽量避免材料的散播，并配备合适的呼吸防护设备。禁止用手直接接触石灰和水泥。

5.2.11   含铬水泥在搅拌时应加入适量硫酸亚铁，将六价铬变为无害的三价铬。

5.2.12   钢结构涂装前，硫酸溶液配制时，应将硫酸慢慢注入水中，严禁将水注入酸中；配制硫酸乙酯时，应将硫酸慢慢注入酒精中，并充分搅拌，温度不应超过 60℃。

5.2.13   在其他人员可能接触有毒有害材料的场所，应设置警告标志。对存在可能危及人身安全的设施、装置的施工用地，应用防护结构或围栏进行有效的隔离。

5.3   废弃物处置

5.3.1   沾染涂料的棉丝、破布、油纸等废物应收集存放在有盖的金属容器内，不应乱扔。工作完毕，未用完的涂料和稀释剂应及时清理入库。

5.3.2　施工现场废弃物应按环保部门要求分类处置，不应在施工现场焚烧油漆及其他可产生有毒有害烟尘和恶臭气味的废弃物。

5.3.3　不应将油漆与粉刷的废弃物（如涂料、砂浆等）丢弃于水井、池塘和下水道。

6　机具

6.1　工具

6.1.1　手持工具

手持工具的使用应符合下列各项要求以及其他可适用标准的要求：

a）手持工具应保持良好；

b）保持工具清洁，尤其是工具的手柄，以免工作时滑落；

c）以正确姿势及手法使用手持工具，使用时姿势应以用力平稳最为安全，切勿过分用力；

d）不应将手持工具误作其他用途。

6.1.2　手持电动工具

手持电动工具的使用应符合 GB/T 3737 的要求以及下列各项要求：

a）操作者应认真阅读产品使用说明书和安全操作规程，详细了解工具的性能和掌握正确使用的方法。使用时，操作者应采取必要的防护措施；

b）在湿热、雨雪等作业环境，应使用具有相应防护等级的工具；

c）使用电动工具时，保持身体及周围环境干燥；

d）拔出插头时，应紧握插头，不应拉拽电线而使电线松脱导致短路；

e）在易燃易爆气体环境，不应使用电动工具。

6.2　梯子

梯子仅适用高度小于 2m 的作业地点，超过 2m 的作业应按规定搭设脚手架。

6.2.1 人字梯

人字梯的使用安全应符合下列各项要求：

a）人字梯应四脚落地，摆放平稳，梯脚应设防滑橡皮垫和保险拉链；

b）人字梯上搭铺脚手板，脚手板两端搭接长度不得少于20cm。脚手板中间不得同时两人操作，梯子挪动时，作业人员应下来。人字梯顶部铰轴不应站人、不应铺设脚手板；

c）人字梯应经常检查，发现开裂、腐朽、榫头松动、缺档等不应使用。

6.2.2 直梯

直梯的使用安全应符合下列各项要求：

a）直梯的用途仅作为攀登工具，不应作为工作台使用；

b）使用前应检查梯子，以确保其结构良好和稳定；

c）直梯应以适当的角度靠向支撑物，角度太大或太小都会影响梯子的平稳性。

6.3 机械设备

油漆与粉刷作业使用的机械设备应符合本节的各项要求。

6.3.1 机械设备的安全装置应符合国家有关标准，在做好保护接零的同时，应按要求装设剩余电流动作保护器，并应确保安全防护装置齐全有效。

6.3.2 机械设备运转中严禁维修保养，发现异常时，应停机断电后再排除故障。

6.3.3 搅拌机械在运转中加料时。严禁把工具伸进搅拌筒内扒料。搅拌筒内落入大的杂物时，应停机后再检查，严禁运转中伸手去捡捞。

6.3.4 空气压缩机作业区应保持清洁和干燥，贮气罐应放在通风良好处，距贮气罐15m以内不应进行焊接或热加工作业。电动机及启动器外壳应接地良好。

6.3.5 使用喷灰浆机械，应经常检查胶皮管有无裂缝，接头是否松动，安全阀是否有效。不应用塑料管代替胶皮管。喷涂灰浆，应戴好防护眼镜、口罩及手套，禁止用潮湿的手触碰电器开关。

6.3.6 高压无气喷涂泵的使用应符合下列各项要求：

a）喷涂易燃涂料时，喷涂泵和被喷涂物件均应接地（接零）。喷涂泵不应放置在喷涂作业的房间内；

b）喷枪专用的高压软管不得任意代用。软管接头应为具有规定强度的导电材料制成，其最大电阻不超过 $10^6\,\Omega$。喷涂过程中高压软管的最小弯曲半径不得小于 250mm。清洗喷枪时，不得把涂料喷向密闭的容器里；

c）作业前应检查电动机、电器，机身应接地（接零）良好，检查吸入软管、回路软管接头和压力表、高压软管与喷枪均应连接牢固。

6.3.7 使用溶剂型涂料喷刷大型导电物体（如锅炉、球罐等）时，应使被涂物接地。

6.4　电气设备

6.4.1 施工现场临时用电施工，应制定施工组织设计和安全操作规程。

6.4.2 施工现场电气设备的设置、安装、防护、使用、维修应符合 JGJ 46 的要求。

6.4.3 进行大面积油漆喷涂或在有限空间进行油漆作业、防水涂层作业，应按 GB 50058 划分危险区域及选用相应防爆等级的电器设备。爆炸性气体环境用电设备的安装应符合 GB 3836.15 的相关要求。

6.4.4 喷涂场地的照明灯应用玻璃罩保护。不应使用胶把和网罩损坏的工作手灯照明。

6.4.5 油漆与粉刷施工现场局部照明用的工作灯，隧道、人防工程、有高温导电灰尘或灯具离地面高度低于 2.4m 等场所不大于 36V；在潮湿和易触及带电体场所不大于 24V；在特别潮湿的场所、导电良好的地面、锅炉或金属容器内不大于 12V。

7 危险地点

7.1 高处作业

高处作业中临边、洞口、攀登、悬空、操作平台及交叉等项作业应符合 JGJ 80 要求以及本标准 7.1.1 至 7.1.6 的各项要求。

7.1.1 高处作业分级按 GB/T 3608 进行。悬空作业还应符合 4.3 的规定。

7.1.2 高空外墙油漆与粉刷作业人员应使用符合安全要求的电动吊篮等动力式升降设备，不宜使用无动力式高空吊板或类似的工业装置或设备。高处作业吊篮的使用应符合 JG 5027 的规定。

7.1.3 高处作业升降设备应经有资质的安全设施检验机构检验。

7.1.4 遇有大雨、大雪、大雾和六级以上的大风时，应停止高空作业。

7.1.5 当油漆、粉刷与其他工种进行上下立体交叉作业时，任何时间、场合都不应在同一垂直方向上操作。上下操作位置的横向距离，应大于上层高度的可能坠落半径。在设置安全隔离层时，它的防穿透能力应不小于安全平网的防护能力。

7.1.6 有明火或火花产生的作业，如喷灯、焊割等作业禁止与刷漆、喷漆、脱漆等易燃操作同时间、同部位上下交叉作业。

7.2 缺氧危险作业与有限空间作业

7.2.1 缺氧危险作业场所类别按 GB 8958—2006 第 4 章划分。

7.2.2 缺氧危险作业场所的油漆与粉刷作业安全除按 GB 12942、GB 8958—2006 的规定执行外，还应符合本节的各项安全要求。

7.2.3 进入缺氧危险作业场所作业之前应进行危害因素辨识和安全评估。缺氧危险作业场所油漆与粉刷作业的安全评估应包括以下内容：

　　a) 作业中采用的工艺、机具、材料；

　　b) 是否有有毒有害气体存在；

　　c) 是否缺氧；

　　d) 在有毒有害气体环境下进行油漆与粉刷作业的可能性；

　　e）是否有可散发有毒有害气体的淤泥或其他沉积物的存在；

　　f）流动的固体或液体进入的可能性；

　　g）火灾、爆炸的可能性；

　　h）作业人员因体温上升而昏厥或窒息的可能性；

　　i）其他危险，如坍塌、触电等可能性。

7.2.4　进入地下有限空间或储罐（槽）容器有限空间进行油漆与粉刷作业还应符合以下要求：

　　a）硫化氢浓度不超过 10×10^{-6}；

　　b）易燃液体和可燃气体的浓度不得超过其爆炸下限的 25%；

　　c）不应有其他能导致人员伤亡的危险存在。

7.2.5　地下工程施工现场出入口或坡道、疏散走道和楼梯以及事故照明灯和疏散指示灯的设置应符合现行国家标准的要求，并制定应急的疏散计划。

7.3　**其他危险地点作业**

　　在其他危险地点，如在"四口"与"五临边"进行油漆与粉刷作业，除执行本标准外还应符合现行建设工程安全标准的要求。

8　**周边环境**

8.1　工程承包单位（施工企业）在施工前应根据有关法律法规对施工现场周边环境进行安全评估，并制定相应的防范措施。油漆与粉刷作业周边环境安全评估至少应包括以下内容：

　　a）毗邻高压线的状况；

　　b）工程施工对毗邻建（构）筑物的影响；

　　c）对水体、油库、危险品库及其他重要设施的影响；

　　d）对周边通信、道路等公用设施的影响；

　　e）施工现场的临时设施选址是否合理，是否符合城市环境要求；

　　f）施工现场对周边交通、人流密集区域的影响；

　　g）施工中各种粉尘、废气、废水、固体废弃物以及其他可能造成严重后果的危险源情况。

8.2 施工企业应当在施工现场入口处、施工起重机械、临时用电设施、脚手架、出入通道口、楼梯口、电梯井口、孔洞口、桥梁口、隧道口、基坑边沿、爆破物及有害危险气体和液体存放处等危险部位，设置明显的安全标志。安全标志应符合 GB 2894 的要求。

9　安全教育

9.1　安全教育内容

9.1.1　安全思想教育

对施工人员进行安全生产法律法规和规章的教育。

9.1.2　安全技术知识教育

油漆与粉刷作业安全技术知识教育应包括以下内容：

a) 作业过程中的不安全因素；

b) 常用机具的操作程序与安全操作规程；

c) 危险地点（部位）作业的危险性及其防范措施；

d) 材料的准备、贮存和使用过程中的防护措施；

e) 电气设备安全技术知识；

f) 现场内运输、危险物品管理、防火等基础安全知识；

g) 正确使用安全设备（设施）与个体防护装备；

h) 如何报告和处理伤亡事故；

i) 事故应急措施与事故应急预案。

9.1.3　典型经验和事故教训教育

通过典型经验和事故的介绍，使全体施工人员吸取经验和教训，检查各自岗位上的隐患，及时采取措施，避免同类事故发生。

9.2　安全教育制度

建立施工企业、工地、班组三级教育制度，使安全教育工作制度化。包括：

a) 新工人入场教育和岗位安全教育；

b) 作业前的安全教育和技术交底，包括工种安全施工教育和新施工方法及新设备、新材料的安全操作与使用教育；

　　c）经常性安全教育，特别是班前安全教育；

　　d）暑季、冬季、雨季、夜间等施工时安全教育。

10　应急预案

10.1　应急预案编制单位

　　油漆与粉刷作业事故应急救援预案由工程承包单位编制。实行工程总承包的，由总承包单位编制。实行联合承包的，由承包各方共同编制。

10.2　应急预案内容

　　油漆与粉刷作业事故应急救援预案应包括如下内容：

　　a）建设工程的基本情况，包括规模、结构类型、工程开工、竣工日期；

　　b）施工项目经理部基本情况，包括项目经理、安全负责人、安全员姓名、证书号码等；

　　c）施工现场安全事故救护组织，包括具体责任人的职务、联系电话等；

　　d）事故类型和危险有害因素辨识；

　　e）救援器材、设备的配备；

　　f）事故救援单位名称、电话、行驶路线等。

10.3　应急演练及其他

10.3.1　工程承包单位（施工企业）应定期组织应急演练，并及时评审、修订事故应急预案。

10.3.2　油漆与粉刷作业事故救援单位。包括建设工程所在市、县（区）应急指挥（消防指挥）中心、医疗救护中心。

10.3.3　油漆与粉刷作业事故应急救援预案应当作为安全报监的附件材料报工程所在地市、县（市）负责建筑施工安全生产监督管理的部门备案。

10.3.4　油漆与粉刷作业事故应急救援预案应告知现场作业人员。施工期间，其内容应在施工现场显著位置公示。

　　附录A

（资料性附录）

油漆与粉刷作业常见有毒有害物特性

表 A.1　油漆与粉刷作业常见有害物特性

类别	有害物名称	危害	危害途径	防护措施
化学物品	溶剂（各类油漆、胶水、脱漆剂、稀释剂等所含的甲苯及二苯）	导致皮肤炎；损害呼吸系统、中枢神经系统、损害造血功能等，致癌	油漆作业，防水涂层作业	确保空气流通；使用呼吸防护设备；穿不渗透的防护衣物；确保有清洗设施
	树脂类物品（例如异氰酸酯）	皮肤、眼睛有强烈刺激作用；刺激呼吸环境，引致哮喘及过敏	喷涂隔热施工；装饰工程用滚筒或喷雾器涂地板蜡	提供机械通风设备、呼吸防护设备、合适的个体防护装备以及清洗设施
	环氧树脂	强烈刺激皮肤、黏膜和呼吸道，导致皮肤炎、过敏及支气管哮喘等疾病	防腐涂层施工及管道N工程	提供机械通风设备、呼吸防护设备、合适的个体防护装备以及清洗设施生产设备应该密闭；操作人员应戴防护用具，避免与人体直接接触
	聚酯（包括聚酯树脂、聚酯纤维、聚酯酸胶等）	其溶剂苯乙烯挥发会导致中毒；刺激眼、皮肤和黏膜，亦可能引发类似麻醉作用结果	玻璃纤维强化结构工程；电镀和涂层	提供机械通风设备、呼吸防护设备、合适的个体防护装备以及清洗设施
金属	铅	有毒，长期接触铅及其化合物会导致心悸、易激动、失眠、多梦、记忆减退、疲乏，进而发展为狂躁、失明、神志模糊、昏迷，最后因脑血管缺氧而死亡；会致癌、致畸、致突变	油漆作业	确保空气流通，作业工人应该佩戴防尘口罩；必要时可采用安全面罩、防护手套、穿工作服。工作现场禁止吸烟、进食和饮水。工作后，淋浴更衣。实行就业前和定期的体检

续表 A.1

类别	有害物名称	危害	危害途径	防护措施
金属	铬	会通过消化道、呼吸道、皮肤和黏膜侵入人体，积聚在肝、肾、肺和内分泌腺中。六价铬有强氧化作用，慢性中毒往往以局部损害开始，逐渐发展到不可救药，经呼吸道侵入人体时，开始侵害上呼吸道，引起鼻炎、咽炎和喉炎、支气管炎	油漆作业；使用水泥	确保空气流通，必要时作业工人应该佩戴防尘口罩、防护手套、穿工作服
	汞	汞蒸气有剧毒，汞会破坏中枢神经组织，长时间暴露在高汞环境中可以导致脑损伤和死亡。对口、黏膜和牙齿有不利影响。汞的化合物和盐的毒性非常高，口服、吸入或接触后可以导致脑和肝的损伤	油漆作业	确保空气流通，作业工人应该佩戴防尘口罩；必要时可采用安全面罩、防护手套、穿工作服。工作现场禁止吸烟、进食和饮水。工作后，淋浴更衣。实行就业前和定期的体检
粉尘	水泥	吸入水泥尘宜患尘肺病；水泥中可能含有六价铬并且水泥浆具有碱性，皮肤接触易患皮肤病	抹灰	尽量避免物料散播、混和；处理干水泥时使用呼吸防护设备、使用合适的个体防护装备（例如手套、胶靴，在工作前后涂上防护脂）；含铬水泥使用见本标准
	人造纤维（例如麻刀）	刺激呼吸道、长期吸入易患尘肺病	抹灰	使用呼吸防护设备
	石膏	刺激喉、鼻、眼	批灰	尽量避免物料散播、混和；处理石膏时使用呼吸防护设备、使用合适的个体防护装备（例如手套、胶靴，在工作前后涂上防护霜）

续表 A.1

类别	有害物名称	危害	危害途径	防护措施
粉尘	有机或无机粉尘	引发尘肺病	砖石喷砂、腻子打磨、抹灰面打磨	采用洒湿法；在密闭场地设置吸尘装置、使用呼吸防护设备
有害气体	硫化氢	刺激眼、鼻、喉，并有致命的危险	在污水渠、排水渠等处抹灰作业	设置排气及机械通风系统；佩戴呼吸器；持续监察
	一氧化碳	缺氧中毒	在密闭空间或附近操作；以石油汽、石油或柴油驱动的装置	把工作地点迁离密闭空间；使用机械通风设备；持续监测
其他	其他污染物	可能引发与微生物有关的疾病，包括破伤风、乙型肝炎等	在受污染水源附近作业，在恶劣气候或施工环境作业	彻底检查和清理工地
	石灰	石灰加水搅拌生成强碱性的熟石灰时，放出大量的热且长久不散，吸入热蒸汽可损伤呼吸系统；接触强碱性的熟石灰会灼伤皮肤	刷浆、批灰	搅拌时使用呼吸防护设备；禁止用手接触石灰；等热量散失后再用
	紫外光	令皮肤产生感光色素；晒伤；导致角膜炎	电弧焊接等	使用屏障、合适的防护物和护眼设备

十一、金刚石圆锯片使用安全

《金刚石圆锯片安全要求》

11.2 使用

a) 使用金刚石圆锯片应遵守切割机制造厂和金刚石圆锯片

制造厂提供的用户须知；

b）切割机启动前，安全防护罩应装在切割机上，没有安全防护装置的切割机不能进行切割作业；

c）切割时要根据金刚石圆锯片的使用限制、安全规定或其他信息，选择合适的金刚石圆锯片；

d）手持式切割机置于工作台或地面上之前，必须关机，确保切割机已经停止转动；

e）在进行切割作业之前，操作者应穿戴好个人劳动保护用品，如眼镜和面罩、耳罩、防尘口罩、防护衣、防护鞋及防护手套。

十二、建材及装饰材料安全使用

《建材及装饰材料安全使用技术导则》SB/T 10972—2013

4　基本要求

4.1　一般要求

4.1.1　建材及装饰材料产品质量应满足相关国家标准或行业标准的要求。

4.1.2　建材及装饰材料生产过程中污染物的排放应符合国家或地方相关法律法规的规定。

4.1.3　在正常使用条件下，建材及装饰材料使用过程中对环境的污染及人体的伤害，应符合国家标准或行业标准的相关规定。

4.1.4　建材及装饰材料营销单位应核查产品质量合格证书或文件，并指导消费者正确使用产品。

4.1.5　装修操作者应严格按照使用说明进行施工、安装，防止发生人体安全伤害和环境污染。

4.2　包装标识要求

4.2.1　建材及装饰材料应在产品本体或外包装应标示该产品达到的环保等级或符合的环保标准，标识文字或图案应明显易读。

4.2.2　使用过程中易对人体产生伤害的产品，其本体、外包装或使用说明书中应对产生的伤害及事后处置进行标注或说明。

4.2.3　产品应标注包装物及附属物的丢弃处置说明。

5　安全使用技术要求

5.1　管理技术要求

5.1.1　安全标志及其使用应符合 GB 2894 的规定。

5.1.2　提供必要的安全使用提示、指导、培训及再培训。

5.1.3　配备、维护和完善必要的安全使用设施、设备及防护用品。

5.1.4　进行重大危险源监控、重大事故隐患评估和整改。

5.1.5　定期进行安全使用检查与评价。

5.1.6　防治职业病危害，建立职业病危害因素检测、监测和职业健康监护。

5.1.7　配备必要的应急救援器材、设备，定期进行维护保养和应急救援演练。

5.1.8　及时推广、普及和应用安全使用适用的新技术、新标准、新工艺和新装备。

5.2　产品技术要求

5.2.1　室内装饰装修用木质材料（包含但不限于：木门、地板、板材和人造板）的甲醛释放量限值应符合表 1 的要求。

表 1　室内装饰装修用木质材料甲醛释放量限值

项　目	限　值
穿孔萃取法	$\leqslant 9mg/100g$
干燥器法	$\leqslant 1.5mg/L$
气候箱法	$\leqslant 0.12mg/m^3$
气体分析法	$\leqslant 3.5mg/(m^2 \cdot h)$

注：仲裁时采用气候箱法。

5.2.2　水性涂料的有害物质限量应符合表 2 的要求。

5.2.3　溶剂型涂料的有害物质限量应符合表 3 的要求。

表2　水性涂料的有害物质限量

项　目		限量值						
		水性内墙涂料		水性外墙涂料a			水性木器涂料	
		涂料a	腻子b	底漆a	面漆a	腻子b	涂料a	腻子b
挥发性有机化合物含量（VOC）/（mg/kg）	≤	80g/L	10g/kg	80g/L	150g/L	10g/kg	250g/L	60g/kg
苯系物含量（苯、甲苯、乙苯和二甲苯总和）/（mg/kg）	≤	300					300	
乙二醇醚及其酯类含量（乙二醇甲醚、乙二醇甲醚醋酸酯、乙二醇乙醚、乙二醇乙醚醋酸酯、二乙二醇丁醚醋酸酯所和）	≤	—		0.03%			300mg/kg	
游离甲醛含量/（mg/kg）	≤	100					—	
可溶性重金属含量（限色漆和腻子）/（mg/kg）	铅 Pb	90		—			—	
	镉 Cd	75		—			—	
	≤ 铬 Cr	60		—			—	
	汞 Hg	60		—			—	

a 涂料产品所有项目均不考虑稀释配比，对于双组分或多组分组成的涂料，应按产品规定的配比混合后测定。水不作为一个组分。

b 粉状腻子除可溶性重金属项目直接测定粉体外，其余项目应按产品规定的配比将粉体与水或胶粘剂等其他液体混合后测定。胶粘剂等其他液体应按照水用配比量混合后测定。如配比为某一范围时，水应按液体用配比量最小的配比量混合后测定，胶粘剂等其他液体用量最大的配比量混合后测定。

表3　溶剂型涂料的有害物质限量

项目	溶剂型外墙涂料(包括底漆和面漆) 色漆	清漆	闪光漆	聚氨酯类木器涂料 面漆 光泽(60°)≥80	面漆 光泽(60°)<80	底漆	硝基类木器涂料	醇酸类木器涂料 色漆	清漆	金属板涂料	腻子
挥发性有机化合物含量[a] (VOC)/(g/L) ≤	650	680	750	550	650	600	700	450	500	650	550
苯含量[a]/% ≤						0.27					
甲苯、二甲苯、乙苯含量总和[a]/% ≤	36			25				5		25	
游离二异氰酸酯(TDI和HDI)含量总和[b]/% (限聚氨酯类) ≤				0.36			—			0.36	
甲醇含量[a](限硝基类)/% ≤				—			0.27			0.27	
卤代烃[a,c]/% ≤	0.03						0.09				
乙二醇醚及其酯类含量总和/% (乙二醇甲醚、乙二醇甲醚醋酸酯、乙二醇乙醚、乙二醇乙醚醋酸酯、二乙二醇丁醚醋酸酯总和) ≤							—				
可溶性重金属含量(限色漆和腻子)/(mg/kg) ≤　铅 Pb	900						90				
镉 Cd	90						75				
铬 Cr	900						60				
汞 Hg	900						60				

[a] 按产品明示的施工配合比混合后测定。如稀释剂的使用量为某一范围时,应按照产品施工配合比规定的最大稀释比混合后进行测定。

[b] 如聚氨酯类涂料和腻子规定了稀释比例或由双组分或多组分组成时,应先测定固化剂(含游离二异氰酸酯预聚物)中的含量,再按产品明示的施工配合比计算混合后涂料总的含量。如稀释剂的使用量为某一范围时,应按产品施工配合比规定的最小稀释比例进行计算。

[c] 包括二氯甲烷、1,1-二氯乙烷、1,2-二氯乙烷、1,1,1-三氯乙烷、1,1,2-三氯乙烷、三氯甲烷、四氯化碳。

墙纸、硅藻泥等室内墙体装饰材料应参照 GB 18582 规定执行。

5.3 放射性限值

民用建筑使用的水泥、石材、人造石及石英石、蒸压加气混凝土砌块料等无机非金属材料中放射性限值应符合表 4 的规定。

表 4 循环再生建筑材料放射性核素限值

项 目	限 值	
内照射指数 $I_{Ra} = \dfrac{C_{Ra}}{200}$	$\leqslant 1.0$	
外照射指数 $I_r = \dfrac{C_{Ra}}{370} + \dfrac{C_{Tb}}{260} + \dfrac{C_K}{4200}$	主体材料	$\leqslant 1.0$
	空隙率大于 25% 的主体材料及室内装饰装修材料	$\leqslant 1.3$

5.4 耐火性

防水材料、保温材料、PVC 地板、PVC 地板胶、胶粘剂等装饰装修材料的耐火等级应符合 GB 8624 的要求。

5.5 电器安全

开关、插头、插座、电线、电缆、配电箱等电器的安全性应符合 GB 4706.1 的要求。

5.6 金属力学性能

钢筋、型钢、铝合金型材、钢丝网片、防盗门、建筑五金等金属材料的强度、冲击韧性、疲劳韧性等应符合相应国家标准要求。

5.7 身体伤害

在正常且可预见后果的使用条件下，建材及装饰材料对人体的伤害应降至最低，产品使用说明中应告知危害的种类、程度、发生概率及事后紧急处置方法。

5.8 饮用水接触安全

与饮用水、生活水接触的水嘴、管件管材、阀门、卫浴产品应符合表5要求。

表5　浸泡水的卫生要求

项　目	卫生要求	项　目	卫生要求
色	不增加色度	铬（六价）	$\leqslant 0.005$mg/L
浑浊度	增加量$\leqslant 0.5$度	镉	$\leqslant 0.001$mg/L
嗅和味	无异嗅、异味	铅	$\leqslant 0.005$mg/L
肉眼可见物	不产生任何肉眼可见的碎片杂物等	银	$\leqslant 0.005$mg/L
pH	不改变 pH	氟化物	$\leqslant 0.1$mg/L
铁	$\leqslant 0.03$mg/L	硝酸盐（以氮计）	$\leqslant 2$mg/L
锰	$\leqslant 0.01$mg/L	氯仿	$\leqslant 6\mu$g/L
铜	$\leqslant 0.1$mg/L	四氯化碳	$\leqslant 0.3\mu$g/L
锌	$\leqslant 0.1$mg/L	苯并(a)芘	$\leqslant 0.001\mu$g/L
挥发酚类（以苯酚计）	$\leqslant 0.002$mg/L	蒸发残渣	增加量$\leqslant 10$mg/L
砷	$\leqslant 0.005$mg/L	高锰酸钾消耗量（以氧气计）	增加量$\leqslant 2$mg/L
汞	$\leqslant 0.001$mg/L		

十三、建筑装饰工程石材应用安全

《建筑装饰工程石材应用技术规范》

1.0.4　石材装饰应遵循安全、环保、经济、实用、美观的原则，提倡设计、施工、养护一体化，以及石材装饰产品部件工厂化预制化。

1.0.5　装饰石材工程施工安全、劳动保护、防火、防毒应按国家的有关规定执行。

1.0.6　参与建筑装饰工程石材应用的材料生产、加工、设计、施工、护理企业应具备国家和行业规定的资质和能力要求，石材工程应用相关的材料生产、加工、设计、施工、护理专业人员应经过岗位培训具备专业技能。

4.8　安全设计

4.8.1　石材幕墙面板的板块及其支承结构不应跨越主体结构的变形缝。与主体结构变形缝相对应部位的幕墙构造，应能适应主体结构的变形量。

4.8.2　石材幕墙周边宜设置安全隔离带，主要出人口上方应有安全防护设施，人员密集处可采取设置绿化带、有顶棚的走廊等措施。

4.8.3　以铝合金板或镀铝锌钢板为基底的超薄石材复合板可在建筑高度不大于 80m，设防烈度不大于 8 度的石材幕墙中应用，否则应进行充分的技术论证。

4.8.4　室外墙、柱面石材板块的分格应符合建筑外立面设计，且应符合板块连接构造（短槽、通槽、背栓等）的相关要求。当石材板块分格受建筑立面设计局限而不能符合板块连接构造的相关要求时，应有经验算的或技术论证的安全技术措施。

4.8.5　洞石面板影响结构安全的空洞应用同质材料填充密实，填充密实后的强度应经法定检测机构检测，并应符合本规范的要求。

4.8.6　水平悬挂、倾斜挂装及大规格石材线条应有防止石材碎裂坠落的可靠措施。

4.8.7　石材圆柱、方柱、异形柱柱帽、大规格石材线条、倾斜挂装的石材线条应有防倾覆措施设计。

4.8.8　建筑物的石材墙角、柱角设计应充分考虑其承受碰撞、冲击等因素，不宜设计成锐角，具体可参考本规范附录 H。

4.8.9　吊顶石材饰面不得设计为承重构件，严禁采用粘贴法安装。

4.8.10　当建筑装饰设计采用的石材品种强度不符合规范和使用要求时，应对石材采取补强措施来达到设计要求。

4.8.11　吊顶石材饰面设计，应考虑水平防火性能，防火性能应符合现行国家标准《建筑构件耐火试验方法　第 9 部分：非承重吊顶构件的特殊要求》GB/T 9978.9 的规定。

10.6　施工安全

10.6.1　建筑石材装饰施工应遵照国家现行标准《建筑施工高处作业安全技术规范》JGJ 80、《建筑机械使用安全技术规程》JGJ 33、《施工现场临时用电安全技术规范》JGJ 46 的有关规定编写专项工程施工组织设计，施工时应完全遵守经安全评审通过后的专项工程施工组织设计中确定的各项要求。

10.6.2　石材施工用脚手架搭设应符合设计要求，搭设方案应经过安全评审，搭设后经验收合格后方可使用，落地式钢管脚手架应为双排布置。

10.6.3　施工机具在使用前应严格检查，电动工具应进行绝缘测试。

10.6.4　现场焊接锯切割作业时应办理动火证，应有可靠的防火措施，在焊接下方应设防火斗、灭火器、监火员。

10.6.5　施工用吊篮使用前应进行严格的安全检查，通过验收后方可使用。

10.6.6　吊篮操作工须持证上岗。风力达到 5 级及以上时，不应进行吊篮施工。

10.6.7　施工过程中，应及时清理施工现场遗留的杂物，不得从脚手架和吊篮上随意抛掷物品。

13.1.10　石材工程应在安装施工中完成下列隐蔽项目的现场验收，并应有详细的文字记录和必要的图像资料：

　　7　石材板块的防碎裂坠落等安全（增强）措施。

十四、玻璃膜应用安全

《建筑玻璃膜应用技术规程》JGJ/T 351—2015

5.1.2　施工人员应经专业培训。

5.1.6　现场施工、清洗、维护时，应配备必要的防护措施，高处作业应符合现行行业标准《建筑施工高处作业安全技术规范》JGJ 80 的有关规定。

5.1.7 施工应采用专用工具。施工时，环境温度宜为 5～35℃。风力大于 4 级或遇雨、雪、沙尘等天气时，不得进行室外施工。涂膜时空气相对湿度不宜大于 70%。施工时不得损伤玻璃表面。

十五、环境保护之材料有害物质限量

《室内装饰装修材料 人造板及其制品中甲醛释放限量》GB 18580—2017

室内装饰装修材料人造板及其制品中甲醛释放限量值为 $0.124mg/m^3$，限量标识 E_1。

《室内装饰装修材料 溶剂型木器涂料中有害物质限量》GB 18581—2009

产品中有害物质限量应符合表 1 的要求：

表 1 有害物质限量的要求

项 目	限量值				
	聚氨酯类涂料		硝基类涂料	醇酸类涂料	腻子
	面漆	底漆			
挥发性有机化合物（VOC）含理[a]/（g/L） ≤	光泽（60°）≥80，580 光泽（60°）<80，670	670	720	500	550
苯含量[a]/% ≤	0.3				
甲苯、二甲苯、乙苯含量总和[a]/% ≤	30		30	5	30
游离二异氰酸酯（TDI、HDI含量总和[b]/% ≤	0.4		—	—	0.4（限聚氨酯类腻子）
甲醇含量[a]/% ≤			0.3	—	0.3（限硝基类腻子）
卤代烃含量[a,c]/% ≤	0.1				

续表1

项　目		限量值				
		聚氨酯类涂料		硝基类涂料	醇酸类涂料	腻子
		面漆	底漆			
可溶性重金属含量（限色漆、腻子和醇酸清漆）/（mg/kg）≤	铅 Pb	90				
	镉 Cd	75				
	铬 Cr	60				
	汞 Hg	60				

　a 按产品明示的施工配比混合后测定。如稀释剂的使用量为某一范围时，应按照产品施工配比规定的最大稀释比例混合后进行测定。

　b 如聚氨酯类涂料和腻子规定了稀释比例或由双组分或多组分组成时，应先测定固化剂（含游离二异氰酸酯预聚物）中的含量，再按产品明示的施工配比计算混合后涂料中的含量。如稀释剂的使用量为某一范围时，应按照产品施工配比规定的最小稀释比例进行计算。

　c 包括二氯甲烷、1，1-二氯乙烷、1，2-二氯乙烷、三氯甲烷、1，1，1-三氯乙烷、1，2，2-三氯乙烷、四氯化碳。

8 涂装安全及防护

8.1 涂装时应保证室内通风良好。

8.2 涂装时施工人员应穿戴好必要的防护用品。

8.3 涂装完成后继续保持室内空气流通。

《室内装饰装修材料 内墙涂料中有害物质限量》GB 18582—2008

产品中有害物质限量应符合表1的要求。

表1 有害物质限量的要求

项　目	限量值	
	水性墙面涂料[a]	水性墙面腻子[b]
挥发性有机化合物含量（VOC）≤	120g/L	15g/kg
苯、甲苯、乙苯、二甲苯总和/（mg/kg）≤	300	
游离甲醛/（mg/kg）≤	100	

续表1

项 目		限量值	
		水性墙面涂料[a]	水性墙面腻子[b]
可溶性重金属/（mg/kg） ≤	铅 Pb	90	
	镉 Cd	75	
	铬 Cr	60	
	汞 Hg	60	

[a] 涂料产品所有项目均不考虑稀释配比。
[b] 膏状腻子所有项目均不考虑稀释配比；粉状腻子除可溶性重金属项目直接测试粉体外，其余3项按产品规定的配比将粉体与水或胶黏剂等其他液体混合后测度。如配比为某一范围时，应按照水用量最小、胶粘剂等其他液体用量最大的配比混合后测试。

《室内装饰装修材料　胶粘剂中有害物质限量》GB 18583—2008

3.1　室内建筑装饰装修用胶粘剂分类

室内建筑装饰装修用胶粘剂分为溶剂型、水基型、本体型三大类。

3.2　溶剂型胶粘剂中有害物质限量

溶剂型胶粘剂中有害物质限量值应符合表1的规定。

表1　溶剂型胶粘剂中有害物质限量值

项 目	指 标			
	氯丁橡胶胶粘剂	SBS 胶粘剂	聚氨酯类胶粘剂	其他胶粘剂
游离甲醛/（g/kg）	≤0.50		—	—
苯/（g/kg）	≤5.0			
甲苯＋二甲苯/（g/kg）	≤200	≤150	≤150	≤150
甲苯二异氰酸酯/（g/kg）	—		≤10	—

续表1

项　目	指　标			
	氯丁橡胶胶粘剂	SBS 胶粘剂	聚氨酯类胶粘剂	其他胶粘剂
二氯甲烷/（g/kg）	总量≤5.0	≤50	—	≤50
1，2-二氯乙烷/（g/kg）		总量≤5.0		
1，1，2-三氯乙烷/（g/kg）				
三氯乙烯/（g/kg）				
总挥发性有机物/（g/L）	≤700	≤650	≤700	≤700

注：如产品规定了稀释比例或产品有双组分或多组分组成时，应分别测定稀释剂和各组分中的含量，再按产品规定的配比计算混合后的总量。如稀释剂的使用量为某一范围时，应按照推荐的最大稀释量进行计算。

3.3　水基型胶粘剂中有害物质限量值

水基型胶粘剂中有害物质限量值应符合表 2 的规定。

表 2　水基型胶粘剂中有害物质限量值

项　目	指　标				
	缩甲醛类胶粘剂	聚乙酸乙烯酯胶粘剂	橡胶类胶粘剂	聚氨酯类胶粘剂	其他胶粘剂
游离甲醛/（g/kg）	≤1.0	≤1.0	≤1.0	—	≤1.0
苯/（g/kg）	≤0.20				
甲苯十二甲苯/（g/kg）	≤10				
总挥发性有机物/（g/L）	≤350	≤110	≤250	≤100	≤350

3.4　本体型胶粘剂中有害物质限量值

本体型胶粘剂中有害物质限量值应符合表 3 的规定。

表 3　本体型胶粘剂中有害物质限量值

项　目	指　标
总挥发性有机物/（g/L）	≤100

《室内装饰装修材料　木家具中有害物质限量》GB 18584—2001

木家具产品应符合表 1 规定的有害物质限量要求。

表 1　有害物质限量要求

项　目		限量值
甲醛释放量 mg/L		≤1.5
重金属含量（限色漆）mg/kg	可溶性铅	≤90
	可溶性镉	≤75
	可溶性铬	≤60
	可溶性汞	≤60

《室内装饰装修材料　壁纸中有害物质限量》GB 18585—2001

壁纸中的有害物质限量值应符合表 1 规定。

表 1　壁纸中的有害物质限量值　单位为 mg/kg

有害物质名称		限量值
重金属（或其他）元素	钡	≤1000
	镉	≤25
	铬	≤60
	铅	≤90
	砷	≤8
	汞	≤20
	硒	≤165
	锑	≤20
氯乙烯单体		≤1.0
甲醛		≤120

《室内装饰装修材料　聚氯乙烯卷材地板中有害物质限量》GB 18586—2001

3.1　氯乙烯单体限量

卷材地板聚氯乙烯层中氯乙烯单体含量应不大于 5mg/kg。

3.2　可溶性重金属限量

卷材地板中不得使用铅盐助剂；作为杂质，卷材地板中可溶性铅含量应不大于 20mg/m²。

卷材地板中可溶性锡含量应不大于 20mg/m²。

3.3　挥发物的限量

卷材地板中挥发物的限量见表 1。

表 1　挥发物的限量　单位为 g/m²

发泡类卷材地板中挥发物的限量		非发泡类卷材地板中挥发物的限量	
玻璃纤维基材	其他基材	玻璃纤维基材	其他基材
≤75	≤35	≤40	≤10

《室内装饰装修材料　地毯、地毯衬垫及地毯胶粘剂有害物质释放限量》GB 18587—2001

4.1　限量及分级规定

地毯、地毯衬垫及地毯胶粘剂有害物质释放限量应分别符合表 1、表 2、表 3 的规定。

A 级为环保型产品，B 级为有害物质释放限量合格产品。

表 1　地毯有害物质释放限量　单位为 mg/(m²·h)

序号	有害物质测试项目	限量	
		A 级	B 级
1	总挥发性有机化合物（TVOC）	≤0.500	≤0.600
2	甲醛（Formaldechyde）	≤0.050	≤0.050
3	苯乙烯（Styrene）	≤0.400	≤0.500
4	4-苯基环己烯（4—Phenylcyclohexene）	≤0.050	≤0.050

表 2　地毯衬垫有害物质释放限量　单位为 mg/(m²·h)

序号	有害物质测试项目	限量	
		A 级	B 级
1	总挥发性有机化合物（TVOC）	≤1.000	≤1.200
2	甲醛（Formaldehyde）	≤0.050	≤0.050

续表2

序号	有害物质测试项目	限量	
		A 级	B 级
3	丁基羟基甲苯 (BHT-butylated hydroxytoluene)	≤0.030	≤0.030
4	4-苯基环己烯 (4-Phenylcyclohexene)	≤0.050	≤0.050

表3　地毯胶粘剂有害物质释放限量　单位为 mg/(m² · h)

序号	有害物质测试项目	限量	
		A 级	B 级
1	总挥发性有机化合物（TVOC）	≤10.000	≤12.000
2	甲醛（Formaldehyde）	≤0.050	≤0.050
3	2-乙基己醇 (2-ethyl-1-hexanol)	≤3.000	≤3.500

《室内装饰装修材料　水性木器涂料中有害物质限量》GB 24410—2009

产品中有害物质限量应符合表1的要求。

表1　有害物质限量的要求

项　目	限量值	
	涂料[a]	腻子[b]
挥发性有机化合物含量　　　　　　　≤	300g/L	60g/kg
苯系物含量（苯、甲苯、乙苯和二甲苯总和）/（mg/kg）　　　　　　　≤	300	
乙二醇醚及其酯类含量（乙二醇甲醚、乙二醇甲醚醋酸酯、乙二醇乙醚、乙二醇乙醚醋酸酯、二乙二醇丁醚醋酸酯总和）/（mg/kg）≤	300	

《建筑用外墙涂料中有害物质限量》GB 24408—2009

产品中有害物质限量应符合表1的要求。

表 1 有害物质限量的要求

项 目		限量值					
		水性外墙涂料			溶剂型外墙涂料 （包括底漆和面漆）		
		底漆[a]	面漆[a]	腻子[b]	色漆	清漆	闪光漆
挥发性有机化合物（VOC）含量/ （g/L） ≤		120	150	15g/kg	680[c]	700[c]	760[c]
苯含量[c]/% ≤		—			0.3		
甲苯、乙苯和二甲苯含量总和[c]/% ≤		—			40		
游离甲醛含量/（mg/kg） ≤		100			—		
游离二异氰酸酯（TDI 和 HDI 含量 总和[d]/% ≤ （限以异氰酸酯作为固化剂的溶剂型 外墙涂料）		—			0.4		
乙二醇醚及醚酯含量总和[a,b,c]/% ≤ （限乙二醇甲醚、乙二醇甲醚醛酸 酯、乙二醇乙醚、乙二醇乙醚醋酸酯 和二乙二醇丁醚醋酸酯）		0.03					
重金属含量/（mg/kg） ≤ （限色漆和腻子）	铅（Pb）	1000					
	镉（Cd）	100					
	六价铬 （Cr[6+]）	1000					
	汞（Hg）	1000					

[a] 水性外墙底漆和面漆所有项目均不考虑稀释配比。

[b] 水性外墙腻子中膏状腻子所有项目均不考虑稀释配比；粉状腻子除重金属项目直接测试粉体外，其余三项是指按产品明示的施工配比将粉体与水或胶粘剂等其他液体混合后测试。如施工配比为某一范围时，应按照水用量最小、胶粘剂等其他液体用量最大的施工配比混合后测试。

[c] 溶剂型外墙涂料按产品明示的施工配比混合后测定。如稀释剂的使用量为某一范围时，应按照产品施工配比规定的最大稀释比例混合后进行测定。

[d] 如果产品规定了稀释比例或由双组分或多组分组成时，应先测定固化剂（含二异氰酸酯预聚物）中的二异氰酸酯含量，再按产品明示的施工配比计算混合后涂料中的含量。如稀释剂的使用量为某一范围时，应按照产品施工配比规定的最小稀释比例进行计算。

第七篇　地基基础岩土及地下施工安全

一、岩土工程勘察

《岩土工程勘察外业操作规程》

8　安全操作规定

8.1　一般规定

8.1.1　勘察单位应建立安全生产保证体系，贯彻安全第一、预防为主方针。

8.1.2　对从业人员应定期进行安全生产教育和安全生产操作技能培训，实施先培训后上岗；关键岗位持证上岗，定期考核。

8.1.3　勘探作业区应有标识和防护措施，防止无关人员进入。在交通要道区域作业时，应在来车方向前方设置警示标志，配备安全瞭望人员，保证作业人员安全。

8.1.4　在使用明火有限制要求的区域作业时，应严格遵守相关动火规定，采取消防措施。

8.2　人员安全

8.2.1　外业作业前应进行安全交底，安全交底应内容具体、要求明确、操作性强，并留有必要记录。

8.2.2　作业人员应配备符合国家标准的劳动防护用品，正确使用劳动保护用品。进入作业现场必须戴安全帽、穿工作鞋，登高作业系安全带。

8.2.3　作业人员应熟知并严格执行安全操作规程，努力提高技术水平和安全保护能力。作业人员对不能保证人身安全的作业指令，有权拒绝执行。

8.2.4　夏季作业应调整作息时间，避开高温时段，做好防暑降温工作。

8.2.5　冬季勘察作业人员应穿戴防寒劳动保护用品；雨雪冰冻天气，应对作业场地采取防滑措施，或停止勘察外业作业。

8.2.6　夜间作业应有充足的照明。

8.2.7　台风及雷雨季节应检查钻探设备及临时供电线路，防止钻架倒塌及雷击伤人。

8.2.8 水上作业注意事项：

1 在航道上进行钻探，勘探船及锚位应悬挂信号旗、信号灯，并有专人负责瞭望，指挥过往船只避让通行，确保水上勘探安全；必要时，应请港监部门专职人员维护航行安全；

2 勘探船只应配备足够的救生衣、救生圈等防护用品，水上作业时应穿救生衣，上下船应架设稳固坚实的跳板；

3 紧急情况下勘探船需暂离孔位时，应设置孔位浮标或在护套管上设置明显标志。

8.2.9 在地下管线密集地段开孔时，宜垂直管线走向人工开挖探槽至管线底部标高处，或在孔位、锚位处用小螺纹钻探明是否存在管线等，严禁使用机械挖掘或重锤锤击；应特别注意对地下深部非开挖管线的定位和避让。

8.2.10 钻孔、泥浆池应及时回填，防止意外伤害。

8.3 用电安全

8.3.1 竖立的钻杆顶端与高压线的最小安全距离应符合有关规定。

8.3.2 接驳供电线路，拆装和维修用电设备应由持证电工完成，严禁带电作业。

8.3.3 勘探作业现场开关箱应采用"一机、一闸、一漏、一箱"制原则，防止发生误操作。一个开关箱严禁控制2台及以上用电设备。

8.3.4 配电箱电源进线宜采用三相五线制供电，并有接零、接地装置。

8.3.5 拖线箱作为移动式配电装置，应有可靠的防雨措施和接地（接零）保护；电缆应防止车辆碾压和人员踩踏，必要时应架空。

8.3.6 电线接头应用绝缘布包扎不少于三层；电线规格应大于电机容量，且绝缘性能良好；大捆导线通电时应散开，以防发热。

8.3.7 各种熔断器的熔丝应合理选用，严禁使用铁丝、铝丝等替代熔丝。

8.3.8 电动机停止运行前，应先卸去荷载，后切断电源，将启动开关置于停止位置。

8.3.9 照明电源与动力电源应分开设置，并宜分箱，照明电采用单相三线制供电。

8.3.10 接零或接地应可靠，接地电阻不得大于 4Ω。

8.3.11 电气设备运行如有异常，应立即停电检查；电气设备如起火，可用砂、土扑灭，严禁用水浇。

8.3.12 发生触电事故应立即切断电源，严禁未切断电源直接接触触电者。

8.3.13 用电系统跳闸后，应先查明原因，在排除故障后再送电，严禁强行送电。

8.4 设备安全

8.4.1 勘探作业人员应按设备使用说明书的要求操作。

8.4.2 勘探设备动力传动部分应安装安全防护装置，各种安全防护装置、报警装置和监测仪表应完好，定期进行检查和保养，消除事故隐患，不得使用安全防护装置不完整或有故障的勘探设备。

8.4.3 禁止设备超负荷运行。

8.4.4 冬季外业勘察，每日工作完毕，应将水泵、泥泵的阀门打开，将剩水、剩泥浆排除，防止冻裂缸体。勘探机械应添加防冻液，使用冬季柴油。

二、建筑地基基础工程施工

《建筑地基基础工程施工规范》GB 51004—2015

9.4.6 放坡开挖施工的安全与防护应符合下列规定：

　　1 边坡顶面应设置有效的安全围护措施，边坡场地内应设置人员及设备上下的坡道，严禁在坡壁掏坑攀登上下；

　　2 边坡分段、分层开挖时，不得超挖，严禁负坡开挖；

　　3 重型机械在坡顶边缘作业宜设置专门平台，土方运输车辆应在设计安全防护距离以外行驶，应限制坡顶周围有振动荷载作用；

4 在人工和机械同时作业的场地，作业人员应在机械作业状态下的回转半径以外工作；

5 土方开挖较深时应采取防止坡底土层隆起的措施；

6 雨期或冬期施工时，应做好排水和防冻措施；

7 土质及易风化的岩质坡壁，应根据土质条件、施工季节及边坡的使用时间对坡面和坡脚采取相应的保护措施。

10 安全与绿色施工

10.0.1 施工安全应符合现行行业标准《建筑施工安全检查标准》JGJ 59 的有关规定。

10.0.2 操作人员应经过安全教育后进场。施工过程中应定期召开安全工作会议及开展现场安全检查工作。

10.0.3 机电设备应由专人操作，并应遵守操作规程。

10.0.4 施工机械应经常检查其磨损程度，并应按规定及时更新。施工机械的使用应符合现行行业标准《建筑机械使用安全技术规程》JGJ 33 的规定。

10.0.5 施工临时用电应符合现行行业标准《施工现场临时用电安全技术规范》JGJ 46 的规定。

10.0.6 焊、割作业点，氧气瓶、乙炔瓶、易燃易爆物品的距离和防火要求应符合有关规定。

10.0.7 相邻基坑工程同时或相继施工时，应先协调施工进度，避免造成不利影响。

10.0.8 工程桩为打入桩的基坑工程，严禁工程桩与围护桩同时施工。

10.0.9 沉桩时减少振动与挤土的措施宜为开挖防震沟、控制沉桩速率、预钻孔沉桩、设置砂井或塑料排水板、设置隔离桩、合理安排沉桩流程。

10.0.10 拆除支撑应按设计确定的工况进行，并遵循先换撑、后拆撑的原则。采用爆破法拆除时应遵守当地政府的规定。

10.0.11 在饱和软土地区进行振冲置换、打入桩、搅拌桩、压桩、强夯、堆载施工时，应对孔隙水压力和土体位移进行监测。

10.0.12 人工挖孔或挖孔扩底灌注桩施工应采取下列安全措施：

　　1 孔内应设置应急软爬梯，使用的电葫芦、吊笼应配有自动卡紧保险装置，电葫芦应采用按钮式开关，使用前应检验其起吊能力；

　　2 桩身混凝土终凝前，相邻 10m 范围内应停止挖孔作业，孔底不得留人；

　　3 孔内作业照明应采用 12V 以下的安全灯；

　　4 施工期间，应加强对地下水和有毒气体的监测。

10.0.13 人工挖孔或挖孔扩底灌注桩施工中应采取下列安全技术措施：

　　1 施工中的桩孔应设置半圆形安全防护板，暂停施工时应加盖盖板或钢管网片；

　　2 挖出的土石方不得堆放在孔口周边，车辆通行不应影响井壁安全；

　　3 每日开工前应检测井下的有毒气体，桩孔开挖深度大于 10m 时，应有专门向井下送风的设备，送风量不宜少于 25L/s；

　　4 护壁应高于地面 200mm，孔口四周应设置安全护栏，护栏高度宜为 1.2m。

10.0.14 施工前应制定保护建筑物、地下管线安全的技术措施，并应标出施工区域内外的建筑物、地下管线的分布示意图。

10.0.15 临时设施应建在安全场所，临时设施及辅助施工场所应采取环境保护措施，减少土地占压和生态环境破坏。

10.0.16 施工过程的环境保护应符合现行行业标准《建设工程施工现场环境与卫生标准》JGJ 146 的有关规定。

10.0.17 施工现场应在醒目位置设环境保护标识。

10.0.18 施工时应对文物古迹、古树名木采取保护措施。

10.0.19 危险品、化学品存放处应隔离，污物应按指定要求排放。

10.0.20　施工现场的机械保养、限额领料、废弃物再生利用等制度应健全。

10.0.21　施工期间应严格控制噪声，并应符合现行国家标准《建筑施工场界环境噪声排放标准》GB 12523 的规定。

10.0.22　施工现场应设置排水系统，排水沟的废水应经沉淀过滤达到标准后，方可排入市政排水管网。运送泥浆和废弃物时应用封闭的罐装车。

10.0.23　基坑工程施工时应从支护结构施工、降水及开挖三个方面分别采取减小对周围环境影响的措施。

10.0.24　施工现场出入口处应设置冲洗设施、污水池和排水沟，应由专人对进出车辆进行清洗保洁。

10.0.25　夜间施工应办理手续，并应采取措施减少声、光的不利影响。

《建筑地基基础工程施工质量验收规范》GB 50202—2012

3.0.1　地基基础工程施工前，必须具备完备的地质勘察资料及工程附近管线、建筑物、构筑物和其他公共设施的构造情况，必要时应作施工勘察和调查以确保工程质量及邻近建筑的安全。施工勘察要点详见附录 A。

3.0.2　施工单位必须具备相应专业资质，并应建立完善的质量管理体系和质量检验制度。

3.0.3　从事地基基础工程检测及见证试验的单位，必须具备省级以上（含省、自治区、直辖市）建设行政主管部门颁发的资质证书和计量行政主管部门颁发的计量认证合格证书。

3.0.5　施工过程中出现异常情况时，应停止施工，由监理或建设单位组织勘察、设计、施工等有关单位共同分析情况，解决问题，消除质量隐患，并应形成文件资料。

6.1.2　当土方工程挖方较深时，施工单位应采取措施，防止基坑底部土的隆起并避免危害周边环境。

7.1.5　基坑（槽）、管沟土方施工中应对支护结构、周围环境进行观察和监测，如出现异常情况应及时处理，待恢复正常后方可继续施工。

7.1.7　基坑（槽）、管沟土方工程验收必须确保支护结构安全和周围环境安全为前提。

7.2.4　在含水地层范围内的排桩墙支护基坑，应有确实可靠的止水措施，确保基坑施工及邻近构筑物的安全。

7.4.4　每段支护体施工完后，应检查坡顶或坡面位移、坡顶沉降及周围环境变化，如有异常情况应采取措施，恢复正常后方可继续施工。

7.8.1　降水与排水是配合基坑开挖的安全措施，施工前应有降水与排水设计。当在基坑外降水时，应有降水范围的估算，对重要建筑物或公共设施在降水过程中应监测。

A.5.1　施工勘察报告应包括下列主要内容：
　　4　工程安全性评价。

三、地下混凝土结构施工

《地下混凝土结构防裂技术规程》

6.7　安全施工

6.7.1　混凝土工程施工的安全技术必须遵守现行的建筑施工安全技术规定。

6.7.2　在楼面或脚手架上堆放混凝土拌合物或其他物料时应轻放。

6.7.3　楼面和脚手架上的各种施工荷载，不得超过其允许荷载。

6.7.4　张拉预应力钢筋时，作业人员不得站在预应力筋的两端，并应在张拉千斤顶的后面设防护装置。

四、筏形与箱形基础施工

《高层建筑筏形与箱形基础技术规范》JGJ 6—2011

7.1　施工一般规定

7.1.4　对下列基坑的施工方案应组织专家进行可行性和安全性论证：

1 重要建（构）筑物附近的基坑；

2 工程地质条件复杂的基坑；

3 深度超过 5m 的基坑；

4 有特殊要求的基坑。

7.3 基坑开挖

7.3.3 当支护结构的水平位移和周围建（构）筑物的沉降达到预警值时，应加强观测，并分析原因；达到控制值时，应采取应急措施，确保基坑及周围建（构）筑物的安全。

7.3.6 基坑周边的施工荷载严禁超过设计规定的限值，施工荷载至基坑边的距离不得小于 1m。当有重型机械需在基坑边作业时，应采取确保机械和基坑安全的措施。

7.3.13 在软土地区地面堆土时应均衡进行，堆土量不应超过地基承载力特征值，不应危及在建和既有建筑物的安全。

五、建筑边坡工程鉴定与加固

《建筑边坡工程鉴定与加固技术规范》GB 50843—2013

3 基本规定

3.1 一般规定

3.1.3 加固后的边坡工程应进行正常维护，当改变其用途和使用条件时应进行边坡工程安全性鉴定。

3.1.4 既有边坡工程鉴定、加固设计、施工、监测、监理和验收应由具有相应资质的单位和有经验的专业技术人员承担。

3.2 边坡工程鉴定

3.2.1 边坡工程鉴定适用于建筑边坡工程安全性、正常使用性、耐久性和施工质量等的鉴定。

3.2.4 鉴定对象的目标使用年限，应根据边坡工程的使用历史、当前的工作状态和今后的使用要求确定。对边坡工程不同鉴定单元，根据其安全等级可确定不同的目标使用年限。

3.3 边坡工程加固设计

3.3.1 下列情况的边坡工程应进行加固设计：

2 使用条件有重大变化或改造可能影响安全的边坡工程；

3 遭受灾害及已发生安全事故的边坡工程；

3.3.3 边坡加固工程安全等级应按现行国家标准《建筑边坡工程技术规范》GB 50330 的规定确定。当边坡的使用条件和环境发生改变，使边坡工程损坏后造成的破坏后果的严重性发生变化时，加固边坡工程安全等级应作相应的调整。

3.3.6 边坡工程的加固方案设计应符合下列规定：

5 边坡加固工程设计应考虑景观及环保要求，做到美化环境，保护生态。

5 边坡工程鉴定

5.1 一般规定

5.1.2 在下列条件下，应进行边坡工程安全性鉴定：

2 存在较严重的质量缺陷或出现影响边坡工程安全性、适用性或耐久性的材料劣化、构件损伤或其他不利状态时；

3 对邻近建筑物安全有影响时；

8 使用性鉴定中发现安全性问题时。

5.2 鉴定的程序与工作内容

5.2.3 鉴定方案应根据鉴定对象的特点和初步调查的结果，鉴定的目的、范围、内容和要求制定。鉴定方案宜包括下列内容：

8 检测中的安全措施；

9 检测中的环保措施。

5.2.4 详细调查与检测宜根据实际需要选择下列工作内容：

5 附属工程的检查和检测；重点检查边坡工程排水系统的设置和其排水功能，对其他影响安全的附属结构也应进行检查。

5.2.5 根据详细调查与检测数据，对各鉴定单元的安全性进行分析与验算，包括整体稳定性和局部稳定性分析，支护结构、构件的安全性、正常使用性和耐久性分析及出现问题的原因分析。

5.2.7 边坡工程可划分成若干鉴定单元进行鉴定评级，并应符合下列规定：

1 安全性评级分为四个等级，正常使用性评级分为三个等级；

3 当鉴定单元不能细分为构件、子单元时，应根据鉴定单元的实际检测数据，直接对其安全性进行评级；

10 加固工程施工及验收

10.1 一般规定

10.1.1 既有边坡加固工程应根据其加固前现状、工程地质和水文地质、加固设计文件、鉴定结果、安全等级、边坡环境等条件编制施工方案，采取适当的措施保证施工安全。

10.1.2 对不稳定或欠稳定的边坡工程，应根据加固前边坡工程已发生的变形迹象、地质特征和可能发生的破坏模式等情况，采取有效的措施增加边坡工程稳定性，确保边坡工程和施工安全。严禁无序大开挖、大爆破作业。

10.2 施工组织设计

10.2.1 边坡加固工程施工组织设计应包括下列内容：

3 施工方案

拟定施工场地平面布置、边坡加固施工合理的施工顺序、施工方法、监测方案，尽量避免交叉作业、相互干扰；施工最不利工况的安全性验算应符合现行国家标准《建筑边坡工程技术规范》GB 50330 的有关规定。

4 施工措施及要求

应有质量保证体系和措施、安全管理和文明施工、环保措施；施工技术管理人员应具有边坡加固工程施工经验。

5 应急预案

根据可能的危险源、现场地形、地貌等基本情况，编制应急预案。

10.3 施工险情应急措施

10.3.2 当边坡工程变形过大，变形速率过快，周边建筑物、地面出现沉降开裂等险情时应暂停施工，根据险情原因选择下列应急措施：

7 危及相关人员安全和财产损失时应撤出边坡加固工程影响范

围内的人员及财产。

六、地下建筑逆作法施工

《地下建筑工程逆作法技术规程》JGJ 165—2010

6　施工

6.1　一般规定

1　在地下建筑工程逆作法施工前，应编制详细的施工组织设计和安全措施。

3　在地下建筑工程逆作法施工前应向施工班组进行施工方案、安全措施交底。

6.2　地下水控制

6.2.2　当因降水而危及工程及周边环境安全时，宜采用截水或回灌方法。

6.6　水平结构施工

6.6.2　水平结构施工时应优先利用土胎模，当土质不满足要求时，应采用其他支模方式浇筑梁板水平结构，应复核围护结构在此工况下的稳定性和安全性。

《逆作法施工技术规程》

3.0.12　逆作法施工中应采取有效的安全及作业环境控制措施，应根据环境及施工方案要求设置通风、排气及照明设施。

4.1.5　围护结构施工应严格执行职业健康安全和环境保护的有关规定，做好废浆渣土的外运和排放，严禁违章排放。

10.1.1　基坑开挖前应编制详细的专项挖土施工方案，方案应包括如下内容：质量、安全、文明与环境保护措施。

13　施工安全与作业环境控制

13.1　一般规定

13.1.1　逆作法施工过程中的安全与降噪、除尘和空气污染防护、照明及电力设施除了应符合本规程的要求外，尚应符合现行行业标准《建筑施工安全检查标准》JGJ 59、《建筑施工现场环境与卫生标准》JGJ 146 的有关规定。

13.1.2　逆作法工程施工过程中应采取下列措施控制噪声污染：

　　1　宜优先选用低噪声的机械，固定式机械宜安装隔声罩；

　　2　应经常对机械设备进行维修保养；

　　3　进入施工现场后车辆禁止高声鸣笛；

　　4　应按现行国家标准《建筑施工场界环境噪声排放标准》GB 12523 的规定，严格控制施工期间的噪声。

13.1.3　临时用电应按《施工现场临时用电安全技术规范》JGJ 46 进行接地保护。

13.1.4　按照总平面布置图的要求保证施工现场道路畅通，通道上不得堆放各种设备、材料和杂物，保证施工现场排水系统良好，现场无积水现象。

13.1.5　闲置取土口、楼梯孔洞及交通要道应搭设防护设施。

13.2　通风排气

13.2.1　在浇筑地下室各层楼板时，按挖土行进路线应预先留设通风口，随地下挖土工作面的推进，通风口露出部位应及时安装通风及排气设施。地下室空气成分应符合国家有关安全卫生标准。

13.2.2　通风及排气设施应结合基坑规模、施工季节、地质情况、风机类型和噪声等因素综合选择。

13.2.3　逆作法通风排气设施宜采用轴流风机，风机应具有防水、降温和防雷击设施。

13.2.4　风机表面应保持清洁，进、出风口不得有杂物，应定期清除风机及管道内的灰尘等杂物。

13.2.5　风机在运行过程中如发现风机有异常声、电机严重发热、外壳带电、开关跳闸、不能启动等现象，应立即停机检查。不得在风机运行中维修，检修后应试运转 5min 左右，确认无异常现象方可开机运转。

13.2.6　风管的设置和安装应符合下列规定：

　　1　风管的直径应根据最大送风量、风管长度等计算确定；

　　2　风管应敷设牢固、平顺，接头严密，不漏风；

    3   风管不应妨碍运输、影响挖土及结构施工；

    4   风管使用中应有专人负责检查、养护。

13.3   照明及电力设施

13.3.1   逆作法施工中自然采光不满足施工要求时应单独编制专项照明用电方案。

13.3.2   每层地下室应根据施工方案及相关规范要求装置足够的照明设备及电力插座。

13.3.3   逆作法地下室施工应设一般照明、局部照明和混合照明。在一个工作场所内不得只设局部照明。

13.3.4   现场照明应采用高光效、长寿命、低能耗的照明光源。对需大面积照明的场所，应采用高压汞灯、高压钠灯或混光用的卤钨灯等。照明器具和器材的质量应符合国家现行有关强制性标准的规定，不得使用绝缘老化或破损的器具和器材。

13.3.5   照明灯具应置于预先制作的标准灯架上，灯架应固定在支承柱或结构楼板上。

13.3.6   地下施工动力、照明线路应设置专用的绝缘防水线路，宜设置在楼板、梁、柱等结构中，严禁将线路架设在脚手架、钢支承柱及其他设施上。

13.3.7   随着地下工作面的推进，电箱至各电器设备的线路均应采用双层绝缘电线，并架空铺设。

七、沉井与气压沉箱施工

《沉井与气压沉箱施工技术规程》

8   安全与环境保护

8.0.1   施工过程的安全和环境保护应符合现行行业标准《建筑施工安全检查标准》JGJ 59、《建筑施工现场环境与卫生标准》JGJ 146 的有关规定。

8.0.2   施工机械的使用应符合现行行业标准《建筑机械使用安全技术规程》JGJ 33 的规定。

8.0.3   施工临时用电应符合现行行业标准《施工现场临时用电

安全技术规定》JGJ 46 的规定，对沉箱工程应配备备用电源。

8.0.4　操作人员进场，应经过安全教育。施工过程中，定期召开安全工作会议，定期开展现场安全检查工作。

8.0.5　沉箱施工作业人员从常压进入高压或从高压回到常压均应符合相关操作程序与规定。

8.0.6　机电设备应专人操作，操作时应遵守操作规程。特殊工种（电工、焊工、机操工等）及小型机械工应持证上岗。

8.0.7　施工现场应设置排水系统。排水系统严禁与泥浆系统串联，严禁向排水系统排放泥浆。

8.0.8　施工期间，施工现场周围应设置防护栏，防止非作业人员进入施工场地。

8.0.9　施工现场出入口处应设置冲洗设施、污水池和排水沟，由专人对进出车辆进行清洗保洁。

8.0.10　沉井与沉箱施工时外排脚手架应与模板脱开。

8.0.11　应按现行国家标准《建筑施工场界环境噪声排放标准》GB 12523 的规定，在施工期间严格控制噪声。

8.0.12　施工过程中产生的废土、渣土应集中堆放，及时清理。堆放处应选择在不影响施工安全和操作条件的场地，底面应硬化处理，周边应有矮墙围挡，上有遮挡。

8.0.13　施工期间产生的废土、渣土等由于场地限制而需要外运，外运车辆应为密封车或有遮盖自卸车，车辆及车胎应保持干净，不沾带泥块等杂物，防止污染道路。

8.0.14　施工期间产生的废弃泥浆应经过沉淀、过滤等措施处理达标后，方可进行排放。

8.0.15　施工期间，在施工现场所产生的施工废水应经过沉淀过滤达到国家标准后，方可排入公用市政排水管网。

8.0.16　沉箱在施工过程中执行换气时应先测试其是否含有害气体。如果含有有害气体，按缺氧换气的方法排出有害气体，有毒气体的排放应符合国家规定的允许排放值。

8.0.17　施工现场各作业场地均应设置必要的消防器材，应根据火灾的预想性质及周围的环境合理选择。

8.0.18 夜间施工应办理相关手续，并应采取措施减少声光的不利影响。

八、地下连续墙施工

《地下连续墙施工规程》

11 职业健康与安全措施

11.0.1 施工过程的安全应符合现行行业标准《建筑施工安全检查标准》JGJ 59 的有关规定。

11.0.2 操作人员进场，应经过安全教育。施工过程中，定期召开安全工作会议，定期开展现场安全检查工作。

11.0.3 机电设备应专人操作，操作时应遵守操作规程。特殊工种（电工、焊工、机操工等）及小型机械工应持证上岗。

11.0.4 在保护设施不齐全、监护人不到位的情况下，严禁人员下槽、孔内清理障碍物。

11.0.5 应经常检查各种卷扬机、成槽机、起重机钢丝绳的磨损程度，并按规定及时更新。

11.0.6 外露传动系统应有防护罩，转盘方向轴应设有安全警告牌。

11.0.7 起重机尾部 600mm 回转半径内不应有障碍物；起重机吊钢筋笼时，应先吊离地面 200mm～500mm，检查起重机的稳定性、制动器的可靠性、吊点和钢筋笼的牢固程度，确认可靠后才能继续起吊。

11.0.8 成槽机、起重机工作时，吊臂下严禁站人。

11.0.9 风力大于 6 级时，应停止钢筋笼及预制地下连续墙板的起吊工作。

11.0.10 施工机械的使用应符合现行行业标准《建筑机械使用安全技术规程》JGJ 33 的规定。

11.0.11 施工临时用电应符合现行行业标准《施工现场临时用电安全技术规定》JGJ 46 的规定。

11.0.12 焊、割作业点，氧气瓶、乙炔瓶、易燃易爆物品的距离和防火要求应符合有关规定。

12 环境保护措施

12.0.1 施工过程的环境保护应符合现行行业标准《建筑施工现场环境与卫生标准》JGJ 146 的有关规定。

12.0.2 施工前应制定建筑物、地下管线安全的保护技术措施，并标出施工区域内外的建筑物、地下管线的分布示意图。

12.0.3 施工前应对周边建筑物、管线进行调查摸底，制定监测方案，对需重点保护的建筑物、管线应进行必要的评估，并委托有资质的监测单位进行监测。

12.0.4 地下连续墙施工过程中应采取下列措施控制噪声污染：

    1 应选用低噪声的机械，固定式机械应安装隔声罩。

    2 应经常对机械设备进行维修保养，确保完好且处于正常工作状态。

    3 应按现行国家标准《建筑施工场界环境噪声排放标准》GB 12523 的规定，严格控制施工期间的噪声。

12.0.5 地下连续墙施工过程中泥浆排放应符合下列要求：

    1 废弃泥浆和污水未经处理严禁排入下水道和河流中。

    2 在设置废弃物处理设施时，应注意环境的保护。

    3 废土、渣土、废泥浆的处置应符合有关部门的规定。

    4 施工过程产生的废土、渣土及废泥浆应集中堆放。

    5 运送泥浆和废弃物时要用封闭的罐装车，不得有撒落、溢出或泄漏现象。

12.0.6 地下连续墙成槽过程中应选用合适的槽壁稳定措施，减小对周边环境的影响。

12.0.7 施工现场应设置排水系统，泥浆废水应经沉淀过滤达到标准后，方可排入市政排水管网。

12.0.8 施工现场出入口处应设置冲洗设施，由专人对进出车辆进行清洗保洁。

12.0.9 夜间施工应办理相关手续，并采取措施减少声、光的不利影响。

九、灌注桩施工

《建筑桩基技术规范》JGJ 94—2008

6.2.10 灌注桩施工现场所有设备、设施、安全装置、工具配件以及个人劳保用品必须经常检查，确保完好和使用安全。

《振动（冲击）沉管灌注桩施工及验收规程》

7　安全措施与环境保护

7.1　安全措施

7.1.1 施工开始前应制订安全应急预案，所有人员应经过安全教育和培训考核合格后，方可上岗，并做好对现场施工人员的安全技术交底工作。

7.1.2 实行定机定人定岗位责任制，操作人员必须体检合格，经过安全技术专业培训、考核合格取得操作证后，方可持证上岗；特种作业人员需经过安全技术交底后，方可持证上岗。

7.1.3 施工机械的架立和移动应平稳可靠。机械上的各种安全防护和保险装置及安全信息装置必须齐全有效。

7.1.4 沉管困难或缓慢时，宜在桩管入土 1.5m 以上后对桩管加压。加压时，桩架前端抬起高度不应超过 50mm。

7.1.5 施工机械有异响时，必须立即切断电源停机检查，排除故障。严禁施工机械带病作业。

7.1.6 现场所有人员必须佩戴安全帽；桩架检修及保养的人员在高处作业时，必须系安全带，并切断该设备电源；水泥投放及搅拌机操作人员应佩戴防尘口罩。

7.1.7 桩架与架空电线的安全距离，应视其电压大小按现行的相关标准规定执行。

7.1.8 当遇到 6 级以上大风等恶劣气候应停止作业，必要时应采取增垫枕木、拉缆风绳等加固措施。

7.1.9 当日停止成桩前宜将桩管沉入土中 3.0m～5.0m，关闭好电气和刹车装置，切断电源，加锁开关箱。

7.1.10 成桩过程中如遇地面隆起或下陷时，应随时采取道轨垫平或调平措施调整桩架。

7.2 环境保护

7.2.1 施工中应采取措施来减弱振动对周围建筑物的影响，在有条件的情况下可通过试成桩和现场振动测试来评判施工工艺对周围建筑物的影响程度。

7.2.2 居民区、闹市区、噪声敏感建筑区施工应设置防噪声隔声设施且不应在夜间施工。

7.2.3 施工现场作业时应避免扬尘，混凝土的搅拌应封闭，现场覆土和砂石料应覆盖，进出场区的道路应采取喷水降尘措施。

7.2.4 施工现场的污水排放应符合相关标准规定。所有设备应经常进行维护，不应漏油污染场地。

《旋挖成孔灌注桩施工安全技术规程》

9 环境保护

9.0.1 施工前应对旋挖成孔灌注桩施工过程中可能产生的噪声、振动、渣土、泥浆、光照等进行环境因素识别，对重要环境因素应制定控制措施。

9.0.2 施工现场应设置排水系统，排水系统严禁与稳定液循环系统串联，严禁向排水系统排放稳定液。

9.0.3 稳定液废液在排放前，必须进行无害化处理。稳定液废液宜采取固态和液态分离，分离出的固体物宜进行固化处理。

9.0.4 施工过程应采取防尘、减振、降噪措施。

9.0.5 夜间施工应采取光污染控制与防护措施。

9.0.6 现场油料应储存在固定场所并做防渗漏处理；废弃油料应统一收集并进行无害化处理。

《旋挖成孔灌注桩施工技术规程》

10 施工安全与环境保护

10.1 施工安全

10.1.1 开钻前，钻机驾驶员发出信号，确认安全后方可启动钻机，钻机操作过程中应平稳，不宜紧急制动。当钻具未离开工作面时，不得作回转、行走等动作。钻具升降不得过猛，下降时不得碰撞车架或履带。

10.1.2　配合钻机及附属设备作业的人员，应在钻机的回转半径以外工作，当在回转半径内作业时，必须由专人协调指挥。

10.1.3　施工前应对地下水和易发生坍塌的地层进行认真研究，对可能发生的孔内事故应事先作好预案，并做好准备。

10.1.4　成孔前和每次提出钻斗时，应检查钻斗和钻杆连接销子、钻斗门连接销子以及钢丝绳的状况，并应清除钻斗上的渣土。

10.1.5　水上作业应有作业人员和施工设备应急预案。

10.1.6　施工开挖的沟、洞和施工完毕的桩孔必须加盖安全网盖，泥浆池四周应设防护栏杆。

10.1.7　施工机械的使用应符合现行行业标准《建筑机械使用安全技术规程》JGJ 33 的规定。

10.1.8　施工临时用电应符合现行行业标准《施工现场临时用电安全技术规程》JGJ 46 的规定。

10.1.9　施工过程的安全检查应符合现行行业标准《建筑施工安全检查标准》JGJ 59 的有关规定。

10.2　环境保护

10.2.1　施工现场应设置排水系统，排水系统严禁与稳定液循环系统串联，严禁向排水系统排放稳定液，排水沟的废水应经沉淀过滤达到标准后方可排入市政排水管网。

10.2.2　稳定液沟池设置的截面或容积应满足施工所需的稳定液循环量的需要。稳定液沟池应经常清理、保证稳定液正常循环防止外溢。

10.2.3　施工过程产生的废土、渣土及废弃稳定液应及时外运。外运车辆应为密封车或有遮盖自卸车，车辆及车胎应保持干净。

10.2.4　稳定液应循环利用。废弃稳定液应进行处理，不得污染环境。

10.2.5　渣土、废弃稳定液的处置应符合有关环境保护的规定。

10.2.6　施工现场环境应符合现行行业标准《建筑施工现场环境

与卫生标准》JGJ 146 的有关规定。

《旋挖成孔灌注桩工程技术规程》

11　安全施工和环境保护

11.1　安全施工

11.1.1　遇特殊天气时，施工现场应停止作业并调整旋挖机方向，防止失稳，锁固制动器的锁定装置。

11.1.2　旋挖机施工中，平地行走距离不超过 100m 时，可不放下桅杆；上下坡时桅杆应放平，回转台应有效制动。

11.1.3　旋挖机或其配合作业的相关机具在工作时，应有专人指挥，任何人员不得在工作回转半径范围内停留或通过。

11.1.4　旋挖机钻孔时，如发现紧固螺栓松动时，应立即停机，重新紧固后方可继续作业。

11.1.5　成孔后或因故停钻时，应将钻头下降接触地面，将各部件予以制动，操纵杆放到空挡位置后，拉闸切断电源。锁好开关锁。

11.1.6　各桩位周围 1.5m 和承台的沟槽边应有防滑措施和明显标志。夜间操作时，应注意工作面周边的环境是否有稳固、牢靠的防护。

11.1.7　作业人员在导管对接时应戴防割手套，且手套大小应合适，并应注意安装时手的位置，防止手被导管夹伤。

11.1.8　不得用手清理螺旋叶片上的泥土，防止割伤。

11.2　环境保护

11.2.1　施工现场应设置排水系统，排水系统不得与稳定液循环系统串联，不得向排水系统排放稳定液，排水沟的废水应经沉淀过滤达到标准后方可排入市政排水管网。

11.2.2　稳定液沟池的容积应满足施工所需的稳定液循环量的需要，以保证稳定液正常循环，防止外溢。

11.2.3　施工机械的废油废水，应采用隔油池等有效措施加以处理，不得超标排放。

11.2.4　施工过程产生的废土、渣土及废弃稳定液应及时外运。

外运车辆应为密封车或有遮盖的自卸车。

《大直径扩底灌注桩技术规程》JGJ/T 225—2010

7.6　安全措施

7.6.1　机械设备应由考核合格的专业机械工操作，并应持证上岗。

7.6.2　对大直径扩底灌注桩施工机械设备的操作应符合现行行业标准《建筑机械使用安全技术规程》JGJ 33 的规定，应对机械设备、设施、工具配件以及个人劳保用品经常检查，应确保完好和使用安全。

7.6.3　桩孔口应设置围栏或护栏、盖板等安全防护设施，每个作业班结束时，应对孔口防护进行逐一检查，严禁非施工作业人员入内。

7.6.4　在距未灌注混凝土的桩孔 5m 范围内，场地堆载不应超过 15kN/m²，不应有运输车辆行走。对于软土地基，在表层地基土影响范围内禁止堆载。

7.6.5　雨、雪、冰冻天气应采取相应的安全措施，雨后施工应排除积水。

7.6.6　人工挖孔大直径扩底桩施工应采取下列安全措施：

　1　孔内应设置应急软爬梯供作业人员上下；操作人员不得使用麻绳、尼龙绳吊挂或脚踏井壁上下；使用的电葫芦、吊笼等应安全可靠，并应配有自由下落卡紧保险装置；电葫芦宜用按钮式开关，使用前应检验其安全起吊能力，并经过动力试验；

　2　每日开工前应检测孔内是否有有毒、有害气体，并应有安全防范措施；当桩孔挖深超过 3m～5m 时，应配置向孔内作业面送风的设备，风量不应少于 25L/s；

　3　在孔口应设置防止杂物掉落孔内的活动盖板；

　4　挖出的土方应及时运离孔口，不得堆放在孔口周边 5m 的范围内；当孔深大于 6m 时，应采用机械动力提升土石方，提升机构应有反向锁定装置。

7.6.7　应控制注浆的压力，严禁超压运作。试压时注浆管口应远离人群。

7.6.8 钻头吊入护筒内后，应关好钻架底层铁门，防止杂物落入桩孔。

7.6.9 启动、下钻及钻进时，须设专人收、放电缆和进浆管。使用潜水电钻成孔设备时，应设有过载保护装置，在阻力过大时应能自动切断电源。

7.6.10 废弃泥浆、渣土应有序排放，严禁随意流淌或倾倒。泥浆池应设置围栏。

7.6.11 工地临时用电线路架设及用电设施，应按现行行业标准《施工现场临时用电安全技术规范》JGJ 46 的有关规定执行。

十、地下工程防水

《地下防水工程质量验收规范》GB 50208—2011

1.0.4 地下防水工程的施工应符合国家现行有关安全与劳动防护和环境保护的规定。

3.0.3 地下防水工程必须由持有资质等级证书的防水专业队伍进行施工，主要施工人员应持有省级及以上建设行政主管部门或其指定单位颁发的执业资格证书或防水专业岗位证书。

3.0.8 地下工程使用的防水材料及其配套材料，应符合现行行业标准《建筑防水涂料中有害物质限量》JC 1066 的规定，不得对周围环境造成污染。

《地下工程防水技术规范》GB 50108—2008

1.0.4 地下工程防水的设计和施工应符合环境保护的要求，并应采取相应措施。

7 注浆防水

7.3.1 注浆材料应符合下列规定：

    8 无毒、低毒、低污染；

    9 注浆工艺简单，操作方便、安全。

9 地下工程渗漏水治理

9.1.4 治理过程中应选用无毒、低污染的材料。

9.1.5 治理过程中的安全措施、劳动保护应符合有关安全施工技术规定。

9.1.6 地下工程渗漏水治理，应由防水专业设计人员和有防水资质的专业施工队伍承担。

附录 A　安全与环境保护

A.0.1 防水工程中不得采用现行国家标准《职业性接触毒物危害程度分级》GBZ 230—2010 中划分为Ⅲ级（中度危害）和Ⅲ级以上毒物的材料。

A.0.2 当配制和使用有毒材料时，现场必须采取通风措施，操作人员必须穿防护服、戴口罩、手套和防护眼镜，严禁毒性材料与皮肤接触和入口。

A.0.3 有毒材料和挥发性材料应密封贮存，妥善保管和处理，不得随意倾倒。

A.0.4 使用易燃材料时，应严禁烟火。

A.0.5 使用有毒材料时，作业人员应按规定享受劳保福利和营养补助，并应定期检查身体。

十一、预应力混凝土异型预制桩施工

《预应力混凝土异型预制桩技术规程》JGJ/T 405—2017

6.5 施工安全和环境保护

6.5.1 施工安全应符合下列规定：

　　1 施工单位应建立项目安全管理组织机构、现场安全管理制度和保证体系；

　　2 施工人员应经过安全生产教育培训，熟悉安全技术操作规程，并应自觉遵守；

　　3 应经常检查机械及防护设施；

　　4 施工前应对高压泵、空压机等设备和供水、供气、供浆管路系统进行检查；

　　5 遇到暴风、暴雨、雷电时，应暂停施工并切断电源；

　　6 施工完成后应在桩位孔口设置防护措施。

6.5.2 环境保护应符合下列规定：

1 应采取措施降低施工噪声；

2 水泥运输、水泥浆搅拌应采取覆盖、封闭等防尘措施；

3 废弃水泥浆应集中处理；

4 应及时清理返浆并集中堆放。

十二、静压桩施工

《静压桩施工技术规程》JGJ/T 394—2017

8 安全管理

8.0.1 施工安全应符合现行行业标准《建筑施工安全检查标准》JGJ 59、《建筑机械使用安全技术规程》JGJ 33 和《施工现场临时用电安全技术规程》JGJ 46 的有关规定。

8.0.2 机械设备操作人员应持证上岗，操作时应遵守操作规程。

8.0.3 压桩作业前，安全准备工作应符合下列规定：

1 场地应整平压实，地基承载力应符合压桩机的作业要求；

2 作业区与架空输电管线、地下管线和地下设施的安全距离应符合有关要求；

3 应对作业人员进行技术安全交底。

8.0.4 压桩机行走时，应符合下列规定：

1 长、短船与水平方向坡度不应超出使用说明书的允许值；

2 压桩机爬坡或在松软场地与坚硬场地之间过渡时，严禁横向行走；

3 行走过程中出现陷机时，应立即停止行走。

8.0.5 压桩作业时，应符合下列规定：

1 压桩和吊桩作业人员应统一指挥，相互配合；

2 每根桩压桩前，应检查、确认桩机各部件连接牢靠，作业范围内无人和障碍物；

3 压桩机在吊桩后不应全程回转或行走；吊桩时，应在桩上拴好拉绳，避免桩与机架碰撞；压桩前确认吊钩已脱离桩体；

4 压桩时，起重机的起重臂及桩机配重下方严禁站人；作业人员应按压桩机技术性能表作业，不得超载运行；手足不得伸入压桩台与机身间隙；

　　5　应经常检查压桩机的运转情况，当发生异响、漏油、停电等异常时，应立即停机检查，排除故障后，方可重新开机；

　　6　压桩机发生浮机时，应停止作业，采取措施后，方可继续作业；

　　7　焊接作业时应有安全防护措施；

　　8　起拔送桩器不得超过压桩机起重能力。

8.0.6　压桩机上的吊机只能喂桩，不得卸放工程桩。

8.0.7　施工场地的沟、坑应设置安全护栏，施工完毕的桩孔应及时回填。

十三、基坑工程施工

《基坑工程安全技术规范》

11.1　一般规定

11.1.1　施工现场应建立、健全安全责任制，配备专职安全管理人员并必须持证上岗。

11.1.2　施工前应进行安全技术教育及交底；特种作业人员须取得特种作业操作资格证书后方可上岗作业。

11.1.3　施工单位应制定生产安全事故应急救援预案，建立应急救援组织、配备应急救援人员、配备必要的应急救援器材和设备，并定期组织演练。

11.1.4　基坑使用单位应在基坑移交后，进行安全交底与应急演练，定期检查基坑及周边环境状态，对异常情况及时报告。

11.1.5　基坑使用单位应重视保护基坑支护体系，当对基坑支护体系造成损伤、支护结构的改变或改造时，必须会同基坑建设、监理、支护设计、施工等单位对损伤情况做出评估或进行基坑安全性鉴定，必要时采取加固措施。

11.1.6　施工人员进入施工现场必须佩戴安全帽；严禁酒后作业，禁止赤脚、穿拖鞋、穿凉鞋、穿高跟鞋进入施工现场。

11.2　安全防护

11.2.1 对深度超过 2m 及以上的基坑施工，基坑周边须设置防护栏杆，并应符合以下规定：

1 防护栏杆高度不低于 1.2m；

2 防护栏杆横杆不少于 2 道，下杆离地高度不小于 0.3m，上杆离地高度不大于 1.2m，立柱间距不大于 2m；

3 防护栏杆上加挂密目安全网或挡脚板，安全网自上而下封闭设置，网眼不大于 25mm，挡脚板高度不小于 180mm，挡脚板下沿离地高度不大于 100mm。

4 当在基坑四周固定时，可采用打入地面深度不小于 500mm 钢管固定，钢管离边口的距离不小于 500mm；

5 防护栏杆的材料要有足够的强度，且上杆能够承受任何方向大于 1kN 的外力。

11.2.2 基坑内应设置专用坡道或梯道供施工人员上下；坡道宽度小于 3m 时，应在两侧设置安全护栏；梯道的宽度不应小于 750mm；梯道的搭设应符合相关安全规范要求。

11.2.3 基坑支护应避免在同一垂直作业面的上下层同时作业；必须同时作业时应在上下层之间设置隔离防护措施。

11.2.4 施工作业所需脚手架的搭设应符合相关安全规范要求，架下不得有人作业、停留或通行；在脚手架上进行施工作业时，作业工人应使用安全带。

11.2.5 采用井点降水时，井口应设置防护盖板或围栏，警示标志应明显；停止降水后，应及时将井填实。

11.2.6 施工现场入口处、基坑边沿、上下通道及临时用电设施等危险部位应设置明显的安全警示标志，并符合国家相关标准。

11.3 安全作业

11.3.1 基坑土方开挖应按设计和施工方案要求分层开挖、分层支护，并贯彻先锚固（支撑）后开挖、边开挖边监测、边开挖边防护的原则，严禁超深挖土。

11.3.2 在电力管线、通信管线、燃气管线 2m 范围内及上下水管线 1m 范围内挖土时，宜在安全人员监护下施工。

11.3.3 施工过程中严禁各种机械碰撞支撑、腰梁、锚杆（索）、降水井等基坑围护结构物，并不得在上面放置或悬挂重物。

11.3.4 土方开挖作业遇到下列情况，应立即停止作业：

   1 填挖区土体不稳定，有坍塌可能；

   2 发生暴雨、雷电、水位暴涨及山洪暴发；

   3 施工标记及防护设施被损坏；

   4 地面涌水冒泥，出现陷车或因雨发生坡道打滑；

   5 工作面净空不足以保证安全作业；

   6 其他不能保证作业和运行安全的情况。

11.3.5 人工挖孔桩施工应采取下列安全措施：

   1 当桩净距小于 2.5m 时，应采用间隔开挖，相邻桩跳挖的最小施工净距不得小于 4.5m；

   2 每日开工前检测井下的有毒、有害气体，必要时采取防范措施，当桩孔开挖深度超过 10m 时，有专门向井下送风的设备，且风量不宜少于 25L/s；

   3 桩孔内设置应急软爬梯供人员上下，不得使用麻绳或尼龙绳吊挂或脚踏井壁凸缘上下；

   4 挖孔使用的电葫芦、吊笼等工具安全可靠，并配有自动卡紧保险装置，电葫芦用按钮式开关，使用前检验其安全起吊能力；

   5 孔口四周设置安全防护围栏，高度不低于 1.2m，对停止作业或已挖好的桩孔设置牢固的安全活动盖板，盖板直径大于桩径 300mm，并能承受竖直方向 1kN 的外力；

   6 挖出的土方及时运走，桩孔口周边 1m 范围内禁止堆放土石方，未浇筑的桩 3m 范围内严禁过重车；

   7 当 10m 半径范围内有灌注桩身混凝土作业或积水较深时，严禁人员下孔作业；

   8 严禁使用潜水泵边抽水边开挖；

   9 孔内照明采用安全矿灯或 12V 以下的安全电压。

11.3.6 旋挖和冲击成孔桩施工应采取下列安全措施：

1 操作人员必须了解旋挖钻机的构造、性能，熟悉操作方法及保养规定，并充分理解旋挖钻机上注明的各类警示标识，未经培训的人员严禁独立操作旋挖钻机；

2 钻进前，应对发动机、传动机构、作业装置、制动部分、液压系统、各种仪表、警示灯及钢丝绳等进行检查，并填写《设备运行记录》；

3 旋挖钻机各部件严禁任意拆卸或更换，如须拆卸或更换时，应提出改装方案和安全措施，经充分论证后方可实施；

4 遇大风、雷雨、大雾天气严禁作业，夜间施工必须保证有足够的照明；

5 在障碍物下或超高工作面上工作时，必须先做好施工安全防护措施；

6 旋挖钻机在施工作业时，应在钻机回转半径范围内设置警示标志，严禁人员停留或通过；

7 严禁旋挖钻机超过 500m 长距离的自行行走；

8 旋挖钻机使用的钢丝绳的规格、强度应符合钻机使用说明书的要求，钢丝绳长度应保证满足设计钻孔深度后，尚应在卷筒上保留二圈以上，以防止钢丝绳末端松脱；

9 旋挖钻机上的提升设备严禁吊装超过其额定提升力的物体，严禁斜拉重物；

10 旋挖钻机和架空输电线路的最小垂直距离及水平距离要求应符合表 11.3.6 的规定。

表 11.3.6 机体和架空输电线路的最小垂直和水平距离

线路电压（kV）	1 以下	1～20	35～110	154～220	330～500
最小垂直距离（m）	1	3	4	6	8
最小水平距离（m）	2	4	8	10	15

11.3.7 预应力锚杆（索）的施工安全应遵守下列规定：

1 张拉预应力锚杆（索）前，对设备进行全面检查；

2 张拉设备固定牢靠，张拉时孔口前方严禁站人；

3 凸部或边墙进行预应力锚杆（索）施工时，其下方严禁进行其他作业；

11.3.8 陡边坡处作业时，坡上作业人员必须系挂安全带，弃土下方以及土方危及的范围内应设明显的警示标志，并禁止其他作业及通行。

11.3.9 除基坑支护设计要求允许外，基坑边 1m 范围内不得堆土、堆料、放置机具。

11.3.10 碘钨灯、电焊机、气焊与气割设备等能够散发大量热量的机电设备，不得靠近易燃品，且最小间距不得小于 1m。

11.3.11 施工现场发生人身触电时，应立即切断电源后方可对触电者作紧急救护，严禁在未切断电源之前与触电者直接接触。

11.3.12 基坑开挖土石方吊运宜采用下列安全技术措施：

1 采用挖掘机分层开挖，接力出土，挖运前，各种设备要置于基坑外安全稳定的地基上；

2 吊装机应设防护平台或防护网，使用前要对钢丝绳、卡具等进行检查验收，符合要求时方能使用；

3 提、放吊斗或吊索时，上下要有统一信号，有专人指挥，下部人员要避在安全处，吊斗或吊索上粘有泥块需铲除时，要将吊斗放在地下清除，严禁吊斗空悬；

4 在吊土施工时，严禁吊斗或吊索撞击支撑或防护平台。

11.4 安全控制

11.4.1 工程监理单位对基坑开挖、支护结构等作业应实施全过程旁站监理，对施工中存在的不安全隐患应及时制止，并立即责令整改。

11.4.2 在基坑支护施工或开挖前，必须先对基坑周边环境进行检查，发现对施工作业有影响的不安全因素，应事先排除，达到安全生产条件后，方可实施作业。

11.4.3 施工单位在作业前，必须对从事作业的人员进行班前教育，并应进行事故应急救援演练。

11.4.4 施工中应定期检查基坑周围原有的排水管、沟，不应有渗水漏水迹象，当地表水、雨水渗入土坡或挡土结构外侧土层时，应立即采取截、排处理措施。

11.4.5 施工单位应有专人对基坑安全进行巡查，每天早晚各1次，雨季应增加巡查次数，并应做好记录，发现异常情况应及时报告。

11.4.6 对基坑监测数据应及时进行整理分析；当变形值超过设计警戒值时，应发出预警，停止施工，撤离人员，并应按应急预案中的措施进行处理。

11.5 安全措施

11.5.1 当支护设计中已考虑堆载和车辆运行时，必须按设计要求进行，严禁超载。

11.5.2 在基坑周边1倍基坑深度范围内建造临时住房或仓库时，应经基坑支护设计单位允许，并经施工企业技术负责人、工程项目总监批准后方可实施。

11.5.3 在砂土、卵石土地区进行人工挖孔支护桩施工时，不应在孔内直接抽降地下水。

11.5.4 雨期施工时，应有防洪、防暴雨的排水措施及材料设备，并应处在良好的技术状态。

11.5.5 当夜间进行基坑施工时，设置的照明应充足，灯光布局合理，防止强光影响作业人员视力，必要时应配备应急照明。

11.5.6 基坑支护单位应编制的基坑安全应急预案中所涉及的机械设备与物料，应确保完好，存放在现场并便于随时投入使用。

《基坑工程装配式型钢组合支撑应用技术规程》

5.5 安全措施

5.5.1 当构件出现预应力损失较大的情况下，可通过预应力补偿、增设支撑等措施控制支撑轴力。

5.5.2 当构件变形速度超过设计规定时，可采取增设支撑、坑外卸载等措施控制基坑变形。

5.5.3 当局部螺栓出现崩裂、剪断等情况时，应立即采取加强措施。

5.5.4 当支撑构件发生挠曲或节点出现异常时，可采取增设支撑、节点补强等措施。

5.5.5 施工过程的安全控制应符合现行行业标准《建筑施工安全检查标准》JGJ 59 的规定。

5.5.6 施工机械的安全控制应符合现行行业标准《建筑机械使用安全技术规程》JGJ 33 的规定。

5.5.7 施工临时用电应符合现行行业标准《临时现场临时用电安全技术规程》JGJ 46 的规定。

5.5.8 进入施工现场人员必须佩戴安全帽，施工人员必须进行安全施工教育培训，持证上岗，严禁人员在没有防护措施时在支撑上行走、作业。

5.5.9 昼夜温差较大，影响型钢组合支撑受力时，应加强轴力监测和评估。

5.5.10 型钢组合支撑进行人工拆除作业时，作业人员应站在稳定的结构或脚手架上操作，支撑构件应采取有效的防下坠措施。

5.5.11 施工现场应配备专职安全员，全面负责安全监督检查工作，及时发现并排除不安全因素并采取有效的防控措施。

5.7 环境保护

5.7.1 施工期间应按照方案要求堆放材料，严格控制材料堆放和安插型钢立柱时的噪声。

5.7.2 拆除作业时构件不应自然下坠，应预设消声隔震措施。

5.7.3 当施工点周围有重点保护对象时，应提前掌握保护要求，严格控制支撑安装拆除的时间和顺序，并结合监测结果采取应对措施。

十四、水泥粉煤灰碎石桩复合地基施工

《水泥粉煤灰碎石桩复合地基技术规程》

6.7 安全措施

6.7.1 成桩机械的安装、使用、维修、检验检测、拆卸及设备用电安全等，应符合设备使用说明书要求，并应按现行行业标准

《建筑机械使用安全技术规范》JGJ 33、《施工现场临时用电安全技术规范》JGJ 46 及《施工现场机械设备检查技术规程》JGJ 160 等规定执行。

6.7.2　桩工机械操作工必须经过技术培训，并取得省级建设行政主管部门颁发的特种作业证后，方可上岗操作，严禁无证操作。

6.7.3　开工前，各岗位操作人员必须对成桩机械，特别是对桩架、紧固螺栓等安全装置进行安全检查，确认成桩机械性能良好，方可开工。

6.7.4　成桩机械在空旷场地作业应有防雷击措施，各种动力设备均应设置安全防护装置，并应配备专用的末级开关箱，不得将成桩机械本身的配电箱当作末级开关箱使用。

6.7.5　成桩机械移动时，应设置防止桩架倒塌的保护措施，确保设备移动平稳安全。

6.7.6　成桩施工时，若有高处作业的应采取佩戴使用安全带等防止高处坠落的有效措施。

6.7.7　易引起粉尘的细料或松散材料应采用帆布等覆盖，水泥、粉煤灰、碎石、石屑或砂等混合料拌合机站应有防尘设备，作业人员配备必要的劳保防护用品。

6.7.8　施工现场的环境卫生和文明施工应按现行行业标准《建筑施工现场环境与卫生标准》JGJ 146 等规定执行。

十五、刚-柔性桩复合地基施工

《刚-柔性桩复合地基技术规程》JGJ/T 210—2010

5.1　施工准备

5.1.2　施工组织设计应结合工程特点编制，并应包括下列内容：

　　5　安全、劳动保护、防火、防雨、防台风、爆破作业、文物、节能和环境保护等方面的措施，并应符合有关部门的规定；

　　6　保证工程质量、安全生产和季节性施工的技术措施。

十六、水泥土复合管桩基础施工

《水泥土复合管桩基础技术规程》

5.4　施工安全和环境保护

5.4.1 水泥土复合管桩施工安全应符合下列规定：

1 应定期检查机械及防护设施，确保安全运行；

2 施工前应对注浆泵、高压水泵、空气压缩机、水龙头等设备和供水、供气、供浆管路系统进行安全检查；

3 遇暴风雨、雷电时，应暂停施工并切断电源；

4 施工完成后应在桩位处设置防护措施。

5.4.2 环境保护应符合下列规定：

1 应采用加防护罩等措施对施工机械进行降噪处理；

2 水泥运输、水泥浆搅拌应采取覆盖、封闭等防尘措施；

3 废弃水泥浆应处理后排放，不得污染环境；

4 应及时清理返浆并集中堆放。

十七、大直径管桩复合地基施工

《现浇混凝土大直径管桩复合地基技术规程》JGJ/T 213—2010

4.1.2 现浇混凝土大直径管桩施工准备应符合下列规定：

1 应进行工程施工图会审，并应进行设计交底；

2 应编制基桩工程施工组织设计或专项施工方案，并应经审核确认；

3 应向基桩施工操作人员进行施工技术安全交底；

4 施工场地应平整，地面承载力应满足桩机进场施工的条件；

5 地下和空中的障碍物应进行处理，施工场地及周边排水应保持通畅。

4.1.3 现浇混凝土大直径管桩工程的专项施工方案或施工组织设计应包括下列技术内容：

5 施工质量、安全、环境保护的控制措施；

7 桩机安装、拆除技术要求及安全措施；

8 施工场地及相邻既有建（构）筑物的防护、隔振措施；

9 应急预案。

十八、土方与爆破工程

《土方与爆破工程施工及验收规范》GB 50201—2012

3.0.2 土方与爆破工程施工前，对施工场地及其周边可能发生崩塌、滑坡、泥石流等危及安全的情况，建设单位应组织进行地质灾害危险性评估，并实施处理措施。

4.1.8 基坑、管沟边沿及边坡等危险地段施工时，应设置安全护栏和明显警示标志。夜间施工时，现场照明条件应满足施工需要。

4.7.2 雨期施工应制定保证工程质量和安全施工的技术方案。

5.1.1 承接爆破工程的施工企业，必须具有行政主管部门审批核发的爆破施工企业资质证书、安全生产许可证书及爆破作业许可证书，爆破作业人员应按核定的作业级别、作业范围持证上岗。

5.1.2 爆破工程应编制专项施工方案，方案应依据有关规定进行安全评估，并报经所在地公安部门批准后，再进行爆破作业。

5.1.3 爆破作业应做好下列安全准备工作：

1 建立指挥组织，明确爆破作业及相关人员的分工和职责；

2 实施爆破前应发布爆破作业通告；

3 划定安全警戒范围，在警戒区的边界设立警戒岗哨和警示标志；

4 清理现场，按规定撤离人员和设备。

5.1.13 实施爆破后应进行安全检查，检查人员进入爆破区发现盲炮及其他险情应及时上报，根据实际情况按规定处理。

5.4.9 爆破安全防护设计应涵盖下列内容：

1 可能产生有危害性的爆破振动与塌落、触地震动；

2 可能产生有危害性的爆破飞石与塌落碰撞飞溅物；

3 被拆高耸建（构）筑物产生后座、滚动、偏斜、冲击作用、空气压缩等现象及可能造成的次生危害；

4 其他安全保护要求。

十九、地下工程盖挖法施工

《地下工程盖挖法施工规程》JGJ/T 364—2016

6.2 土石方开挖

6.2.8 逆作法基坑开挖下层土石方时，应随挖随清理上层结构底模，并应确保作业安全。

6.2.9 土石方爆破施工时，应采用控制爆破方式，确保基坑及周边环境的稳定、安全，同时避免对已经成型的永久结构造成损伤。

二十、振动沉拔桩机操作安全

《振动沉拔桩机 安全操作规程》GB 13750—2004

3 一般规定

3.1 操作人员应经过专门培训，熟悉所操作桩机的性能、构造、使用和维护保养方法，持有操作证后方可操作。

3.2 桩机所配置的动力装置、卷扬机、液压装置和电气设备等均应按其使用说明书操作。

3.3 操作人员应分工明确。电气设备应由专职电工或在其指导下进行安装、维护和检修工作。

3.4 桩机的组装、试车、拆卸均应按使用说明书规定的程序。

3.5 作业前，应对工作现场的周围环境、建筑物和地质条件等情况进行全面了解。

3.6 钢丝绳应选用与钢丝绳直径相应的楔形接头、压板、绳夹、压制接头或编插等固定。钢丝绳采用编插固接时，编插部分的长度不应小于钢丝绳直径的 20 倍，并不应小于 300mm，其编插部分应用细钢丝捆扎。当采用绳夹固接时，绳夹数量不应少于 3 个，绳夹数量与钢丝绳直径有关，见表 1；绳夹的间距不应小于钢丝绳直径的 6 倍，绳头距最后一个绳夹的距离不小于 140mm，并用细钢丝捆扎；绳夹夹座应放在钢丝绳工作时受力的一侧，U 型螺栓扣在钢丝绳的尾端，不应正反交错设置绳夹，待钢丝绳受力后再度紧固。

表 1　与钢丝绳匹配的绳卡数

钢丝绳直径/mm	<10	10~20	21~26	28~36	37~40
最少绳卡数/个	3	4	5	6	7

3.7　遇六级以上大风或大雨、大雪和大雾等恶劣天气时，应停止作业。当风力大于七级时，应将桩机迎风向停置，放下振动锤或将桩管沉入土中 3m 以下，并增设防风缆绳，必要时应将桩架放倒。桩机应有防雷措施，遇雷电时人员应远离桩机。

3.8　安装振动锤时，应将振动锤运到桩架立柱导向正前方 2m 以内。

3.9　高空作业时，操作人员应系安全带。

4　作业条件

4.1　施工场地如有坡度应满足桩机稳定性的要求，对不利于桩机运行的松软场地应进行整平压实。在基坑和围堰内作业时，应配备足够的排水设备。

4.2　作业场地的承载力小于桩机的允许接地比压时，应铺设路基箱或钢板、枕木等。

4.3　轨道式机架的轨道铺设应符合使用说明书的有关规定。

4.4　作业区内架空输电线与桩机立柱之间的安全距离应符合《塔式起重机安全规程》GB 5144 中的有关规定。

4.5　供电源到桩机电控柜的电缆线截面应符合使用说明书的规定。振动锤的工作电压不应小于 360V。

5　作业前的检查

5.1　对钢丝绳所有可见部分和钢丝绳的连接部位应进行检查，

当钢丝绳有下列情况之一的，即应更换：

a）钢丝绳表面磨损或腐蚀，使钢丝绳直径（d）局部减少 7%；

b）钢丝绳失去正常状态（如局部压扁、扭结、弯折、笼状畸变、绳股或钢丝挤出、绳径局部增大和波浪形等）；

c）钢丝绳在一个节距内达到表 2 中的断丝数；

d）当断丝集中在小于 6 倍钢丝绳直径的绳长范围内或集中在一股内。

表 2　钢丝绳断丝的报废标准

钢丝绳结构形式	断丝长度范围	钢丝绳断丝数	
		规格 6×37+1	规格 18×19
交　捻	$6d$	19	27
	$30d$	38	54
顺　捻	$6d$	10	13
	$30d$	19	27

5.2　按使用说明书的规定检查液压系统。

5.3　桩架起架前，应检查卷扬机的制动性能和各连接件，起架操作程序应严格按使用说明书的规定执行。

5.4　桩架的立柱导轨应按规定涂润滑油脂。

5.5　桩架运转后，应空载运行各机构，并检查各仪表指示值，确认正常后方可进行作业。

5.6　检查振动锤电动机的绝缘电阻，新电动机应大于 2MΩ，旧电动机不应小于 0.5MΩ，在低于上述数值时，应采取干燥或其他处理措施。

5.7　电源电缆与电动机电缆的绝缘度应大于 2MΩ，电缆外部橡胶应无破损。

5.8　对电气设备应进行全面检查，电控柜内各元件应无损坏，接线应无松动现象。

5.9　检查振动锤的电动机固定是否牢靠，电动机的转向应符合使用说明书的规定。

5.10　检查振动锤三角胶带的松紧程度，并按使用说明书的规定进行调整和更换。

5.11　检查振动锤各部位螺栓、销轴的连接是否有松动，减振装置的弹簧、轴和导向套是否有缺陷。

5.12　检查振动锤的导向装置是否牢靠，与立柱导轨的配合间隙应符合使用说明书的规定。

5.13　履带起重机悬挂振动锤作业时，应检查吊钩是否有保险装置。

5.14　检查振动锤箱体中油面的高度是否符合使用说明书的规定。

5.15　检查液压夹桩器齿面的磨损程度，当磨损量大于 4mm～5mm 时，应修复或更换。

6　作业中安全操作要求

6.1　桩机行走与回转、吊锤、吊桩、吊料不应同时进行。

6.2　双导向立柱的桩架作业时，待立柱转向到位，并将立柱锁住后，方可进行作业。

6.3　不能左、右调整立柱倾斜的桩架，在调整立柱前后倾时，应使左、右斜撑同时动作。

6.4　桩架回转时制动应缓慢，轨道式和步履式桩架，同向连续回转应小于一周。

6.5　振动锤配置夹桩器工作时，应待液压系统压力稳定在工作压力后才能启动振动锤。作业中不应松开夹桩器。停止作业时，应先停振动锤，待完全停止运转后再松开夹桩器。

6.6　桩机起吊振动锤时，振动锤的最高点离立柱顶部的最小距离应确保安全。

6.7　沉桩时，应先校正桩的垂直度，在桩入土 3m 后，不允许采用桩架行走或回转等动作进行纠正。

6.8　拔桩时，应在桩全部拔出前停止振动锤振动，靠静拔完成。

6.9　拔桩时，拔桩力不应大于桩架的负荷能力。

6.10　沉桩时，应注意控制沉桩速度，以防止电流过大引起电动机损坏。当电流急剧上升时，应停止运转，待查明和排除故障后，方可继续作业。

6.11   作业过程中，振动锤减振器横梁的振幅长时间过大，应停机查明原因。

6.12   作业时，激振器内有异声和轴承温升过高、激振器电动机紧固螺栓以及激振器与其他装置的连接螺栓松动时，应立即停机检修。

6.13   作业时，液压系统和电气装置出现故障或停电时，应立即停机，并采取安全措施，以防止桩从夹桩器中脱落。

6.14   作业时，应经常保持减振器轴套部位的润滑。

6.15   作业时，不应进行润滑和修理工作；振动锤检修和调整时，应切断电源。

7   作业后的注意事项

7.1   作业后，桩机应停放在坚实平整的地面上，将桩管沉入土中 3m 以下或将振动锤落下垫实，切断桩机电源，并将电控柜遮盖好。

7.2   轨道式桩架不工作时应夹紧夹轨器。

7.3   桩架落架时，应先检查卷扬机制动是否可靠，然后按使用说明书规定的程序操作。

7.4   长期停用时，应卸下振动锤，并应采取防雨措施。

第八篇 混凝土与钢筋施工安全

一、混凝土泵送施工

《混凝土泵送施工技术规程》JGJ/T 10—2011

7　施工安全与环境保护

7.1　一般规定

7.1.1　混凝土泵送施工应符合国家安全与环境保护方面的有关规定。

7.1.2　混凝土输送泵及布料设备在转移、安装固定、使用时的安全要求，应符合产品安装使用说明书及相关标准的规定。

7.2　安全规定

7.2.1　用于泵送混凝土的模板及其支承件的设计，应考虑混凝土泵送浇筑施工所产生的附加作用力，并按实际工况对模板及其支撑件进行强度、刚度、稳定性验算。浇筑过程中应对模板和支架进行观察和维护，发现异常情况应及时进行处理。

7.2.2　对安装于垂直管下端钢支撑、布料设备及接力泵的结构部位，应进行承载力验算，必要时应采取加固措施。布料设备尚应验算其使用状态的抗倾覆稳定性。

7.2.3　在有人员通过之处的高压管段，距混凝土泵出口较近的弯管，应设置安全防护设施。

7.2.4　当输送管发生堵塞而需拆卸管夹时，应先对堵塞部位混凝土进行卸压，混凝土彻底卸压后方可进行拆卸。为防止混凝土突然喷射伤人，拆卸人员不应直接面对输送管管夹进行拆卸。

7.2.5　排除堵塞后重新泵送或清洗混凝土泵时，末端输送管的出口应固定，并应朝向安全方向。

7.2.6　应定期检查输送管道和布料管道的磨损情况，弯头部位应重点检查，对磨损较大、不符合使用要求的管道应及时更换。

7.2.7　在布料设备的作业范围内，不得有高压线或影响作业的障碍物。布料设备与塔吊和升降机械设备不得在同一范围内作业，施工过程中应进行监护。

7.2.8　应控制布料设备出料口位置，避免超出施工区域。必要时应采取安全防护设施，防止出料口混凝土坠落。

7.2.9　布料设备在出现雷雨、风力大于 6 级等恶劣天气时不得作业。

7.3　环境保护

7.3.1　施工现场的混凝土运输通道，或现场拌制混凝土区域，宜采取有效的扬尘控制措施。

7.3.2　设备油液不能直接泄漏在地面上，应使用容器收集并妥善处理。

7.3.3　废旧油品、更换的油液过滤器滤芯等废物应集中清理，不得随地丢弃。

7.3.4　设备废弃的电池、塑料制品、轮胎等对环境有害的零部件，应分类回收，依据相关规定处理。

7.3.5　设备在居民区施工作业时，应采取降噪措施。搅拌、泵送、振捣等作业的允许噪声，昼间为 70dB（A 声级），夜间为 55dB（A 声级）。

7.3.6　输送管的清洗，应采用有利节水节能、减少排污量的清洗方法。

7.3.7　泵送和清洗过程中产生的废弃混凝土或清洗残余物，应按预先确定的处理方法和场所。及时进行妥善处理，并不得将其用于未浇筑的结构部位中。

二、喷射混凝土施工支护与加固

《喷射混凝土应用技术规程》JGJ/T 372—2016

8　安全环保措施

8.1　安全技术

8.1.1　喷射混凝土施工前，应根据工程场地条件、周边环境、与工程相关的资源供应情况、施工技术、施工工艺、材料、设备等编制喷射混凝土施工安全专项方案。

8.1.2　喷射混凝土施工前，应检查和处理喷射混凝土作业区的危石和其他危险物件。施工机具应布置于安全地带，严禁放置在危石地段或不坚实的地面及可能坍塌的边坡上。

8.1.3　喷射混凝土施工用工作台架应牢固可靠，并应设置安全栏杆。

8.1.4　喷射设备、水箱、风管等设备应进行密封性能和耐压试验，合格后方可使用。

8.1.5　喷射混凝土施工作业中，应检查出料弯头，输料管和管路接头等有无磨薄、击穿或松脱现象。喷射作业面转移时，输料软管不得随地拖拉和折弯，供风、供水系统应随之移动。

8.1.6　非施工作业人员不得进入正进行喷射混凝土施工的作业区。施工作业时，喷头前方严禁站人。

8.1.7　喷射混凝土施工作业时，工作人员必须佩戴安全帽、个体防尘用具等劳保用品。喷射钢纤维混凝土施工时，应采取措施防止回弹物扎伤操作人员。

8.1.8　在施工期间，瓦斯隧道应实施连续通风，防止瓦斯积聚。高瓦斯区和瓦斯突出区必须使用防爆型电气设备和作业机械。

8.2　环保要求

8.2.1　喷射混凝土应设法减少回弹，宜将回弹物料回收利用。

8.2.2　喷射混凝土作业区的粉尘浓度不应大于 $10\mathrm{mg/m^3}$。当施工区域位于居民区时，宜采用湿拌法喷射混凝土。

8.2.3　喷射混凝土施工时宜采用下列措施减小粉尘浓度：

　　1　在粉尘浓度较高地段设置除尘水幕；

　　2　加强作业区的局部通风；

　　3　在喷射设备或混合料搅拌处设置集尘器或除尘器；

　　4　对干拌法喷射混凝土，在保证喷射混凝土喷射性的条件下，可增加骨料含水率及添加增粘剂等外加剂。

8.2.4　施工区域位于居民区时，现场搅拌机、空压机等均应采取降噪措施，以降低机器噪声对周围环境的影响。

《岩土锚杆与喷射混凝土支护工程技术规范》GB 50086—2015

6　喷射混凝土

6.6　施工安全与粉尘控制

6.6.1 喷射混凝土的施工安全应符合下列要求：

1 施工前应认真检查和处理作业区的危石，施工机具应布置在安全地带；

2 喷射混凝土施工用的工作台架应牢固可靠并应设置安全栏杆；

3 施工中应定期检查电源线路和设备的电器部件；

4 喷射作业中处理堵管时，应将输料管顺直，应紧按喷头，疏通管路的工作风压不得超过 0.4MPa；

5 非操作人员不得进入正在作业的区域，施工中喷头前方不得站人；

6 喷射钢纤维混凝土施工中应采取措施防止回弹物伤害操作人员。

6.6.2 采用干法喷射混凝土施工时宜采取下列综合防尘措施：

1 在满足混合料能在管道内顺利输送和喷射的条件下增加骨料含水率；

2 在距喷头 3m～4m 输料管处增加一个水环，用双水环加水；

3 在喷射机或混合料搅拌处设置集尘器或除尘器；

4 在粉尘浓度较高地段设置除尘水幕；

5 加强作业区的局部通风；

6 采用增粘剂等外加剂。

6.6.3 喷射混凝土作业区的粉尘浓度不应大于 $10mg/m^3$，喷射混凝土作业人员应采用个体防尘用具。

《喷射混凝土加固技术规程》

6.3 安全措施

6.3.1 用于喷射混凝土作业的台架、必须牢固可靠，并应设置安全护栏。

6.3.2 施工中应经常检查输料管、接头和出料弯头的磨损情况。当有磨薄、击穿或松脱等现象时应及时处理。

6.3.3 应定期检查电源线路、设备的电器部位，确保用电安全。

6.3.4 施工中检修机械或设备故障时，必须在断电、停风条件下进行。检修完毕，向机械设备送电送风前应先通知有关人员。

6.3.5 当采用加大风压处理堵管故障时，应先停风关机将输料软管顺直，并锤击管路堵塞部位，使堵塞料松散；加大风压清除堵塞料时，操作人员必须紧按喷头。喷头前方不得有人，疏通管道的风压不得超过 0.4MPa。

6.3.6 喷射加固作业区的粉尘浓度不应大于 $10mg/m^3$，作业人员应佩戴防尘口罩、防尘帽等防护用具。

6.3.7 喷射作业区应有良好的通风和有效的降低粉尘量措施。

三、泡沫混凝土应用安全

《泡沫混凝土应用技术规程》JGJ/T 341—2014

4.3　准备与计量

4.3.2 设备准备应符合下列规定：

2 施工前应检查设备的相关安全保护及维护措施，确保设备安全运行；

3 施工前应配备设备相关易损部件，设备出现故障及时维修，严禁设备带病运行；

4 设备检修应由专业人员进行操作，未经培训不得进行设备的检修工作。

四、混凝土结构后锚固

《混凝土结构后锚固技术规程》JGJ 145—2013

4.2.3 植筋的锚固胶性能应符合现行行业标准《混凝土结构工程用锚固胶》JG/T 340 的有关规定。安全等级为一级的后锚固连接植筋时应采用 A 级胶，安全等级为二级的后锚固连接植筋时可采用 B 级胶和无机类胶。

4.3.3 根据锚固连接破坏后果的严重程度，混凝土结构后锚固连接设计应按表 4.3.3 的规定确定相应的安全等级，且不应低于被连接结构的安全等级。

表 4.3.3　后锚固连接安全等级

安全等级	破坏后果	锚固类型
一级	很严重	重要的锚固
二级	严　重	一般的锚固

4.3.4　后锚固连接设计应考虑被连接结构的类型、受力状况、荷载类型及锚固连接的安全等级等因素。

4.3.11　当后锚固连接受到约束、变形、温度等间接作用产生的作用效应可能危及后锚固连接的安全和正常使用时，宜进行间接作用效应分析，并应采取可靠的构造措施和施工措施；承受疲劳荷载和冲击荷载的后锚固连接设计应进行试验验证。

9　锚固施工与验收

9.1　一般规定

9.1.7　锚栓的安装工艺及工具应符合产品说明书的要求，操作人员应经过专门的技能培训和安全技术交底。

9.1.9　施工人员应加强劳动保护，配备安全帽、工作服、胶皮手套、护目镜、口罩等劳保用品。

五、现浇混凝土楼盖

《现浇混凝土楼盖技术规程》JGJ/T 268—2012

8.1.1　现浇混凝土空心楼盖的施工应符合下列规定：

　　4　填充体在运输和堆放时应轻装轻卸，严禁甩扔，运输中应捆紧绑牢。

　　6　施工中应采取措施防止损坏填充体，板面钢筋安装之前已损坏的填充体应予以更换，板面钢筋安装之后损坏的填充体，应采取有效措施进行修补或封堵，防止混凝土漏入。

　　10　填充体安装和混凝土浇筑过程中，宜铺设架空施工通道，禁止将施工机具和材料直接放置在填充体上，施工操作人员不得直接在填充体上踩踏。

六、钢筋焊接

《钢筋焊接及验收规程》JGJ 18—2012

7　焊接安全

7.0.1　安全培训与人员管理应符合下列规定：

　　1　承担钢筋焊接工程的企业应建立健全钢筋焊接安全生产管理制度，并应对实施焊接操作和安全管理人员进行安全培训，经考核合格后方可上岗；

　　2　操作人员必须按焊接设备的操作说明书或有关规程，正确使用设备和实施焊接操作。

7.0.2　焊接操作及配合人员应按下列规定并结合实际情况穿戴劳动防护用品：

　　1　焊接人员操作前，应戴好安全帽，佩戴电焊手套、围裙、护腿，穿阻燃工作服；穿焊工皮鞋或电焊工劳保鞋，应戴防护眼镜（滤光或遮光镜）、头罩或手持面罩；

　　2　焊接人员进行仰焊时，应穿戴皮制或耐火材质的套袖、披肩罩或斗篷，以防头部灼伤。

7.0.3　焊接工作区域的防护应符合下列规定：

　　1　焊接设备应安放在通风、干燥、无碰撞、无剧烈振动、无高温、无易燃品存在的地方；特殊环境条件下还应对设备采取特殊的防护措施；

　　2　焊接电弧的辐射及飞溅范围，应设不可燃或耐火板、罩、屏，防止人员受到伤害；

　　3　焊机不得受潮或雨淋；露天使用的焊接设备应予以保护，受潮的焊接设备在使用前必须彻底干燥并经适当试验或检测；

　　4　焊接作业应在足够的通风条件下（自然通风或机械通风）进行，避免操作人员吸入焊接操作产生的烟气流；

　　5　在焊接作业场所应当设置警告标志。

7.0.4　焊接作业区防火安全应符合下列规定：

　　1　焊接作业区和焊机周围 6m 以内，严禁堆放装饰材料、油料、木材、氧气瓶、溶解乙炔气瓶、液化石油气瓶等易燃、易爆物品；

　　2　除必须在施工工作面焊接外，钢筋应在专门搭设的防雨、防潮、防晒的工房内焊接；工房的屋顶应有安全防护和排水设施。地面应干燥，应有防止飞溅的金属火花伤人的设施；

　　3　高空作业的下方和焊接火星所及范围内，必须彻底清除易燃、易爆物品；

　　4　焊接作业区应配置足够的灭火设备，如水池、沙箱、水龙带、消火栓、手提灭火器。

7.0.5　各种焊机的配电开关箱内，应安装熔断器和漏电保护开关；焊接电源的外壳应有可靠的接地或接零；焊机的保护接地线应直接从接地极处引接，其接地电阻值不应大于 4Ω。

7.0.6　冷却水管、输气管、控制电缆、焊接电缆均应完好无损；接头处应连接牢固，无渗漏，绝缘良好；发现损坏应及时修理；各种管线和电缆不得挪作拖拉设备的工具。

7.0.7　在封闭空间内进行焊接操作时，应设专人监护。

7.0.8　氧气瓶、溶解乙炔气瓶或液化石油气瓶、干式回火防止器、减压器及胶管等，应防止损坏。发现压力表指针失灵，瓶阀、胶管有泄漏，应立即修理或更换；气瓶必须进行定期检查。使用期满或送检不合格的气瓶禁止继续使用。

7.0.9　气瓶使用应符合下列规定：

　　1　各种气瓶应摆放稳固；钢瓶在装车、卸车及运输时，应避免互相碰撞；氧气瓶不能与燃气瓶、油类材料以及其他易燃物品同车运输；

　　2　吊运钢瓶时应使用吊架或合适的台架，不得使用吊钩、钢索和电磁吸盘；钢瓶使用完时，要留有一定的余压力；

　　3　钢瓶在夏季使用时要防止暴晒，冬季使用时如发生冻结、结霜或出气量不足时，应用温水解冻。

7.0.10　贮存、使用、运输氧气瓶、溶解乙炔气瓶、液化石油气瓶、二氧化碳气瓶时，应分别按照原国家质量技术监督局颁发的现行《气瓶安全监察规定》和原劳动部颁发的现行《溶解乙炔气瓶安全监察规程》中有关规定执行。

《钢筋电渣压力焊技术规程》

7　安全技术

7.0.1　施工单位应建立钢筋电渣压力焊安全生产的管理制度和拟定必要的安全措施，并有专人进行管理和监督。

7.0.2　施工场所应做好安全防护，应有必要的防火器材和防火设施。焊接作业 5m 范围内的区域，应排除易燃易爆物。禁火区域严禁焊接作业。

7.0.3　用电安全应符合下列要求：

　　1　接入施工场所的焊接电源，必须绝缘良好，架设可靠，并作出明显标记；

　　2　电源开关安装在明显位置，并有快速熔断器、防漏电装置以及可靠的接地或保护接零；

　　3　焊机的保护接地线直接从接地极处引接。其接地电阻值应小于 4Ω；

　　4　焊机故障修理由专人负责，并在切断电源后进行。

7.0.4　操作人员的人身安全防护应符合下列要求：

　　1　焊接施工的人员，必须穿戴绝缘鞋、绝缘手套和安全帽等防护用品；

　　2　用于焊接施工的作业平台必须牢固，并有安全措施；

　　3　在高空条件下施工时，施工人员应系安全带。

7.0.5　设备安全应符合下列要求：

　　1　焊接设备放置在通风、干燥和可避免碰撞的地方，并有必要的防护措施；

　　2　焊接电缆和控制线，应避免强行拖拉和遭受重物撞击，防止绝缘受损或内部断线；

　　3　焊接施工结束后应防护好焊机和收妥焊接夹具等物品，方可离开施工现场。

7.0.6　在雨、雪天气条件下进行焊接施工，应制订专项施工方案，在保证人身安全和接头质量方面，应有必要的措施。

《闪光对焊箍筋施工技术规程》

9　施工环境和安全

9.1　施工环境和安全防护设施

9.1.1　闪光对焊箍筋的加工和焊接宜在焊接工厂内生产，如在工地现场加工和焊接闪光对焊箍筋时，应在专门搭设的能防雨、防潮、防晒的工房内生产，工房的屋顶应有安全防护和排水措施。

9.1.2　焊机周围及上下方半径 10m 以内，不得堆放油类、木材、氧气瓶、乙炔发生器等易燃、易爆物品，防止火灾事故发生。

9.1.3　焊接操作及配合人员应按规定穿戴劳动防护用品。

　　焊工进入工地应戴好安全帽，戴皮质手套、穿防护工作服（宜为浅色棉布制作）、戴防护镜（滤光或遮光镜）、穿绝缘鞋（如皮鞋）。

9.2　用电安全

9.2.1　焊机开关箱内应安装漏电保护器。焊机的接地保护线（PE）应直接从接地极处引接，其接地电阻值应不大于 10Ω。

9.2.2　长期停用的闪光对焊机在恢复使用时，其绝缘电阻不得小于 0.5Ω，接线部分不得有腐蚀和受潮现象。

9.2.3　焊机的导线截面不应小于表 9.2.3 规定。

表 9.2.3　焊机的导线截面

内光对焊机的额定功率（kV·A）	50（40）	80（75）	100	150
一次电压为 380V 时导线截面（mm²）	16	25	35	50

　　焊工合闸前，应详细检查接线螺帽、螺栓及其他部件，并应确认完好齐全、无松动或损坏。

9.2.4　多台焊机集中并列安装使用时，相互间距不得小于 3m，应分别接在三相电源网络上，使三相负载平衡，并分别有各自的刀型开关。多台焊机的接地装置，应分别由接地极处引接，不得串接。

9.3　焊接安全

9.3.1　焊接前，应检查确认对焊机的压力机构灵活、夹具牢固、冷却水管及接头无泄漏条件下，方可开机。冷却水温度不得超过40℃；排水量应根据温度调节。

9.3.2　焊接前，应根据焊接钢筋截面，调整二次电压，不得焊接超过对焊机规定直径的钢筋。

9.3.3　焊接时应防止闪光火花伤人，在闪光区应设挡板，与焊接无关人员不得入内。

9.3.4　冬季施焊时，室内温度不应低于8℃。作业后，应放尽焊机内的冷却水。

9.4　吊运和安装箍筋

9.4.1　成品箍筋应采用底面和四个侧面密封的吊篮吊运。对大尺寸箍筋也可采用钢丝绳穿入箍筋内成捆起吊。

成品箍筋在吊篮内应成垛、水平重叠堆放，堆放高度不超出吊篮的四边胶合板高度，防止吊运过程中掉落箍筋造成人员伤亡或财产损失。

成品箍筋吊运到安装工作面时，应平稳地放在牢固的模板支撑架体上。

9.4.2　安装高度大于2m的柱中箍筋前，应在柱的两侧或四周搭设符合安全操作规定的脚手板。

9.4.3　安装梁钢筋前，应在梁的两侧（梁宽度大于550mm）或一侧（梁宽度不大于500mm）搭设符合安全操作规定的脚手板。

七、预应力钢筋施工

《预应力筋用锚具、夹具和连接器应用技术规程》JGJ 85—2010

6　使用要求

6.0.14　预应力筋张拉或放张时，应采取有效安全防护措施。在张拉过程中，预应力筋两端的正面不得站人和穿越。

八、后张法预应力施工

《后张预应力施工规程》

12.1.2 施工项目部的机构设置和人员组成，应满足预应力工程施工管理的需要。施工操作人员应经过培训，并具备各自岗位需要的基础知识和技术水平，特殊工种的作业人员必须持证上岗。

12.1.4 对施工难度和危险性大的预应力工程项目，宜制定专项安全施工方案，并采取相应的安全技术措施。

12.1.5 施工单位应认真执行安全生产责任制，对预应力施工过程中可能发生的危害、灾害与突发事件制定应急预案，应急预案应进行交底和培训，必要时应进行演练。

12.3 施工安全

12.3.1 预应力工程施工应实行逐级安全技术交底制度。施工前，项目技术负责人应将有关安全施工的技术要求向施工作业班组、作业人员作出详细说明，并由双方签字确认；班组长应向班组作业人员进行安全技术措施交底。项目安全员负责对施工现场安全生产进行监督检查。

12.3.2 预应力工程施工单位应建立安全生产教育制度。新进员工入场前必须完成公司、项目部、班组三级安全教育，未经安全教育的人员不得上岗作业。

12.3.3 预应力工程施工单位应认真执行安全生产检查制度。对检查过程中发现的安全问题，应及时出具整改通知单，对存在严重问题的违章人员应依照奖罚制度进行处理。

12.3.4 施工人员进入施工现场，应戴安全帽，高空作业应系安全带，且不得乱放工具和物件。

12.3.5 现场放线和断料的预应力钢绞线或钢丝应设置专用场地和放线架，避免放线时钢丝、钢绞线跳弹伤人。

12.3.6 预应力施工作业处严禁上下交叉同时作业，必要时应设置安全护栏和安全警示标志。

12.3.7 预应力施工时应搭设可靠的操作平台和安全挡笆，利用已有脚手架进行作业时，应检查脚手架是否安全，铺板是否可靠。在悬挑部位进行作业的人员应佩戴安全带。雨天张拉时，应架设防雨棚。

12.3.8 张拉作业区应设置明显的警戒标志，非作业人员不得随意进入作业区。

12.3.9 张拉时应严格执行在张拉千斤顶两侧操作的规定，千斤顶后面严禁站人，且不得用脚踩踏预应力筋等。

在测量预应力筋伸长值或拧紧锚具螺帽时，应停止张拉，作业人员必须站在千斤顶侧面操作。

12.3.10 液压千斤顶支撑必须与构件端部接触密合，位置准确对称。如需增加垫块，应保证其支脚稳定和受力均匀，并应有防止倾覆的技术措施。

12.3.11 张拉时必须服从统一指挥，严格按照安全技术交底要求操作，压力表读数和千斤顶行程不得超过规定值，发现预应力筋断丝或滑丝、锚具碎裂、混凝土出现裂缝或破碎、锚垫板陷入混凝土等异常情况时，应停止张拉。

12.3.12 孔道灌浆时操作人员应配备口罩、防护手套和防护眼镜，防止浆液喷溅伤人。

12.3.13 所有电器设备使用前应进行安全检查，及时更换或消除隐患；意外停电时，应立即关闭电源开关，严防电器设备受潮漏电。

电气设备的金属外壳，应接地或接零，电气设备所用保险丝的额定电流应与其负荷容量相符，且不得用其他金属线代替。

12.3.14 采用行灯作为照明施工时，其电压不得超过36V；在潮湿或金属结构内施工时，行灯电压不得超过12V。

12.3.15 钢结构拉索安装时，应在相应工作面上设置安全网，作业人员必须系安全带。户外作业时，宜在风力不大的情况下进行。在安装过程中应注意风速和风向，采取安全防护措施避免拉索发生过大摆动。有雷电时，必须停止作业。

12.3.16 预应力施工人员应遵守施工现场有关安全生产的规定。

12.5　环境保护

12.5.1　施工项目部应针对工程具体情况，制定施工环境保护计划，落实责任人员，并组织实施。

12.5.2　施工过程中，对施工设备和机具维修、运行、存储过程中的漏油，应采取有效的隔离措施，不得直接排放。漏油应统一收集并进行无害化处理。

12.5.3　现场灌浆用的水泥及其他灌浆材料应采取防水、防潮措施，并密闭存放管理。

12.5.4　现场制浆时应采取扬尘控制措施；制浆和灌浆过程中产生的污水和废浆应进行回收处理，不得直接排放。

12.5.5　施工过程中产生的建筑垃圾应进行分类处理，施工现场严禁焚烧各类建筑垃圾和废弃物品。

12.5.6　夜间施工应办理相关手续，并采取减少声、光等污染的措施。

九、钢筋镦锚施工

《钢筋镦锚应用技术标准》

7　安全和环境保护

7.1　安全

7.1.1　加工设备周围及上、下方半径 10m 以内，不得堆放油类、木材、氧气瓶、乙炔发生器等易燃易爆物品，严防火灾事故发生。

7.1.2　加工操作及配合人员应按规定穿戴劳动防护用品，并应采取防止烫伤、触电和火灾等事故的安全措施。

7.1.3　所有加工及维修设备应按要求留有足够的操作和安全距离，并应按规定设置防触电装置和采取防触电措施。

7.1.4　如采用热镦工艺，应符合下列规定：

1　应按操作规程要求，在加工设备通电前先通冷却液，并检查冷却管及接头有无泄漏。然后，再打开气压或液压装置，确认正常后方可开机使用。

2　加工过程中，冷却液温度不得超过50℃。如采用循环水冷却，当环境温度低于50℃时，应采取措施防止管道及储水设备发生冻胀破坏。

3　镦锚钢筋加工完成后，存放地点应设置防护措施，防止人员接触烫伤。

7.2　环境保护

7.2.1　加工过程中产生的废料应按相关要求及时处理，保持加工环境清洁、干净。

7.2.2　加工设备定期进行保养维修。生产加工过程中废液应按相关规程处理，防止发生二次污染事故。

十、混凝土结构成型钢筋施工

《混凝土结构成型钢筋应用技术规程》JGJ 366—2015

8　安全管理

8.1　作业人员

8.1.1　加工配送企业应建立安全生产管理制度和岗位责任制，并应定期组织员工进行安全生产教育培训。

8.1.2　进入成型钢筋加工和钢筋安装作业现场时，必须戴好安全帽、扣好帽带，并正确使用个人劳动防护用具，高处作业时必须系好安全带。

8.1.3　设备操作人员和现场安装施工人员在进入钢筋生产和安装施工现场前，应进行安全技术和安全操作技术规程等方面的培训，设备操作人员应能按设备操作使用说明书的要求正确使用所操作的设备。

8.1.4　设备操作人员操作设备时应执行下列规定：

1　使用机械设备、电气设备前必须按规定穿戴和配备好相应的安全防护用品，并检查电气装置和保护设施；

2　保管和维护、维修所用设备时，发现问题应及时报告解决；

3　暂时停用的设备开关箱，必须切断电源隔离开关，并关门上锁；

　　4　移动电气设备时，必须经过电工切断电源并做妥善处理后进行。

8.1.5　设备操作人员在作业过程中，不应擅自离开工作岗位或将机械设备交给其他人员操作。严禁无关人员进入作业区域或操作控制平台。

8.2　机械设备

8.2.1　机械设备和机具用电应按现行行业标准《施工现场临时用电安全技术规范》JGJ 46 的规定进行安全用电设计，并应符合下列规定：

　　1　设备电源供电线路应采用三级配电二级保护方式；

　　2　钢筋加工设备应采用一机、一闸、一漏电保护器、一配电开关箱制；

　　3　钢筋加工设备应有地线连接，工作接地电阻值不应大于 4Ω；

　　4　自动化钢筋加工设备应配备漏电保护器。

8.2.2　成型钢筋生产设备的安装应坚实稳固。固定式机械设备应有可靠的基础，移动式机械设备作业时应具有楔紧固定行走轮的措施。

8.2.3　成型钢筋生产设备的作业区域应设置安全警示牌或安全防护栏等安全防范措施。

8.2.4　钢筋加工机械设备和机具严禁带故障运转，运转中发现不正常时，应先停机检查，排除故障后方可使用。

8.2.5　钢筋加工机械设备在现场应设有防雨雪、防晒、防火等技术措施。

8.3　加工与安装

8.3.1　成型钢筋加工配送企业应对主要生产及生活区道路、作业场地进行硬化处理；对可能产生强光的焊接作业，应采取防护和遮挡措施；对成型钢筋加工设备和机具作业时产生的超限值噪声应采取降噪措施。

8.3.2　搬运或者吊装成型钢筋时，应提前检查作业区域附近有无障碍物、架空电线和其他临时电气设备，防止钢筋在回转时碰撞电线或发生触电事故。

8.3.3　夜间加工与安装时，作业区域应有足够的照明设备和亮度。行灯照明必须设有防护罩，并且应使用 36V 以下的安全电压。

8.3.4　起吊成型钢筋时下方严禁站人，起吊细长的成型钢筋时严禁一点吊装。

8.3.5　雷雨天气时应停止露天钢筋加工与安装作业，以防雷击伤人。

8.3.6　高处作业应执行现行行业标准《建筑施工高处作业安全技术规范》JGJ 80 的规定，并应符合下列规定：

　　1　不应将成型钢筋集中堆在高处的模板和脚手板上；

　　2　搭脚手架和工作平台时，四周应设防护栏杆；

　　3　安装 4m 以上独立柱钢筋时，应搭设临时脚手架，严禁依附主筋安装或攀登上下；

　　4　安装高层建筑的圈梁挑筋、外墙边等钢筋时，应搭设外挂架和安全网，并系好安全带。

十一、预拌混凝土生产安全

《预拌混凝土绿色生产及管理技术规程》JGJ/T 328—2014

5.7　职业健康安全

5.7.1　预拌混凝土绿色生产除应符合现行国家标准《职业健康安全管理体系　要求》GB/T 28001 的规定外，尚应符合下列规定：

　　1　应设置安全生产管理小组和专业安全工作人员，制定安全生产管理制度和安全事故应急预案，每年度组织不少于一次的全员安全培训；

　　2　在生产区内噪声、粉尘污染较重的场所，工作人员应佩戴相应的防护器具；

3　工作人员应定期进行体检。

5.7.2　生产区的危险设备和地段应设置醒目安全标识，安全标识的设定应符合现行国家标准《安全标志及其使用导则》GB 2894 的规定。

《预拌混凝土生产技术规程》

9　环境保护、安全生产与人员健康

9.1　新建、扩建和改建

9.1.1　企业新建、扩建或改建应满足所在行政区域建设和环境保护要求，不满足要求的已建企业不得进行扩建。

9.1.2　新建厂址应避开市中心环境敏感区且远离集中居住区 500m（含）以上。

9.1.3　企业实施扩建、改建必须同步实施绿色环保配套建设，环保配套建设应与主体建设实行同时设计、同时施工、同时投产使用。

9.2　厂区要求

9.2.1　外围护围墙高度应不小于 2m，并确保牢固和整洁。

9.2.2　应在出入门口内侧水平距离 1m 范围内以及混凝土搅拌站厂区区域内设置排水沟槽，排水沟槽的设置应满足区域内总排水量要求并达到连环贯通；应设置与排水沟槽相连通的污水、废浆水沉淀池，经沉淀处理后的废水应重复使用，做到少排放或零排放。未经沉淀处理的废水不得排入市政管网和河道。

9.2.3　区域内道路路面及生产作业区的地面应铺设不起尘的且能满足最大载重量的硬质地面材料。

9.2.4　围墙四周、生活区、办公区内未硬化的裸土空地应种植绿化。

9.2.5　应落实人员和措施确保区域内道路路面及生产作业区清洁，车辆行驶时无明显扬尘。

9.2.6　距离居民区、学校不大于 15m 的一侧应设置隔声屏障等降噪措施，隔声屏障及其他降噪措施的设置应符合有关标准的规定。

9.3   设备设施

9.3.1   混凝土生产设备设施应符合《混凝土搅拌站（楼）》GB/T 10171、《混凝土搅拌机》GB/T 9142 和《混凝土搅拌运输车》JG/T 5094 的规定，并应优先选用技术先进、低噪声、低能耗、低排放并满足本市环保标准的生产、运输和试验设备，严禁使用国家和本市明令禁止的淘汰设备。

9.3.2   搅拌站（楼）的上料、配料、搅拌等环节宜实施封闭。主体二层及以上部分应密闭，其内部照明应采用易除尘的光照设备。

9.3.3   搅拌主机应设置收尘设备并保持完好，滤芯等易损装置应定期保养或更换。卸料时应采用防止混凝土喷溅的设施，装车层应保持地面清洁。

9.3.4   筒仓应使用集尘设施收（除）尘，除吹灰管及除尘器出口外，不得再有通向大气的出口。吹灰管应采用硬式密闭接口，不得泄露。

9.3.5   砂石储存所需的骨料堆场应分类加装控制扬尘的封闭式库房，当粉尘排放不符合本规程 9.4 节规定时，内部还应安装喷淋装置。

9.3.6   配料用皮带输送机的动力部分应侧面封闭且上部加盖。

9.3.7   应配置废弃新拌混凝土清洗和砂石回收设施。

9.3.8   应设置生产废水回收利用设施。重复使用应通过计量等手段保证混凝土质量。

9.3.9   搅拌站（楼）的称量层、搅拌层应配备相应的清洗设备。运输车辆出厂前应冲洗清洁，清、冲洗废水应通过专用管道进入生产废水处置系统，不得无序排放，应建立废水回收利用设施。

9.3.10   搅拌站（楼）、粉料筒仓及泵拌车等应保持标识完整和外观整洁。

9.4   污染物排放要求

9.4.1   新建、扩建企业的预拌混凝土生产应经当地环保部门验收合格后方可进行。

9.4.2 厂界噪声应符合《工业企业厂界环境噪声排放标准》GB 12348 中的相关规定。当厂界监测噪声超过标准规定时，应采用相应的隔声设施。

9.4.3 厂区粉尘排放应符合《水泥工业大气污染物排放标准》GB 4915 中的相关规定。

9.4.4 厂区内无组织排放总悬浮颗粒物的 1h 平均浓度限值应符合下述规定：

1 混凝土搅拌楼（站）的计量层和搅拌层不应大于 $1000\mu g/m^3$。

2 骨料堆场不应大于 $800\mu g/m^3$。

3 搅拌楼（站）的操作间、办公区和生活区不应大于 $400\mu g/m^3$。

9.4.5 企业生产污水应达到零排放要求，当达不到零排放要求时，污水排放应符合《污水综合排放标准》DB 31/199 中的相关规定。

9.4.6 预拌混凝土垃圾应分类收集、集中堆放，并根据其性质按国家有关规定处理。

9.4.7 企业应定期监测污染物排放，有条件时，宜采用在线等方式实时监测。

9.5 安全生产与人员健康

9.5.1 企业安全生产除应符合《中华人民共和国安全生产法》和《建设工程安全生产管理条例》的有关规定外，尚应符合下列规定：

1 厂区危险设备、地段应设置醒目安全警示标志。

2 危险岗位、部位应配置相应的安全防护设备设施。

3 企业应制定安全生产事故应急预案．并定期按预案进行演练。

4 运输车、混凝土泵车的驾驶人员应严格执行《中华人民共和国道路交通安全法》的有关规定。

5 进入施工现场的人员应佩戴安全帽等相应的个人安全防

护设备。

9.5.2 企业人员健康应符合下列规定：

1 工人劳动强度和工作时间应符合《体力劳动强度分级》GB 3869 的有关规定。

2 从事有毒、有害、有刺激性气味和强光、强噪声的生产人员应佩戴相应的防护器具，并定期进行健康体检。

3 应采取有效防毒、防污、防尘、防潮、通风等措施，加强人员健康管理。

十二、混凝土搅拌站（楼）使用安全

《建筑施工机械与设备　混凝土搅拌站(楼)》GB/T 10171—2016

5.10 安全

5.10.1 工作平台、给料装置、骨料仓、水泥仓等凡涉及人身安全的部位均应设置安全防护设施（如扶梯、栏杆等）。

5.10.2 在混凝土搅拌站（楼）总装时，应提示用户在控制室内配挂绝缘灭火器。

5.10.3 混凝土搅拌站（楼）应在合适位置贴有安全警示标志。

5.10.4 对于移动式搅拌站的行驶速度应符合交通部门的规定。对于需要长距离运输时，应拆卸后再运输。

5.10.5 混凝土搅拌站（楼）应提示用户根据需要设置防雷装置，接地应符合 GB 50057 的要求。

第九篇　砌体施工安全

一、砌体结构工程施工

《砌体结构工程施工规范》GB 50924—2014

12　安全与环保

12.1　安全

12.1.1　砌体结构工程施工中，应按施工方案对施工作业人员进行安全交底，并应形成书面交底记录。

12.1.2　施工机械的使用，应符合现行行业标准《建筑机械使用安全技术规程》JGJ 33 和《施工现场临时用电安全技术规范》JGJ 46 的有关规定，并应定期检查、维护。

12.1.3　采用升降机、龙门架及井架物料提升机运输材料设备时，应符合现行行业标准《建筑施工升降机安装、使用、拆卸安全技术规程》JGJ 215 和《龙门架及井架物料提升机安全技术规范》JGJ 88 的有关规定，且一次提升总重量不得超过机械额定起重或提升能力，并应有防散落、抛洒措施。

12.1.4　车辆运输块材的装箱高度不得超出车厢，砂浆车内浆料应低于车厢上口 0.1m。

12.1.5　安全通道应搭设可靠，并应有明显标识。

12.1.6　现场人员应佩戴安全帽，高处作业时应系好安全带。在建工程外侧应设置密目安全网。

12.1.7　采用滑槽向基槽或基坑内人工运送物料时，落差不宜超过 5m。严禁向有人作业的基槽或基坑内抛掷物料。

12.1.8　距基槽或基坑边沿 2.0m 以内不得堆放物料；当在 2.0m 以外堆放物料时，堆置高度不应大于 1.5m。

12.1.9　基础砌筑前应仔细检查基坑和基槽边坡的稳定性，当有塌方危险或支撑不牢固时，应采取可靠措施。作业人员出入基槽或基坑，应设上下坡道、踏步或梯子，并应有雨雪天防滑设施或措施。

12.1.10　砌筑用脚手架应按经审查批准的施工方案搭设，并应符合国家现行相关脚手架安全技术规范的规定。验收合格后，不得随意拆除和改动脚手架。

12.1.11 作业人员在脚手架上施工时，应符合下列规定：

1 在脚手架上砍砖时，应向内将碎砖打在脚手板上，不得向架外砍砖；

2 在脚手架上堆普通砖、多孔砖不得超过3层，空心砖或砌块不得超过2层；

3 翻拆脚手架前，应将脚手板上的杂物清理干净。

12.1.12 在建筑高处进行砌筑作业时，应符合现行行业标准《建筑施工高处作业安全技术规范》JGJ 80 的相关规定。不得在卸料平台上、脚手架上、升降机、龙门架及井架物料提升机出入口位置进行块材的切割、打凿加工。不得站在墙顶操作和行走。工作完毕应将墙上和脚手架上多余的材料、工具清理干净。

12.1.13 楼层卸料和备料不应集中堆放，不得超过楼板的设计活荷载标准值。

12.1.14 作业楼层的周围应进行封闭围护，同时应设置防护栏及张挂安全网。楼层内的预留洞口、电梯口、楼梯口，应搭设防护栏杆，对大于1.5m的洞口，应设置围挡。预留孔洞应加盖封堵。

12.1.15 生石灰运输过程中应采取防水措施，且不应与易燃易爆物品共同存放、运输。

12.1.16 淋灰池、水池应有护墙或护栏。

12.1.17 未施工楼层板或屋面板的墙或柱，当可能遇到大风时，其允许自由高度不得超过表12.1.17的规定。当超过允许限值时，应采用临时支撑等有效措施。

表 12.1.17 墙和柱的允许自由高度 (m)

墙(柱)厚 (mm)	1300<砌体密度≤1600(kg/m³)			砌体密度>1600(kg/m³)		
	风载(kN/m²)			风载(kN/m²)		
	0.3(约7级风)	0.4(约8级风)	0.5(约9级风)	0.3(约7级风)	0.4(约8级风)	0.5(约9级风)
190	1.4	1.1	0.7	—	—	—

续表 12.1.17

墙(柱)厚 (mm)	1300<砌体密度≤1600(kg/m³)			砌体密度>1600(kg/m³)		
	风载(kN/m²)			风载(kN/m²)		
	0.3(约7级风)	0.4(约8级风)	0.5(约9级风)	0.3(约7级风)	0.4(约8级风)	0.5(约9级风)
240	2.2	1.7	1.1	2.8	2.1	1.4
370	4.2	3.2	2.1	5.2	3.9	2.6
490	7.0	5.2	3.5	8.6	6.5	4.3
620	11.4	8.6	5.7	14.0	10.5	7.0

注：1　本表适用于施工处相对标高 H 在10m 范围内的情况。当 10m<H≤15m、15m<H≤20m 时，表中的允许自由高度应分别乘以 0.9、0.8 的系数；当 H>20m 时，应通过抗倾覆验算确定其允许自由高度。

　　2　当所砌筑的墙有横墙或其他结构与其连接，而且间距小于表内允许自由高度限值的 2 倍时，砌筑高度可不受本表的限制。

12.1.18　现场加工区材料切割、打凿加工人员，砂浆搅拌作业人员以及搬运人员，应按相关要求佩戴好劳动防护用品。

12.1.19　工程施工现场的消防安全应符合现行国家标准《建设工程施工现场消防安全技术规范》GB 50720 的有关规定。

12.2　环境保护

12.2.1　施工现场应制定砌体结构工程施工的环境保护措施，并应选择清洁环保的作业方式，减少对周边地区的环境影响。

12.2.2　施工现场拌制砂浆及混凝土时，搅拌机应有防风、隔声的封闭围护设施，并宜安装除尘装置，其噪声限值应符合国家有关规定。

12.2.3　水泥、粉煤灰、外加剂等应存放在防潮且不易扬尘的专用库房。露天堆放的砂、石、水泥、粉状外加剂、石灰等材料，应进行覆盖。石灰膏应存放在专用储存池。

12.2.4　对施工现场道路、材料堆场地面宜进行硬化，并应经常洒水清扫，场地应清洁。

12.2.5　运输车辆应无遗洒，驶出工地前宜清洗车轮。

12.2.6 在砂浆搅拌、运输、使用过程中，遗漏的砂浆应回收处理。砂浆搅拌及清洗机械所产生的污水，应经过沉淀池沉淀后排放。

12.2.7 高处作业时不得扬洒物料、垃圾、粉尘以及废水。

12.2.8 施工过程中，应采取建筑垃圾减量化措施。作业区域垃圾应当天清理完毕，施工过程中产生的建筑垃圾，应进行分类处理。

12.2.9 不可循环使用的建筑垃圾，应收集到现场封闭式垃圾站，并应清运至有关部门指定的地点。可循环使用的建筑垃圾，应回收再利用。

12.2.10 机械、车辆检修和更换油品时，应防止油品洒漏在地面或渗入土壤。废油应回收，不得将废油直接排入下水管道。

12.2.11 切割作业区域的机械应进行封闭围护，减少扬尘和噪声排放。

12.2.12 施工期间应制定减少扰民的措施。

《砌体工程施工规程》

12 安全与绿色施工

12.0.1 砌体工程施工前应对周围施工环境进行检查，道路的畅通，机具的完好牢固，安全设施和防护用品的齐全，经检查符合要求后方可施工。施工操作人员应遵守各项安全生产规章制度。

12.0.2 施工机械的使用，必须符合《建筑机械使用安全技术规程》JGJ 33 及《施工现场临时用电安全技术规范》JGJ 46 的有关规定，并定期检查、维护。

12.0.3 采用升降机、龙门架及井架物料提升机运输，必须符合《建筑施工升降机安装、使用、拆卸安全技术规程》JGJ 215、《龙门架及井架物料提升机安全技术规范》JGJ 88 的有关规定。进行垂直运输时，一次提升总重量不得超过机械起重或提升能力，且应有防散落、抛洒措施。

12.0.4 砌体材料应堆放在坚实的地面上，并采取排水措施；楼面或屋面堆放砌体材料不应超过其设计荷载能力，并应分散堆放；施工层进料口楼板下，宜采取临时加撑措施；距基槽或基坑边沿 2m 以内禁止堆放物料，堆放物料的高度不应超过 1.5m。

12.0.5 采用砖夹子吊运砌块时，应用四点吊，并使用卸夹和套好网罩；采用起重机吊砌块、砖等时，应用砖笼，并应使用尼龙网或安全罩围护。砂浆料斗不应装得过满。吊车起重臂不应有人停留，料斗落到架子上时，砌筑人员应暂停操作。

12.0.6 当基础墙较高，需搭临时脚手架时，不应将脚手架搁置或依靠在刚砌好的砌体墙上。搭设脚手架地面应平整坚实。脚手架底应铺垫方板。脚手架每块板上操作人员不得大于两人，砖块堆高不得大于单行 3 皮。宜采用一块板站人，一块板堆料。冬期施工时，脚手板上如有冰霜、积雪，应先清除后才能上架子进行操作。

12.0.7 施工过程中应遵守下列安全规定：

1 不应向上抛砖运送，人工传递，应稳递稳接，并避免在同一垂直线上两人作业；

2 不应站在墙上进行砌筑、画线、吊线、清扫墙面等工作；

3 砍砖时应面向墙内作业；

4 雨天应做好防雨措施；

5 在同一垂直面内上下交叉作业时，应设置安全隔板；

6 已砌好的山墙，应临时用联系杆（如模条等）拉结各跨山墙上，或采取其他有效的加固措施。

12.0.8 保温材料选用环保、阻燃材料，严禁采用国家明令禁用材料。所用防冻剂等外加剂不应降低结构强度，并应满足国家相关环保要求。

12.0.9 施工现场砂浆（混凝土）搅拌机应有防风、隔声的封闭围护设施，并宜安装除尘装置，其噪声应控制在当地有关部门的规定范围内。

12.0.10 在施工现场应有封闭的水泥储存库或干粉砂浆储存室，散装水泥应有专用储备罐。施工区域应保持清洁，做到勤洒水，以减少粉尘对于周边环境的污染。

12.0.11 在砌体工程施工时，应保持施工现场排水畅通，应设置相应的管沟、集水井，应将场内积水及时排除。施工产生的废浆液应经沉淀澄清后再予以排放。

12.0.12 对施工现场道路、材料堆场地面宜进行硬化，经常洒水清扫，保持场地清洁。

12.0.13 高处作业时严禁扬洒物料、垃圾、粉尘以及废水。作业区域垃圾应当天清理完毕，宜统一装袋运输，严禁随意抛掷。

12.0.14 机械、车辆检修和更换油品时，防止油品洒漏在地面或渗入土壤。做好废油回收工作，严禁将废油直接排入下水管道。

12.0.15 切割作业区域的机械应进行封闭围护，减少扬尘和噪声排放。

12.0.16 夜间作业应符合当地政府管理部门的相关规定。

《砌体结构工程施工工艺规程》

11 砌体结构工程安全文明施工

11.1 砌体结构工程安全施工要求

11.1.1 安全、环保责任制度以及安全交底、安全教育、安全检查等各项管理制度应已落实。

11.1.2 操作环境、道路、机具、安全设施和防护用品，必须经检查符合要求后方可施工。

11.1.3 现场施工用电、施工机械应严格按照现行行业标准《施工现场临时用电安全技术规范》JGJ 46 和《建筑机械使用安全技术规程》JGJ 33 执行。

11.1.4 作业面及操作面上必须设置安全防护设施。

11.1.5 脚手架应符合下列要求：

  1 搭设和拆除应有方案，并应加强管理。

  2 脚手架应经安全人员检查合格后方能使用。

  3 砌筑脚手架上的荷载不得超过 $3.0kN/m^2$。

11.1.6 采用砖笼吊砖时，应符合下列要求：

  1 砖在架子或楼板上应均匀分布，不应集中堆放。

  2 起吊砖笼和砂浆料斗时，砖和砂浆不得过满。

  3 吊臂工作范围内不得有人停留。

11.1.7   在脚手架上砍砖时，操作人员应向里把碎砖打在架板上，不得把砖头打向架外。

11.1.8   在基坑（槽）内进行砌体施工时，应符合下列要求：

　　1   应有安全施工方案和应急预案。

　　2   基槽外侧 1m 以内严禁堆物，施工人员进入坑内应有通道。

　　3   不得直接向下投掷砌体材料，基槽深度超过 1.5m 时，运输材料应使用机具或溜槽。

11.1.9   砌筑高度超过 2m 时，应采取防止高空坠落措施。

11.1.10   不得在基槽边缘、墙顶或架上修凿、清打石材。

11.1.11   冬期施工时，应符合下列要求：

　　1   应清除脚手板上的积雪和冰霜。

　　2   现场工人应加强劳动防护。

　　3   现场应采取切实有效的防火、防冻措施。

11.1.12   雨期施工时，应符合下列要求：

　　1   现场应做好防雨、防洪、防雷、排水工作。

　　2   对各操作面上露天作业人员，应备好足够的防雨、防滑防护用品。

　　3   应定期检查电气设备的防漏电措施。

11.2   砌体结构工程文明施工要求

11.2.1   施工现场必须采用封闭围挡，高度不得小于 1.8m。

11.2.2   施工现场的主要道路应进行硬化处理；易起尘的施工面应及时采取洒水、围挡、覆盖等措施，有效控制扬尘；切割或打磨砌体材料时应浇水，消除粉尘污染。

11.2.3   施工现场砂浆搅拌场所应有降尘措施二在砂浆搅拌、运输及使用过程中，遗漏的砂浆应及时回收和处理。

11.2.4   水泥等易飞扬的细颗粒建筑材料应封闭存放或采取覆盖等措施；外加剂应入库存放；砂应分仓堆放；石灰膏应设专用储存池存放。

11.2.5   建筑物内施工垃圾的清运，必须采用相应容器或管道运输，严禁凌空抛掷，固体废物应分类存放，有效管理。

11.2.6　生产污水和生活废水应处理后分类排放。

11.2.7　车辆运输不得超载、洒落，施工现场出入口处应采取保证车辆清洁的措施。

11.2.8　施工现场应按照现行国家标准《建筑施工场界环境噪声排放标准》GB 12523 制定降噪措施。施工现场的强噪声设备宜设置在远离居民区的一侧，并应采取降低噪声措施。

二、混凝土小型空心砌块施工

《混凝土小型空心砌块建筑技术规程》JGJ/T 14—2011

8.4.25　砌筑小砌块墙体应采用双排外脚手架、里脚手架或工具式脚手架，不得在砌筑的墙体上设脚手孔洞。

8.4.26　在楼面、屋面上堆放小砌块或其他物料时，不得超过楼板的允许荷载值。当施工楼层进料处的施工荷载较大时，应在楼板下增设临时支撑。

8.13.26　外墙外保温防火隔离带设置应符合国家现行有关标准的规定。

8.13.27　外保温施工时，对聚苯板、聚氨酯等非 A 级保温材料的保管、使用应有防火应急预案，并实行全过程、全方位的防火监控与设防。

《混凝土砖建筑技术规范》

6.4　安全措施

6.4.1　施工时应符合现行行业标准《建筑施工安全检查标准》JGJ 59 的有关规定。

6.4.2　当垂直运输采用集装托板吊装时，应设有尼龙网或安全罩围护砖垛。

6.4.3　在楼面装卸和堆放混凝土砖或其他物料时，严禁倾卸和抛掷，并不得撞击楼板。

6.4.4　堆放在楼板上的混凝土砖、砂浆等施工荷载不得超过楼板的设计允许承载力，否则应对楼板采取加固措施。

6.4.5　混凝土砖砌筑或进行其他施工时，不得站在墙上操作和在墙上设置受力支撑、缆绳等。

6.4.6　当可能遇到大风时，应对稳定性较差的窗间墙、独立柱加设临时支撑。

　　《配筋混凝土小型空心砌块砌体建筑技术规程》

7.9　安全施工

7.9.1　配筋小砌块砌体施工的安全技术要求除应符合现行国家标准和行业标准《建筑施工高处作业安全技术规范》JGJ 80、《建筑机械使用安全技术规程》JGJ 33、《建设工程施工现场供用电安全规范》GB 50104、《施工现场临时用电安全技术规范》JGJ 46 以及地区主管部门颁发的有关规定外，尚应根据工程特点制定安全施工技术措施。

7.9.2　垂直吊运未经成捆包装的小砌块时，应用尼龙网或金属罩围护。

7.9.3　各类外脚手架必须严格控制使用荷载，加强脚手架使用、监控与管理。采用落地式钢管脚手架时，应双排布置，与主体结构须有可靠连接，并符合《建筑施工门式钢管脚手架安全技术规范》JGJ 128 和《建筑施工扣件式钢管脚手架安全技术规程》JGJ 130 的规定。挑脚手和提升式脚手装置应作设计计算与载荷试验，验收合格后方可投入使用。

7.9.4　在楼面或脚手架上堆放小砌块或其他物料时，严禁倾卸和抛掷，且不得撞击楼板与脚手架。

7.9.5　砌筑砌体或进行其他施工时，严禁在墙上操作。

7.9.6　建筑物出入口、楼梯口、电梯井口、楼板预留孔洞、基坑边缘、阳台边缘、挑廊边缘、楼梯段边缘等处必须设置醒目及引人注意的防护栏杆。

7.9.7　施工现场应有可靠的避雨设施，机电设备应有接地保护等装置。

7.9.8　雨、雪天应及时清理施工现场道路、脚手平台和栈道等处的水、雪、冰，并设置可靠的防滑措施。

7.9.9　出现六级及六级以上强风、浓雾、雷电等天气状况时，必须停止露天高空作业。

7.9.11　射钉枪弹的使用与保管必须符合有关部门规定，严禁误伤他人。

7.9.12　施工现场应配备稳妥、可靠的通信联系设施与有专人管理的消防设施。

三、多孔砖砌体结构施工

《多孔砖砌体结构技术规范》JGJ 137—2001（2002 年版）

6.3　安全措施

6.3.1　砌完基础后，应及时回填。回填土的施工应符合现行国家标准《土方与爆破工程施工及验收规范》GB 50201 的有关规定。

6.3.2　砌体相邻工作段的高度差，不得超过一层楼的高度，也不宜大于 4m。工作段的分段位置，宜设在伸缩缝、沉降缝、防震缝构造柱或门窗洞口处。

6.3.3　尚未安装楼板或屋面板的墙和柱，当可能遇大风时，其允许自由高度不得超过表 6.3.3 的规定。当超过表列限值时，必须采用临时支撑等有效措施。

表 6.3.3　墙和柱的允许自由高度（m）

墙（柱）厚度（mm）	风荷载（N/m²）		
	300（相当于 7 级风）	400（相当于 8 级风）	600（相当于 9 级风）
190	1.4	1.1	0.7
240	2.2	1.7	1.1
400	4.2	3.2	2.1
490	7.0	5.2	3.5
620	11.4	8.6	5.7

注：1. 本表适用于施工处相对标高（H）在 10m 范围内的情况。如 10m＜H≤15m，15m＜H≤20m 时，表中的允许自由高度应分别乘以 0.9、0.8 的系数；如 H＞20m 时，应通过抗倾覆验算确定其允许自由高度；

　2. 当所砌筑的墙，有横墙和其他结构与其连接，而且间距小于表列限值的 2 倍时，砌筑高度可不受本表规定的限制。

6.3.4 雨天施工应防止基槽灌水和雨水冲刷砂浆，砂浆的稠度应适当减小，每日砌筑高度不宜超过 1.2m。收工时，应覆盖砌体表面。

6.3.5 施工中需在砖墙中留的临时洞口，其侧边离交接处的墙面不应小于 0.5m；洞口顶部宜设置钢筋砖过梁或钢筋混凝土过梁。

6.3.6 设有钢筋混凝土抗风柱的房屋，应在柱顶与屋架间以及屋架间的支撑均已连接固定后，方可砌筑山墙。

6.3.7 在冬期施工中，对于抗震设防烈度为 9 度的建筑物，当砖无法浇水湿润又无特殊措施时，不得砌筑。

四、植物纤维工业灰渣混凝土砌块施工

《植物纤维工业灰渣混凝土砌块建筑技术规程》JGJ/T 228—2010

6.7　安全措施

6.7.1 当使用托盘吊装垂直运输砌块时，应使用尼龙网或安全罩围护砌块。

6.7.2 在楼面或脚手架上堆放砌块或其他物料时，严禁倾卸和抛掷，不得撞击楼板和脚手架。

6.7.3 堆放在楼面和屋面上的各种施工荷载不得超过楼板或屋面板的设计允许承载力。

6.7.4 砌筑砌块或进行其他施工时，施工人员严禁站在墙上进行操作。

6.7.5 当需要在砌体中设置临时施工洞口时，洞边离交接处的墙面距离不得小于 600mm，并应沿洞口两侧每 400mm 处设置 2ϕ4 焊接钢筋网片及洞顶钢筋混凝土过梁。

6.7.6 当未浇筑（安装）楼板或屋面板的砌块墙和柱遇大风时，其允许自由高度不得超过表 6.7.6 的规定。

表 6.7.6 砌块墙和柱的允许自由高度

墙（柱）厚度（mm）	砌块墙和柱的允许自由高度（m）		
	风荷载（kN/m²）		
	0.3（相当7级风）	0.4（相当8级风）	0.6（相当9级风）
190	1.4	1.0	0.6
390	4.2	3.2	2.0
490	7.0	5.2	3.4
590	10.0	8.6	5.6

注：允许自由高度超过时，应加设临时支撑或及时现浇圈梁。

五、非承重蒸压灰砂多孔砖施工

《非承重蒸压灰砂多孔砖应用技术规程》

5.8 安全、环保、文明施工

5.8.1 非承重蒸压灰砂多孔砖砌体施工的安全技术要求应符合国家和上海市有关建筑工程安全标准的有关规定，并根据工程实际制定切实有效的安全施工技术措施，建立健全的安保体系。

5.8.2 各类脚手架必须严格控制使用荷载，加强脚手架的使用、监控和管理。

5.8.3 建筑物出入口、楼梯口、电梯井口、楼板预留孔洞、基坑边缘、阳台边缘、挑廊边缘、楼梯边缘等处必须设置醒目的防护设施。

5.8.4 垂直吊运非承重蒸压灰砂多孔砖及其他未成捆包装的零星物料，应设围栏或加罩围护。

5.8.5 在楼面、屋面上堆放非承重蒸压灰砂多孔砖等物料时，不得超过楼板的允许荷载值。当施工楼层进料处的施工荷载较大时，应在楼板下增设临时支撑。严禁倾卸和抛掷，且不得撞击楼板和脚手架。

5.8.6 砌筑砌体或进行其他施工时，严禁站在墙上操作。

5.8.7 施工现场应有可靠的防雷设施，金属的外脚手架、机电设备等应有接地保护装置。

5.8.8 雨、雪天应及时清理现场施工道路、脚手平台、栈道等处的积水、积雪和冰块，并有可靠的防滑倒设施。出现六级及六级以上强风、浓雾、雷电等天气状况时，必须停止露天高空作业。

5.8.9 在大风雨和台风情况下，对已砌筑而强度未达到要求、稳定性较差的砌体必须加设临时支撑保护。

5.8.10 施工现场应配备稳定有效的通信联系设施和有专人管理的消防设施。

6.1.7 通过返修或加固处理仍不能满足安全使用要求的子分部工程，严禁验收。

六、蒸压加气混凝土砌块自承重墙体施工

《蒸压加气混凝土砌块自承重墙体技术规程》

5.10 安全施工

5.10.1 蒸压加气混凝土砌块采用集装托板垂直运输时，吊笼和托板应满足强度要求，并应设有尼龙网等安全罩。

5.10.2 在楼面装卸堆码蒸压加气混凝土砌块时，禁止倾倒、抛掷和撞击楼板，蒸压加气混凝土砌块宜分散堆码，堆垛应稳定。

5.10.3 砌体不得作为脚手架受力支点。

5.10.4 蒸压加气混凝土砌块施工时，施工人员必须在稳定的脚手架上操作，不得站在砌体上。

5.10.5 在大风雨和台风的情况下，对已砌筑而强度未达到要求，稳定性较差的砌体必须加设临时支撑保护。

5.10.6 施工临时洞口及门、窗洞过梁的支撑应坚固、牢靠，砌筑砂浆强度未达到设计要求 75% 以上时，不可拆除支撑和模板。

七、装饰多孔砖夹心复合墙施工

《装饰多孔砖夹心复合墙技术规程》 JGJ/T 274—2012

7.5 安全措施

7.5.1　施工应符合现行行业标准《建筑施工安全检查标准》JGJ 59 的有关规定。

7.5.2　当垂直运输采用集装托盘吊装时，应设有尼龙网或安全罩。

7.5.3　在楼面装卸和堆放物料时，严禁倾卸和抛掷，不得撞击楼板和脚手架。

7.5.4　堆放在楼板上的物料等施工荷载不得超过楼板（屋面板）的设计允许承载力。

7.5.5　墙体砌筑或进行其他施工时，不得墙上操作和墙上设置支撑、缆绳等。

7.5.6　当遇到大风时，应对稳定性较差的窗间墙、独立柱加设临时支撑。

八、混凝土模卡砌块施工

《混凝土模卡砌块应用技术规程》

5.8　文明安全施工

5.8.1　模卡砌块墙体施工的安全技术要求必须遵守现行建筑工程安全技术规定。

5.8.2　当垂直运输采用集装托板吊装时，应用尼龙网或安全罩围护模卡砌块。

5.8.3　在楼面装卸和堆放模卡砌块时，严禁倾卸和抛掷，并不得撞击楼板。

5.8.4　堆放在楼面上的模卡砌块，灌孔浆料等施工荷载不得超过楼面的设计允许承载力，否则应对楼板采取加固措施。

5.8.5　灌筑模卡砌块或进行其他施工时，不得站在墙上操作。

5.8.6　尚未施工楼板或屋面的墙，在可能遇到大风时，其允许自由高度不得超过表 5.8.6 的规定；否则，必须加设临时支撑等有效措施。

表 5.8.6   墙的允许自由高度（m）

墙厚度 (mm)	模卡砌块砌体密度>1600kg/m³		
	风载（kN/m²）		
	0.3（相当于 7 级风）	0.4（相当于 8 级风）	0.5（相当于 9 级风）
200（225）	2.0	1.6	1.2
240	3.0	2.3	1.6
400	5.8	4.5	3.2
490	8.7	6.6	4.4
600	14	10.5	7.0

注：1. 本表适用于施工处相对标高（H）在 10m 范围内的情况。如 10m＜H≤ 15m、15m＜H≤20m，表内的允许自由高度值应分别乘以 0.9、0.8；如 H ＞20m 时，应通过抗倾覆验算确定其允许自由高度；

2. 当所灌筑的墙（柱）有横墙壁或其他结构与其连接，而且间距小于表列限值的 2 倍时，灌筑高度可不受本表限制。

5.8.7   施工中，如需在砌体中设置临时施工洞时，其洞边离交接处的墙面距离不应小于 600mm，并距洞高每 450mm 的两侧各设 2φ6 拉结钢筋，同时，在洞顶设钢筋混凝土过梁。

5.8.8   射钉枪弹的使用与保管必须符合有关部门的规定，严禁误伤他人。

九、脱硫石膏轻质砌块、条板施工

《脱硫石膏轻质砌块、条板应用技术规程》

5.1.6   安全措施应按以下要求进行：

1   脱硫石膏轻质砌块、条板施工的安全技术要求必须遵守现行建筑工程安全技术标准的规定。

2   垂直运输使用托盘吊装时，应使用尼龙网或安全罩围护脱硫石膏轻质砌块、条板。

3   施工脚手架搭设应符合现行相关的国家行业标准。

4   在楼面或脚手架上堆放脱硫石膏轻质砌块、条板或其他物料时，严禁倾卸或抛掷，不得撞击楼板和脚手架。

5   施工人员操作时应戴安全帽，高空作业时应系安全带。

砌筑脱硫石膏轻质砌块、条板时，施工人员严禁站在隔墙上进行操作。

6　电动工具、电气设备使用应符合《国家电气设备安全技术规范》GB 19517 的要求。射钉枪的使用与保管必须符合有关部门的规定。

7　施工现场必须工完场清。废弃物应按环保要求分类堆放及处理。

十、混凝土结构砌体填充墙施工

《混凝土结构砌体填充墙技术规程》

8.7　安全施工

8.7.1　填充墙砌体施工必须遵守现行建筑工程安全技术标准的规定。

8.7.2　垂直运输使用托盘吊装时，应用尼龙网或安全罩围护块材。

8.7.3　堆放在楼面（屋面）和脚手架上的各种施工荷载不得超过楼板和脚手架的允许荷载值。施工层进料口楼板下，宜采用临时支撑措施。

8.7.4　尚未砌至梁或底板的填充墙，当可能遇到 7 级或以上大风时，其允许自由高度应符合有关规定，并应采取临时支撑等有效措施。

十一、纤维片材加固砌体施工

《纤维片材加固砌体结构技术规范》JGJ/T 381—2016

5.3　施工安全

5.3.1　纤维片材配套胶粘剂的原料应密封储存，远离火源，避免阳光直接照射。

5.3.2　胶粘剂配制和使用场所应保持通风良好。

5.3.3　现场施工人员应采取劳动保护措施。

5.3.4　当加固施工采用碳纤维片材时，应远离电气设备及电源或采取可靠的防护措施。

第十篇　给水排水暖通与市政工程安全

一、城镇污水处理与再生利用

《城镇污水处理厂运行、维护及安全技术规程》CJJ 60—2011

10   应急预案

10.0.1   城镇污水处理厂应建立健全应急体系，并应制定相应的安全生产、职业卫生、环境保护、自然灾害等应急预案。

10.0.2   制定应急预案应符合下列规定：

  1   应明确说明编制预案的目的、原则、编制依据和适用范围等；

  2   应建立应急组织机构并明确其职责、权利和义务；

  3   应根据城镇污水处理厂实际特点制定各种应急技术措施，包括：触电、中毒、防汛、关键性生产设备紧急抢修、重大水质污染、严重超负荷运行、压力容器故障、氯气泄漏、沼气泄漏、硫化氢等有毒有害气体泄漏、防火防爆、防自然灾害、防溺水、防高空坠落和化验室事故等应急措施；

  4   应有应急装备物资保障、技术保障、安全防护保障和通信信息保障等。

10.0.3   城市污水处理厂的员工应定期接受应急救援方面的教育、培训、演练和考核。

10.0.4   各种应急预案应每年进行 1 次补充、修改和完善，并做好其档案的管理与评审工作。

10.0.5   每年应至少进行 1 次应急预案的演练。演练形式可以采取下列形式：

  1   桌面演练；

  2   功能演练；

  3   全面演练。

《城镇污水再生利用设施运行、维护及安全技术规程》CJJ 252—2016

6   安全

6.1   安全管理

6.1.1　应建立完整的安全管理责任体系。

6.1.2　应建立健全安全管理制度、安全操作规程及安全应急预案。

6.1.3　应定期对职工进行安全教育，新职工上岗前应进行三级安全教育。

6.1.4　应定期进行安全检查和考核，对发现的问题应及时整改。

6.1.5　应建立健全安全档案，落实安全档案管理。

6.2　作业安全

6.2.1　电气、设备作业应符合现行国家标准《国家电气设备安全技术规范》GB 19517、《电业安全工作规程（电力线路部分）》DL 409—2005 和《手持式电动工具的管理、使用、检查和维修安全技术规程》GB/T 3787 的有关规定。

6.2.2　压力容器、起重机械等特种设备的安全管理应符合现行国家标准《压力容器　第 1 部分：通用要求》GB 150.1 和《起重机械安全规程》GB 6067.1—6067.7 的有关规定。

6.2.3　应定期对消防器材进行检查、更新。

6.2.4　危险作业应执行操作票等安全管理制度。

6.2.5　有限空间维修维护作业应符合国家现行标准《缺氧危险作业安全规程》GB 8958、《城镇排水管道维护安全技术规程》CJJ 6 和现行国家职业卫生标准《密闭空间作业职业危害防护规范》GBZ/T 205 的有关规定。

6.2.6　有风险的设备设施及危险工作场所应按现行国家标准《安全标志及其使用导则》GB 2894 和《安全色》GB 2893 的有关规定设置安全标志。

6.2.7　安全防护设施设备与用品应按相关安全规定专项管理。

6.2.8　构（建）筑物护栏及扶梯应牢固可靠，水池护栏上应配备救生圈、安全绳等救生器具，并应定期检查和更换。

6.2.9　危险化学品和有毒有害化学品应单独隔离储存。

6.2.10　危险化学品罐区及加药间应配备防护器具，操作时应佩戴防护器具。

6.2.11 进入易燃易爆品区域前应释放身体静电，不得携带手机、打火机、火柴等，在规定的范围内不得进行动火、动土等作业。

6.2.12 雷雨天气，不宜进行室外作业。大风天气不宜进行高处作业和动火作业，雨雪天气应有防滑措施。

6.3 应急预案

6.3.1 应根据风险评估结果制定相关应急预案，并应按规定备案。

6.3.2 应每年至少组织一次应急预案演练并评估演练效果。

6.3.3 应根据机构变化和预案演练评估结果等情况修订预案。预案应每 3 年至少修订一次并记录归档。

6.3.4 应按预案的要求配备相应的物资及装备，建立使用台账，并应定期检查和维护。

二、隧道工程防水

《隧道工程防水技术规范》

10.6 隧道工程注浆

10.6.10 劳动安全与环境保护应符合下列规定：

　　1 工作人员施工作业时，应穿好防护工作服，戴防毒口罩、护目眼镜和防护手套。

　　2 化学注浆施工应在通风条件良好的环境下进行，并注意防火、防潮、防泄漏、防盗。

　　3 注浆过程中产生的弃浆、废浆及废水严禁随意排放，应集中储存；待注浆结束后，对弃浆、废浆应按照国家及行业的相关标准进行处理。

　　4 必须严格检查设备、管路，以防注浆过程压力爆破伤人。

　　5 注浆范围和建筑物的水平距离很近时，应加强对邻近建筑物和地下埋设物的现场监控。

　　6 注浆点距离饮用水源或公共水域较近时，注浆施工如有污染应及时采取相应措施。

三、城镇供热直埋热水管道施工

《城镇供热直埋热水管道技术规程》CJJ/T 81—2013

7　管道施工与验收

7.1　施工

7.1.1　管道工程的施工单位应具有相应的施工资质。

7.1.2　施工现场管理应有施工安全、技术、质量标准，健全的安全、技术、质量管理体系和制度。

7.1.8　在沿车行道、人行道施工时，应在管沟沿线设置安全护栏，并应设置明显的警示标志。施工现场夜间应设置安全照明、警示灯和具有反光功能的警示标志。

7.1.12　在有限空间内作业应制定实施方案，作业前应进行气体检测，合格后方可进行现场作业。作业时地面上应有监护人员，并应保持联络畅通。

7.2　管道试验和清洗

7.2.4　压力试验和清洗前应划定安全区、设置安全标志。在整个试验和清洗过程中应有专人值守，无关人员不得进入试验区。

8　运行与维护

8.0.1　运行、维护应制定相应的管理制度、岗位责任制、安全操作规程、设施和设备维护保养手册及事故应急预案。

8.0.2　运行管理、操作和维护人员应掌握供热系统的运行、维护要求及技术指标，并应定期培训，考核合格后持证上岗。

8.0.3　在检查室等有限空间内的运行维护安全应符合下列规定：

　　1　作业应制定实施方案，作业前应进行危险气体和温度检测，合格后方可进入现场作业；

　　2　作业时应进行围挡，并应设置提示和安全标志，夜间进行操作检查时，还应设置警示灯；

　　3　严禁使用明火照明，照明用电电压不得大于 24V。当有人员在检查室及管沟内作业时，严禁使用潜水泵等用电设备；

　　4　在有限空间内操作时，地面上应有监护人员，并应保持联络畅通；

　　5　严禁在有限空间内休息。

8.0.4　运行、维护除应符合现行行业标准《城镇供热系统安全运行技术规程》CJJ/T 88 的相关规定外，还应符合下列规定：

　　1　供热管线及附属设施应定期进行巡检，并应制定巡检方案；

　　2　当系统出现压力降低、温度变化较大、失水量增大等异常情况时应立即进行全网巡检，并应查明故障原因；

　　3　巡检发现外界施工占压和可能损坏供热管道及设施时，应及时进行处理，并应在施工阶段加强巡视；

　　4　巡检发现管道系统泄漏时，应立即设置安全警戒区和警示标志，并采取防护措施；

　　5　当有市政管线在直埋热水管道上面或侧面进行平行或垂直开槽施工时，应及时告知建设单位采取保护措施。

四、城镇供热直埋蒸汽管道施工

《城镇供热直埋蒸汽管道技术规程》CJJ/T 104—2014

8.6　施工验收

8.6.2　施工验收时应对补偿器、内固定支座、疏水装置等管路附件做出标识。对排潮管、地面接口等易造成烫伤的管路附件，应设置安全标志和防护措施。验收时应对标记进行检查。

五、城市桥梁施工

《城市桥梁工程施工与质量验收规范》CJJ 2—2008

2　基本规定

2.0.1　施工单位应具备相应的桥梁工程施工资质。总承包施工单位，必须选择合格的分包单位。分包单位应接受总承包单位的管理。

2.0.2　施工单位应建立健全质量保证体系和施工安全管理制度。

2.0.6　工程施工应加强各项管理工作，符合合理部署、周密计划、精心组织、文明施工、安全生产、节约资源的原则。

2.0.8　施工中必须建立技术与安全交底制度。作业前主管施工技术人员必须向作业人员进行安全与技术交底，并形成文件。

3　施工准备

3.0.10　开工前，应对个体施工人员进行安全教育，组织学习安全管理规定，并结合工程特点对现场作业人员进行安全技术培训，对特殊工种应进行资格培训。

3.0.11　应根据当地政府的有关规定结合工程特点、施工部署及计划安排，支搭施工围挡、搭建现场临时生产和生活设施，并应制定文明施工管理措施，搞好环境保护工作。

23　工程竣工验收

23.0.3　工程施工质量应按下列要求进行验收：

　　6　监理应按规定对涉及结构安全的试块、试件、有关材料和现场检测项目，进行平行检测、见证取样检测并确认合格。

　　8　对涉及结构安全和使用功能的分部工程应进行抽样检测。

　　9　承担见证取样检测及有关结构安全检测的单位应具有相应资质。

23.0.7　分部工程质量验收合格应符合下列规定：

　　3　涉及结构安全和使用功能的质量应按规定验收合格。

23.0.8　单位工程质量验收合格应符合下列规定：

　　3　单位工程所含分部工程中有关安全和功能的控制资料应完整。

　　4　影响桥梁安全使用和周围环境的参数指标应符合规定。

23.0.11　工程竣工验收内容应符合下列规定：

主 控 项 目

单位工程所含分部工程有关安全和功能的检测资料应完整。

检查数量：全数检查。

检查方法：检查工程组卷资料，按规定进行工程实体抽查或对相关资料抽查。

六、城市桥梁养护

《城市桥梁养护技术规程》

17   养护作业的安全 ·

17.1   一般规定

17.1.1   养护作业应遵照国家安全作业相关法律、法规的规定执行。

17.1.2   桥梁养护从业人员应具有操作相应设备和从事相关工作的资格证书。

17.1.3   桥梁养护从业人员必须定期接受安全教育和技术培训，作业时须规范着装，配备符合相关规范要求的安全防护用品。

17.1.4   桥梁消防器材应定期检查和保养，并定期添加消防器材药剂。

17.1.5   雾天、雷电、冰雪等恶劣气象条件下应暂停养护作业。

17.1.6   处理养护产生的废弃物应符合下列规定：

1   普通废弃物作为建筑垃圾统一收集，统一处理。

2   有毒有害的废弃物按国家有关环保法规进行处理。

3   具有可回收价值的废弃物予以回收利用。

17.2   作业安全措施

17.2.1   养护作业人员在桥梁养护作业全过程中应佩戴相关安全装备。

17.2.2   养护作业现场应设置明显标志和采取有效的安全措施，保障行车和作业人员的安全。

17.2.3   养护作业必须采取各种防护措施，检测用小物件及随身物品应安置妥帖，防止落物伤及作业区下方的车辆或行人。

17.2.4   养护作业应防火防爆。

17.2.5   水下作业应由具潜水执照的从业人员实施。

17.2.6   实施密闭场所作业应事先检验是否存在有害气体。封闭空间作业前应通风至少 24h。作业时应为作业人员配备手电筒，必要时还应准备氧气设备。

17.2.7　作业现场的电缆或电线均应假定为通电状态，作业时所有高压电源宜全部切断，尤其检测跨铁路线桥梁时，应注意机车高压线的事先处理。

17.2.8　水上作业应备有船只、救生圈、无线电对讲机等设备。

17.2.9　使用船只检测应先检查所乘船只是否安全。使用桥梁检测车检测应先检查车辆功能是否正常。

17.2.10　桥梁养护、检测单位应为具有较高安全作业风险的员工购买商业保险。

17.3　交通安全措施

17.3.1　交通安全措施应以严格的安全防范与合理的交通疏导相结合为原则。

17.3.2　实施养护作业应尽量减少对交通的影响，宜根据交通需要，适当调整养护时段，避开交通高峰时段。

17.3.3　作业区的前方，应设置正确清晰的防撞和交通引导措施。

17.3.4　半封闭交通时应设置作业控制区，作业控制区应布置为六个区域，按顺序分别为：警告区、上游过渡区、缓冲区、作业区、下游过渡区、终止区，如图 17.3.4 所示。

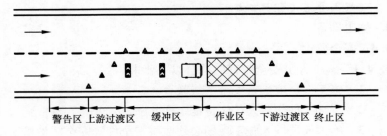

图 17.3.4　安全保护区布置图

17.3.5　作业中应安排专门人员随时检查交通管制和引导设施。

17.4　移动作业要求

17.4.1　移动作业是指清扫车、牵引车、洒水车、冲水车、绿化浇水车、吊车、登高车等施工车辆的行走作业。

17.4.2　车辆在移动作业时，必须遵守下列规定：

　　1　车辆必须开启示宽灯、警示灯或导向箭指灯牌。

　　2　车辆不得任意变道、调头、倒车和逆向行驶。

　　3　作业时，养护车辆宜参照以下规定限速行驶：

　　　　1)　清扫车 5km/h～10km/h；

　　　　2)　牵引车 20km/h；

　　　　3)　洒水车 10km/h；

　　　　4)　冲水车 5km/h～10km/h；

　　　　5)　绿化浇水车 5km/h～10km/h；

　　　　6)　吸洗扫车 10km/h～15km/h；

　　　　7)　吊车、登高车等施工车辆 20km/h。

17.4.3　随车人员在移动作业时必须遵守下列规定：

　　1　不应下车。

　　2　特殊情况下，人员必须在车辆前方内侧作业。完成一段作业，人员向前移动后，作业车辆应随即向前移动，保证施工作业空间。

七、假山叠石工程施工

《假山叠石工程施工规程》

4　**施工准备**

4.4　**安全要求**

4.4.1　施工人员安全教育应符合以下要求：

　　1　施工人员应进行安全三级教育。

　　2　特殊工种作业人员应持证上岗。

　　3　施工人员进入施工现场必须佩戴安全帽等安全防护措施。

　　4　焊接作业应严格遵守施工现场消防安全操作规程。

4.4.2　施工现场应配置专职安全员，持证挂牌上岗。

4.4.3　脚手架和垂直运输设备的搭设，应符合《建筑施工扣件式钢管脚手架安全技术规程》JGJ 130 等相关规程要求。

4.4.4　台风、下雨、冰雪天气，应停止假山叠石露天施工。

4.4.5 施工现场无夜间施工条件的，严禁夜间施工。

5.3　吊装

5.3.1 起重机操作应符合《起重机械安全规程》GB 6067 的规定。

5.3.3 临时支撑应符合以下要求：

4 支撑材料强度应满足相关安全规范要求。

八、立体绿化

《立体绿化技术规程》

3.5　安全

3.5.1 立体绿化不得影响原有建（构）筑物的安全。

3.5.2 垂直绿化、檐口绿化和棚架绿化施工和养护作业时应设立警示标志和隔离设施。登高作业时应符合相关规定。施工人员应配备安全帽、安全带等装备，保证安全文明施工。

3.5.3 台风、暴雨前应做好排（蓄）水检修及植物、设施加固等防范措施。

3.5.4 立体绿化与周边设施设备距离应不小于 50cm。

4.1.3 建设屋顶绿化应满足规划、消防、环保、安全和卫生等方面规定要求，不应建设建筑物。屋顶绿化内的园林小品设施应控制建设规模、总体风格与原有建筑环境协调。

4.2.9 园林小品应该选择轻质、环保、安全、牢固的材料，宜设置在建筑墙体、承重梁位置，且高度不应高于 3m。

4.2.10 应在屋顶四周设置防护围栏，防护围栏高度应该在 1.3m 以上；照明应选用具有诱灭虫功能的灯具；屋顶绿化应设置独立出入口和安全通道，必要时应设置专门的疏散通道。

5.2.5 构件绿墙容器应保证安全，且使用寿命应不少于 10 年。临时墙体绿化除外。

6.1.1 檐口绿化建设应充分考虑建（构）筑物高度及与周边环境的协调，注重安全性。

6.2.2 种植箱位置和规格应符合以下规定：

4 种植箱占用行人通道的，必须保证安全疏散距离。

6.4.1 设施维护应符合以下规定：

4 灾害性天气应做好相关预防措施。无固定设施的，应将种植箱及植物移入安全地带。

7.1.3 棚架绿化设计应与棚架设计同步进行。非同步进行的绿化不应损坏原有棚架的安全结构，不影响棚架功能的使用。

7.2.1 棚架设计应符合以下规定：

1 棚架结构可根据功能要求、环境特点、景观效果选用不同的架材。棚架节点应采取固定措施，确保棚架的安全。

7.3.1 施工前应编制施工方案，对有安全隐患和重大危险源的分部分项工程必须编制专项方案。

7.3.2 种植穴处理应符合以下规定：

2 采用种植箱种植的，应先将种植箱安装到位，确认安全，再预放种植土的 2/3。放置种植土时，排水孔应铺设过滤布。

九、供水水文地质钻探与管井施工

《供水水文地质钻探与管井施工操作规程》CJJ/T 13—2013

3.1.3 施工组织设计应包含下列内容：

6 技术组织措施、质量保证措施、安全施工措施和环境保护措施；

3.2 作业人员

3.2.1 从事供水水文地质钻探与管井施工的作业人员，应经过施工安全培训和专业技术培训。

3.2.2 钻探作业人员应掌握设备技术性能和操作方法。

3.2.3 电气设备的安装和检修人员应取得专业岗位证书。

3.5 施工安全

3.5.1 钻探施工单位应建立安全生产责任制。明确项目安全生产管理负责人。施工前应向作业人员进行安全技术交底。

3.5.2 钻探施工单位应对施工过程中的危险源进行辨识和评价，并应根据评价结果采取相应的安全生产防护措施，制定安全预防应急救援预案。对重大危险源应进行评估、监控、登记建档。危险源辨识和评价应符合现行国家标准《岩土工程勘察安全规范》GB 50585 的规定。

3.5.3 钻探场地搭设的临时设施应采取防洪、防暑、防冻、防大风、防煤气中毒、防浪（潮汐）及消防等保护措施。

3.5.4 钻探场地周围应设置围护栏、安全警示标志。泥浆池深度大于 0.8m 时，周边应设置防护栏。

3.5.5 钻探场地应保持整洁。材料、机具应摆放整齐，保持通道畅通。

3.5.6 作业人员进入施工现场，应掌握相关应急避险的技能，按规定佩戴和使用劳动防护用品。在使用大锤、挂传动皮带或接近旋转机械部位时，不得戴手套。

3.5.7 在 2m 以上高处作业时，应系好安全带或安全绳。工具、零件应放入工具包内，不得从钻塔上往下抛扔器物。

3.5.8 遇六级及六级以上大风时应停止施工作业。水上作业应符合本规程第 6.10.20 条的规定。

3.5.9 暂停施工时，应将钻具提至安全孔（井）段，切断电源前应做好孔（井）的保护工作。

3.5.10 在孔口（井口）工作时，应防止工具等掉入孔（井）内。

3.5.11 挖掘井、坑时，应根据国家现行有关标准采取护壁、护坡等安全措施。

3.5.12 在夜间施工或钻探场地光线不足时，应配备足够的安全照明设备。

3.5.13 停电或停工时，各种电力设备应立即拉闸断电。拉闸时，应先拉开分路闸后拉开总闸，送电或开工时的顺序应相反。启动合闸时，作业人员应站在绝缘台或绝缘垫上操作。

3.5.14 现场施工用电应符合国家现行标准《建设工程施工现场供用电安全规范》GB 50194 和《施工现场临时用电安全技术规范》JGJ 46 的有关规定。

3.6　环境保护

3.6.1　存放易燃、易爆、剧毒、腐蚀性等危险品的地方应设立安全标志，安全标志应符合现行国家标准《安全标志及其使用导则》GB 2894 的有关规定，并应由专人保管。

3.6.2　在粉尘环境中作业时，作业人员应正确使用个人防尘用具，且个人防尘用具应定期更换。

3.6.3　对施工机械使用、维修保养过程中产生的废弃物应收集存放、统一处理。

3.6.4　供水管井及其有关材料应采用无污染和无毒副作用的材料，施工中使用的其他材料应符合国家节能、环保的要求。

3.6.5　供水水文地质钻探与管井施工应节约能源和资源，采用先进设备、新型材料和新工艺。

6.10　特殊条件下钻进

6.10.20　水上钻进应符合下列水上安全规定：

　　1　在通航的江、河、湖、海中进行钻探前，钻船上应悬挂规定信号或加设航标；

　　2　钻船上游的河床弯曲、视线不良或流速大时，应在上游设立指挥站，负责指挥通航船只及竹木排等的航行安全；

　　3　钻船的拖运、移动、定位及抛锚等工作应由专门船工操作和配合进行；

　　4　应配备救生衣、救生圈、太平斧和医药等水上救护安全生产防护用品，作业人员应穿戴水上救生器具；

　　5　遇五级及五级以上大风，应停止水上钻进作业；

　　6　在钻船上游影响主、边锚安全的范围内不得进行水上、水下爆破；

　　7　作业人员应遵守船上防火规定，钻船上应备有消防用品、通信设备和规定的呼救信号；

　　8　水上作业时应设专职安全员，并检查水上钻进安全规定落实情况，制定各项安全救援预案。

7.3　洗井

7.3.28　盐酸液洗井时除应遵守液态二氧化碳洗井有关安全规定外，还应符合下列规定：

1　作业人员应佩戴面具、眼镜、胶皮衣服、胶手套及靴子等防护用品，现场应配备足够的清水和应急药箱；

3　作业人员应站在酸液出口的上风向安全距离以外，场地不应有非作业人员靠近。

十、水平定向钻法管道穿越工程施工

《水平定向钻法管道穿越工程技术规程》

6.8　安全环保

6.8.1　水平定向钻法管道穿越工程施工应遵循国家和行业有关健康、安全与环境保护的法律、法规及相关规定。

6.8.2　废弃泥浆应按国家或地方的相关规定处理。

6.8.3　施工单位应制订下列应急措施：

1　应制订可行的施工作业安全措施和应急预案，并配备足够的应急资源并进行应急演练；

2　施工单位应针对敷设的管线，做出相应的应急预案；

3　水平定向钻法管道穿越工程施工应做好营地建设及职工的营养、医疗保健工作以及地方病的防治工作。

十一、建筑给水聚丙烯管道施工

《建筑给水聚丙烯管道应用技术规程》

5.8　安全施工

5.8.1　管道连接使用热熔机具时，应核对电源电压，施工用电应符合行业标准 JGJ 46 的规定，遵守电气工具安全操作规程，注意防潮和脏物污染。

5.8.2　操作现场不得有明火及存放易燃液体，严禁对建筑给水聚丙烯管材进行明火烘弯。

5.8.3　建筑给水聚丙烯管道不得作为拉攀、吊架等使用。管道连接前应检查管内有无异物阻塞，施工临时停止时，应将管口临

时封堵。

5.8.4　直埋暗管隐蔽后，应在墙面和地面标明暗管的位置和走向；严禁在管位处冲击或钉金属钉等尖锐物体。

十二、建筑燃气安全

《建筑燃气安全技术规程》

1.0.4　建筑燃气工程的设计、施工、监理单位必须具有相应的城镇燃气设计、施工、监理资质。

燃气器具的安装维修单位必须具备相应的资质。承担与建筑燃气工程配套的限警系统、防爆电气系统、自动控制系统的施工单位必须具有相关资质和证书。

1.0.5　从事施工的操作人员应取得相应的执业资格，并经过企业组织培训持证上岗。

1.0.6　建筑燃气的设计、施工、验收应与建筑物的建筑、结构、给水排水、电气等主体和配套专业工程同步进行。

1.0.7　建筑燃气施工图设计文件必须经过法定审查单位审查合格后方能交付施工单位使用。

1.0.8　建筑燃气设计文件应符合主体建筑的要求并保证燃气安全使用条件。主体建筑的方案设计（或初步设计）应包括建筑燃气设计。方案设计文件包括方案设计说明、图纸、主要设备材料表。投资估算；施工图设计文件包括施工图设计说明、图纸和主要设备材料表等。

1.0.9　建筑燃气工程使用的材料和调压、计量等设备应满足、适应管道供气企业的供气管理要求。

十三、混凝土管管道

《城镇给水预应力钢筒混凝土管管道工程技术规程》CJJ 224—2014

8　管道功能性试验

8.1.3　管道水压试验应采取安全防护措施，作业人员应按相关安全作业规程进行操作。管道水压试验和冲洗消毒严禁取用污染水源的水，排出的水不应影响周围环境。

十四、悬挂式竖井施工

《悬挂式竖井施工规程》JGJ/T 370—2015

5.1.8　施工现场应配备施工所需的辅助设备、辅助材料、施工工具，并应采取相应的安全防护、防雨、防潮及防冻措施。

7　安全生产与环境保护

7.1　一般规定

7.1.1　施工现场的安全施工应符合国家现行标准《建设工程施工现场消防安全技术规范》GB 50720、《建筑施工安全技术统一规范》GB 50870、《施工现场临时用电安全技术规范》JGJ 46 和《建设工程施工现场环境与卫生标准》JGJ 146 等相关规定。

7.1.2　施工前，应对现场的地下构筑物、管线等障碍物情况进行调查，制定处理方案。

7.2　安全生产

7.2.1　悬挂式竖井施工应编制专项安全施工方案和应急预案，并应采取相应安全防护措施。

7.2.2　施工过程中，挖掘机、装载机、大型运输车辆、发电机等大型机械设备及其辅助机械（具）的操作应符合相关安全操作规程。

7.2.3　降雨过程中严禁开挖施工。地下水位较高时，应进行有效降水后，方可进行开挖施工。

7.2.4　施工前应制定交通导行方案。

7.2.5　施工现场临时用电应按现行行业标准《施工现场临时用电安全技术规范》JGJ 46 和经审批的方案进行布设，施工现场的电线、电缆应架空或埋地，放置在不影响施工、通行的部位，确保用电安全。

7.2.6　施工现场消防设施应按国家现行相关规范和经审批的方案进行布设，并应组织演习。

7.2.7 停工或夜间应设专人值班。

7.2.8 悬挂式竖井分段施工应对地下管线进行保护，严禁超挖、掏挖。

7.2.9 当竖井开挖过深或地下环境恶劣，应在竖井内增加通风设施。

7.2.10 竖井施工过程中应进行安全监测。

7.3 环境保护

7.3.1 在生活区、施工区应保持环境卫生，文明施工。

7.3.2 场区的所有施工车辆应进行清理后方可驶出。渣土和垃圾外运车辆应采取覆盖措施。

7.3.3 钢筋加工区域和现场材料堆放区域的材料应分类、有序堆放。施工现场的钢筋、工具等应按要求摆放整齐。

7.3.4 施工现场应设置生活垃圾临时存放设施，应日产日清。

7.3.5 在挂壁桩灌注过程中，应将孔内溢出的水或泥浆经沉淀池沉淀后排放、处理，不得随意排放。

7.3.6 注浆灌缝材料应采用环保型材料，施工中应对周边环境采取保护措施。

十五、沥青路面集料加工

《沥青路面集料加工技术规范》

11 安全环保措施

11.1 安全措施

11.1.1 建立、健全安全生产责任制，并做好安全生产计划工作。

11.1.2 制定作业安全规程和操作规程。

11.1.3 制定本单位生产安全事故应急救援预案并演练。

11.1.4 露天边坡、爆破器材库等易发事故的场所进行定期检查并安装监控措施。

11.1.5 电气设备、线路必须有可靠的避雷、接地装置，并定期进行检修。电动传动带应有防护装置。

11.1.6 加强爆破和爆炸物品管理，每次爆破均应有具体的设计。

11.1.7 禁止宕面底部人工装卸作业。

11.1.8 从业人员接受安全生产教育和培训。新职工上岗前、调换工种人员必须进行专门的安全教育培训。

11.2　环保措施

11.2.1 石料场须根据环境影响报告书采取相应的环保措施。

11.2.2 为减少噪声和振动，应严格控制炸药用量，合理安排爆破作业时间。

11.2.3 在离居民区较近的地方设厂，噪声不得超过当地政府规定标准，否则应采取降噪措施。

11.2.4 水洗系统用水应进行沉淀处理，可循环利用，严禁随意排放。

11.2.5 弃渣应考虑综合利用，不得污染环境，不得将废渣掺入石粉中使用。

11.2.6 对回收的废料要定点集中处理，避免对环境造成二次污染。

11.2.7 加强对职工的环保教育，努力提高作业人员的环保意识。

11.2.8 应采取职业健康保护措施，保证从业人员的身心健康。

十六、LED夜景照明工程

《LED夜景照明工程安装与质量验收规程》

4.5　电气安全防护

4.5.1 LED夜景照明工程不得采用0类灯具，一般场所可采用Ⅰ、Ⅱ类灯具，水池、水下等场所应采用Ⅲ类灯具，并符合相关安全要求。

4.5.2 LED夜景照明灯具外壳防护等级应符合下列规定：

　　1 室外灯具不应低于IP54；

　　2 埋地灯具不应低于IP67；

　　3　水下灯具不应低于 IP68。

4.5.3　安装于街道、庭园、休闲广场等户外公共场所及建筑物上人员可能触及的 LED 夜景照明装置，其供电回路必须装设剩余电流动作保护装置作为附加保护。

4.5.4　安装于嬉水池（游泳池）的 LED 夜景照明工程防电击措施应符合下列规定：

　　1　在 0 区内应采用标称电压不超过 12V 的安全特低电压供电，其隔离变压器应设置在 2 区以外；区域划分应符合现行行业标准《城市夜景照明设计规范》JGJ/T 163 附录 C 的规定；

　　2　电气线路应采用双重绝缘；在 0 区、1 区内不得安装接线盒、开关设备或控制设备及电源插座；

　　3　电气设备的防水等级：0 区内不应低于 IPX8；1 区内不应低于 IPX5；2 区内不应低于 IPX4；

　　4　0 区、1 区及 2 区内应作局部等电位联结。

4.5.5　安装于喷水池的 LED 夜景照明工程防电击措施应符合下列规定：

　　1　当采用 50V 及以下的安全特低电压（SELV）供电时，其隔离变压器应设置在 0、1 区以外；

　　2　水下电缆应远离水池边缘，在 1 区内应穿绝缘管保护；

　　3　喷水池应做局部等电位联结；

　　4　允许人进入的喷水池或喷水广场，其 LED 夜景照明工程防电击措施应执行本规程第 4.5.4 条的规定。

4.5.6　人员易触及的水池、水下等潮湿场所的 LED 夜景照明装置应采用标称电压不超过 12V 的安全特低电压（SELV）供电，并符合现行国家标准《低压电气装置　第 4-41 部分：安全防护电击防护》GB 16895.21 的相关规定。

4.5.7　安装于防护栏上且人员正常活动时容易触及的 LED 夜景照明装置，应采用安全特低电压（SELV）供电。若无法采用安全特低电压（SELV）供电时，应采取防意外触电的保障措施。

4.5.8　安全特低电压（SELV）供电系统，采用安全隔离变压

器与较高电压回路隔离时，安全隔离变压器应符合现行国家标准
《电源电压为 1100V 及以下的变压器、电抗器、电源装置和类似
产品的安全 第 7 部分：安全隔离变压器和内装安全隔离变压器
的电源装置的特殊要求和试验》GB 19212.7 的相关规定；安全
隔离变压器二次侧不应做保护接地。

4.5.9 LED 夜景照明工程接地形式可采用 TN-S、TN-C-S 或
TT 系统，并符合下列规定：

　　1 安装于建筑物上的 LED 夜景照明工程接地形式与该建筑
物配电系统接地形式应相一致；

　　2 安装于且距建筑物外墙 20m 以内的室外 LED 夜景照明
工程接地形式与该建筑物配电系统接地形式应相一致；距建筑物
外墙 20m 以外的部分 LED 夜景照明工程接地型式宜采用 TT 接
地系统，将全部外露可导电部分连接后直接接地。

4.5.10 LED 夜景照明装置所有带电部分应采用绝缘、遮拦或
外护物保护，距地面 2.8m 以下的照明装置应使用工具才能打开
外壳进行光源维护。安装于室外的配电箱（柜）、控制装置箱应
采取防水、防尘型，防护等级不应低于 IP54；距地 2.5m 以下的
室外配电箱（柜）等电气设备必须借助于钥匙或工具方可开启。

第十一篇 安全管理

一、施工组织设计

《建筑施工组织设计规范》GB/T 50502—2009

7.4　安全管理计划

7.4.1　安全管理计划可参照《职业健康安全管理体系 规范》GB/T 28001，在施工单位安全管理体系的框架内编制。

7.4.2　安全管理计划应包括下列内容：

　　1　确定项目重要危险源，制定项目职业健康安全管理目标；

　　2　建立有管理层次的项目安全管理组织机构并明确职责；

　　3　根据项目特点，进行职业健康安全方面的资源配置；

　　4　建立具有针对性的安全生产管理制度和职工安全教育培训制度；

　　5　针对项目重要危险源，制定相应的安全技术措施；对达到一定规模的危险性较大的分部（分项）工程和特殊工种的作业，应制定专项安全技术措施的编制计划；

　　6　根据季节、气候的变化制定相应的季节性安全施工措施；

　　7　建立现场安全检查制度，并对安全事故的处理做出相应规定。

7.4.3　现场安全管理应符合国家和地方政府部门的要求。

二、建设项目工程总承包安全管理

《建设项目工程总承包管理规范》GB/T 50358—2017

7.6　施工安全管理

7.6.1　项目部应建立项目安全生产责任制，明确各岗位人员的责任、责任范围和考核标准等。

7.6.2　施工组应根据项目安全管理实施计划进行施工阶段安全策划，编制施工安全计划，建立施工安全管理制度，明确安全职责，落实施工安全管理目标。

7.6.3　施工组应按安全检查制度组织现场安全检查，掌握安全信息，召开安全例会，发现和消除隐患。

7.6.4 施工组应对施工安全管理工作负责，并实行统一的协调、监督和控制。

7.6.5 施工组应对施工各阶段、部位和场所的危险源进行识别和风险分析，制定应对措施，并对其实施管理和控制。

7.6.6 依据合同约定，工程总承包企业或分包商必须依法参加工伤保险，为从业人员缴纳保险费，鼓励投保安全生产责任保险。

7.6.7 施工组应建立并保存完整的施工记录。

7.6.8 项目部应依据分包合同和安全生产管理协议的约定，明确各自的安全生产管理职责和应采取的安全措施，并指定专职安全生产管理人员进行安全生产管理与协调。

7.6.9 工程总承包企业应建立监督管理机制。监督考核项目部安全生产责任制落实情况。

13.2 安全管理

13.2.1 项目经理应为项目安全生产主要负责人，并应负有下列职责：

    1 建立、健全项目安全生产责任制；

    2 组织制定项目安全生产规章制度和操作规程；

    3 组织制定并实施项目安全生产教育和培训计划；

    4 保证项目安全生产投入的有效实施；

    5 督促、检查项目的安全生产工作，及时消除生产安全事故隐患；

    6 组织制定并实施项目的生产安全事故应急救援预案；

    7 及时、如实报告项目生产安全事故。

13.2.2 项目部应根据项目的安全管理目标，制定项目安全管理计划，并按规定程序批准实施。项目安全管理计划应包括下列主要内容：

    1 项目安全管理目标；

    2 项目安全管理组织机构和职责；

    3 项目危险源辨识、风险评价与控制措施；

　　4　对从事危险和特种作业人员的培训教育计划；

　　5　对危险源及其风险规避的宣传与警示方式；

　　6　项目安全管理的主要措施与要求；

　　7　项目生产安全事故应急救援预案的演练计划。

13.2.3　项目部应对项目安全管理计划的实施进行管理，并应符合下列规定：

　　1　应为实施、控制和改进项目安全管理计划提供资源；

　　2　应逐级进行安全管理计划的交底或培训；

　　3　应对安全管理计划的执行进行监视和测量，动态识别潜在的危险源和紧急情况，采取措施，预防和减少危险。

13.2.4　项目安全管理必须贯穿于设计、采购、施工和试运行各阶段，并应符合下列规定：

　　1　设计应满足本质安全要求；

　　2　采购应对设备、材料和防护用品进行安全控制；

　　3　施工应对所有现场活动进行安全控制；

　　4　项目试运行前，应开展项目安全检查等工作。

13.2.5　项目部应配合项目发包人按规定向相关部门申报项目安全施工措施的有关文件。

13.2.6　在分包合同中，项目承包人应明确相应的安全要求，项目分包人应按要求履行其安全职责。

13.2.7　项目部应制定生产安全事故隐患排查治理制度，采取技术和管理措施，及时发现并消除事故隐患，应记录事故隐患排查治理情况，并应向从业人员通报。

13.2.8　当发生安全事故时，项目部应立即启动应急预案，组织实施应急救援并按规定及时、如实报告。

13.3　职业健康管理

13.3.1　项目部应按工程总承包企业的职业健康方针，制定项目职业健康管理计划，并按规定程序批准实施。项目职业健康管理计划宜包括下列主要内容：

　　1　项目职业健康管理目标；

2　项目职业健康管理组织机构和职责；

3　项目职业健康管理的主要措施。

13.3.2　项目部应对项目职业健康管理计划的实施进行管理，并应符合下列规定：

1　应为实施、控制和改进项目职业健康管理计划提供必要的资源；

2　应进行职业健康的培训；

3　应对项目职业健康管理计划的执行进行监视和测量，动态识别潜在的危险源和紧急情况，采取措施，预防和减少伤害。

13.3.3　项目部应制定项目职业健康的检查制度，对影响职业健康的因素采取措施，记录并保存检查结果。

13.4　环境管理

13.4.1　项目部应根据批准的建设项目环境影响评价文件，编制用于指导项目实施过程的项目环境保护计划，并按规定程序批准实施，包括下列主要内容：

1　项目环境保护的目标及主要指标；

2　项目环境保护的实施方案；

3　项目环境保护所需的人力、物力、财力和技术等资源的专项计划；

4　项目环境保护所需的技术研发和技术攻关等工作；

5　项目实施过程中防治环境污染和生态破坏的措施，以及投资估算。

13.4.2　项目部应对项目环境保护计划的实施进行管理，并应符合下列规定：

1　应为实施、控制和改进项目环境保护计划提供必要的资源；

2　应进行环境保护的培训；

3　应对项目环境保护管理计划的执行进行监视和测量，动态识别潜在的环境因素和紧急情况，采取措施，预防和减少对环境产生的影响；

4　落实环境保护主管部门对施工阶段的环保要求，以及施工过程中的环境保护措施；对施工现场的环境进行有效控制，建立良好的作业环境。

13.4.3　项目部应制定项目环境巡视检查和定期检查制度，对影响环境的因素应采取措施，记录并保存检查结果。

13.4.4　项目部应建立环境管理不符合状况的处置和调查程序，明确有关职责和权限，实施纠正措施。

三、建设工程监理安全

《建设工程监理规范》GB/T 50319—2013

5.5　安全生产管理的监理工作

5.5.1　项目监理机构应根据法律法规、工程建设强制性标准，履行建设工程安全生产管理的监理职责，并应将安全生产管理的监理工作内容、方法和措施纳入监理规划及监理实施细则。

5.5.2　项目监理机构应审查施工单位现场安全生产规章制度的建立和实施情况，并应审查施工单位安全生产许可证及施工单位项目经理、专职安全生产管理人员和特种作业人员的资格，同时应核查施工机械和设施的安全许可验收手续。

5.5.3　项目监理机构应审查施工单位报审的专项施工方案，符合要求的，应由总监理工程师签认后报建设单位。超过一定规模的危险性较大的分部分项工程的专项施工方案，应检查施工单位组织专家进行论证、审查的情况，以及是否附具安全验算结果。

项目监理机构应要求施工单位按已批准的专项施工方案组织施工。专项施工方案需要调整时，施工单位应按程序重新提交项目监理机构审查。

专项施工方案审查应包括下列基本内容：

1　编审程序应符合相关规定。

2　安全技术措施应符合工程建设强制性标准。

5.5.4　专项施工方案报审表应按本规范表 B.0.1 的要求填写。

表 B.0.1　施工组织设计/（专项）施工方案报审表

工程名称：　　　　　　　　　　　　　　　　　　编号：

致：　　　　　　　　　　　　　　（项目监理机构）
我方已完成　　　　工程施工组织设计/（专项）施工方案的编制和审批，请予以审查。 　　附件：□施工组织设计 　　　　　□专项施工方案 　　　　　□施工方案 　　　　　　　　　　　　　　　施工项目经理部（盖章） 　　　　　　　　　　　　　　　项目经理（签字） 　　　　　　　　　　　　　　　　　年　　月　　日
审查意见： 　　　　　　　　　　　　　　　专业监理工程师（签字） 　　　　　　　　　　　　　　　　　年　　月　　日
审核意见： 　　　　　　　　　　　　　　　项目监理机构（盖章） 　　　　　　　　　　　　　　　总监理工程师（签字、加盖执业印章） 　　　　　　　　　　　　　　　　　年　　月　　日
审批意见（仅对超过一定规模的危险性较大的分部分项工程专项施工方案）： 　　　　　　　　　　　　　　　建设单位（盖章） 　　　　　　　　　　　　　　　建设单位代表（签字） 　　　　　　　　　　　　　　　　　年　　月　　日

　　注：本表一式三份，项目监理机构、建设单位、施工单位各一份。

5.5.5　项目监理机构应巡视检查危险性较大的分部分项工程专项施工方案实施情况。发现未按专项施工方案实施时，应签发监理通知单，要求施工单位按专项施工方案实施。

5.5.6　项目监理机构在实施监理过程中，发现工程存在安全事故隐患时，应签发监理通知单，要求施工单位整改；情况严重时，应签发工程暂停令，并应及时报告建设单位。施工单位拒不整改或不停止施工时，项目监理机构应及时向有关主管部门报送监理报告。

监理报告应按本规范表 A.0.4 的要求填写。

表 A.0.4 监 理 报 告

工程名称： 编号：

致：＿＿＿＿＿＿＿＿＿＿＿＿＿＿＿＿＿＿＿（主管部门）

    由＿＿＿＿＿＿＿＿＿＿＿＿＿＿＿＿（施工单位）施工的＿＿＿＿＿＿＿＿＿＿

＿＿＿＿＿（工程部位），存在安全事故隐患。我方已于＿＿＿年＿＿＿月＿＿＿日发出编号

为＿＿＿＿＿＿的《监理通知单》/《工程暂停令》，但施工单位未整改/停工。

    特此报告。

    附件：□监理通知单

          □工程暂停令

          □其他

                                项目监理机构（盖章）

                                总监理工程师（签字）

                                    年 月 日

注：本表一式四份，主管部门、建设单位、工程监理单位、项目监理机构各一份。

四、施工现场环境与卫生

《建设工程施工现场环境与卫生标准》JGJ 146—2013

3 基本规定

3.0.1 建设工程施工总承包单位应对施工现场的环境与卫生负总责。分包单位应服从总承包单位的管理。参建单位及现场人员应有维护施工现场环境与卫生的责任和义务。

3.0.2 建设工程的环境与卫生管理应纳入施工组织设计或编制专项方案，应明确环境与卫生管理的目标和措施。

3.0.3 施工现场应建立环境与卫生管理制度。落实管理责任，应定期检查并记录。

3.0.4 建设工程的参建单位应根据法律法规的规定，针对可能发生的环境、卫生等突发事件建立应急管理体系，制定相应的应急预案并组织演练。

3.0.5 当施工现场发生有关环境、卫生等突发事件时。应按相关规定及时向施工现场所在地建设行政主管部门和相关部门报告，并应配合调查处置。

3.0.6 施工人员的教育培训、考核应包括环境与卫生等有关内容。

3.0.7 施工现场临时设施、临时道路的设置应科学合理，并应符合安全、消防、节能、环保等有关规定。施工区、材料加工及存放区应与办公区、生活区划分清晰，并应采取相应的隔离措施。

3.0.8 施工现场应实行封闭管理，并应采用硬质围挡。市区主要路段的施工现场围挡高度不应低于 2.5m，一般路段围挡高度不应低于 1.8m，围挡应牢固、稳定、整洁。距离交通路口 20m 范围内占据道路施工设置的围挡，其 0.8m 以上部分应采用通透性围挡，并应采取交通疏导和警示措施。

3.0.9 施工现场出入口应标有企业名称或企业标识。主要出入口明显处应设置工程概况牌，施工现场大门内应有施工现场总平面图和安全管理、环境保护与绿色施工、消防保卫等制度牌和宣传栏。

3.0.10　施工单位应采取有效的安全防护措施。参建单位必须为施工人员提供必备的劳动防护用品，施工人员应正确使用劳动防护用品。劳动防护用品应符合现行行业标准《建筑施工作业劳动防护用品配备及使用标准》JGJ 184 的规定。

3.0.11　有毒有害作业场所应在醒目位置设置安全警示标识，并应符合现行国家标准《工作场所职业病危害警示标识》GBZ 158的规定。施工单位应依据有关规定对从事有职业病危害作业的人员定期进行体检和培训。

3.0.12　施工单位应根据季节气候特点，做好施工人员的饮食卫生和防暑降温、防寒保暖、防中毒、卫生防疫等工作。

4　绿色施工

4.1　节约能源资源

4.1.1　总平面布置、临时设施的布局设计及材料选用应科学合理，节约能源。临时用电设备及器具应选用节能型产品。施工现场宜利用新能源和可再生资源。

4.1.2　施工现场宜利用拟建道路路基作为临时道路路基，临时设施应利用既有建筑物、构筑物和设施。土方施工应优化施工方案，减少土方开挖和回填量。

4.1.3　施工现场周转材料宜选择金属、化学合成材料等可回收再利用产品代替，并应加强保养维护，提高周转率。

4.1.4　施工现场应合理安排材料进场计划，减少二次搬运，并应实行限额领料。

4.1.5　施工现场办公应利用信息化管理，减少办公用品的使用及消耗。

4.1.6　施工现场生产生活用水用电等资源能源的消耗应实行计量管理。

4.1.7　施工现场应保护地下水资源。采取施工降水时应执行国家及当地有关水资源保护的规定，并应综合利用抽排出的地下水。

4.1.8 施工现场应采用节水器具，并应设置节水标识。

4.1.9 施工现场宜设置废水回收、循环再利用设施，宜对雨水进行收集利用。

4.1.10 施工现场应对可回收再利用物资及时分拣、回收，再利用。

4.2 大气污染防治

4.2.1 施工现场的主要道路应进行硬化处理。裸露的场地和堆放的土方应采取覆盖、固化或绿化等措施。

4.2.2 施工现场土方作业应采取防止扬尘措施，主要道路应定期清扫、洒水。

4.2.3 拆除建筑物或构筑物时，应采用隔离、洒水等降噪、降尘措施，并应及时清理废弃物。

4.2.4 土方和建筑垃圾的运输必须采用封闭式运输车辆或采取覆盖措施。施工现场出口处应设置车辆冲洗设施，并应对驶出车辆进行清洗。

4.2.5 建筑物内垃圾应采用容器或搭设专用封闭式垃圾道的方式清运，严禁凌空抛掷。

4.2.6 施工现场严禁焚烧各类废弃物。

4.2.7 在规定区域内的施工现场应使用预拌混凝土及预拌砂浆。采用现场搅拌混凝土或砂浆的场所应采取封闭、降尘、降噪措施。水泥和其他易飞扬的细颗粒建筑材料应密闭存放或采取覆盖等措施。

4.2.8 当市政道路施工进行铣刨、切割等作业时，应采取有效防扬尘措施。灰土和无机料应采用预拌进场，碾压过程中应洒水降尘。

4.2.9 城镇、旅游景点、重点文物保护区及人口密集区的施工现场应使用清洁能源。

4.2.10 施工现场的机械设备、车辆的尾气排放应符合国家环保排放标准。

4.2.11   当环境空气质量指数达到中度及以上污染时，施工现场应增加洒水频次，加强覆盖措施，减少易造成大气污染的施工作业。

4.3   水土污染防治

4.3.1   施工现场应设置排水沟及沉淀池，施工污水应经沉淀处理达到排放标准后，方可排入市政污水管网。

4.3.2   废弃的降水井应及时回填，并应封闭井口，防止污染地下水。

4.3.3   施工现场临时厕所的化粪池应进行防渗漏处理。

4.3.4   施工现场存放的油料和化学溶剂等物品应设置专用库房，地面应进行防渗漏处理。

4.3.5   施工现场的危险废物应按国家有关规定处理，严禁填埋。

4.4   施工噪声及光污染防治

4.4.1   施工现场场界噪声排放应符合现行国家标准《建筑施工场界环境噪声排放标准》GB 12523 的规定。施工现场应对场界噪声排放进行监测、记录和控制，并应采取降低噪声的措施。

4.4.2   施工现场宜选用低噪声、低振动的设备，强噪声设备宜设置在远离居民区的一侧，并应采用隔声、吸声材料搭设防护棚或屏障。

4.4.3   进入施工现场的车辆严禁鸣笛。装卸材料应轻拿轻放。

4.4.4   因生产工艺要求或其他特殊需要，确需进行夜间施工的，施工单位应加强噪声控制，并应减少人为噪声。

4.4.5   施工现场应对强光作业和照明灯具采取遮挡措施，减少对周边居民和环境的影响。

5   环境卫生

5.1   临时设施

5.1.1   施工现场应设置办公室、宿舍、食堂、厕所、盥洗设施、淋浴房、开水间，文体活动室、职工夜校等临时设施。文体活动室应配备文体活动设施和用品。尚未竣工的建筑物内严禁设置宿舍。

5.1.2 生活区、办公区的通道、楼梯处应设置应急疏散、逃生指示标识和应急照明灯。宿舍内宜设置烟感报警装置。

5.1.3 施工现场应设置封闭式建筑垃圾站。办公区和生活区应设置封闭式垃圾容器。生活垃圾应分类存放，并应及时清运、消纳。

5.1.4 施工现场应配备常用药及绷带、止血带、担架等急救器材。

5.1.5 宿舍内应保证必要的生活空间，室内净高不得小于2.4m，通道宽度不得小于0.9m，住宿人员人均面积不得小于2.5m²，每间宿舍居住人员不得超过16人。宿舍应有专人负责管理，床头宜设置姓名卡。

5.1.6 施工现场生活区宿舍、休息室必须设置可开启式外窗，床铺不应超过2层，不得使用通铺。

5.1.7 施工现场宜采用集中供暖，使用炉火取暖时应采取防止一氧化碳中毒的措施。彩钢板活动房严禁使用炉火或明火取暖。

5.1.8 宿舍内应有防暑降温措施，宿舍应设置生活用品专柜、鞋柜或鞋架、垃圾桶等生活设施，生活区应提供晾晒衣物的场所和晾衣架。

5.1.9 宿舍照明电源宜选用安全电源，采用强电照明的宜使用限流器。生活区宜单独设置手机充电柜或充电房间。

5.1.10 食堂应设置在远离厕所、垃圾站、有毒有害场所等有污染源的地方。

5.1.11 食堂应设置隔油池，并应定期清理。

5.1.12 食堂应设置独立的制作间、储藏间，门扇下方应设不低于0.2m的防鼠挡板。制作间灶台及其周边应采用易清洁、耐擦洗措施，墙面处理高度应大于1.5m，地面应做硬化和防滑处理，并应保持墙面、地面整洁。

5.1.13 食堂应配备必要的排风和冷藏设施，宜设置通风天窗和油烟净化装置，油烟净化装置应定期清洗。

5.1.14 食堂宜使用电炊具。使用燃气的食堂，燃气罐应单独设置存放间并应加装燃气报警装置，存放间应通风良好并严禁存放其他物品。供气单位资质应齐全，气源应有可追溯性。

5.1.15 食堂制作间的炊具直存放在封闭的橱柜内，刀、盆、案板等炊具应生熟分开。

5.1.16 食堂制作间、锅炉房、可燃材料库房及易燃易爆危险品库房等应采用单层建筑，应与宿舍和办公用房分别设置，并应按相关规定保持安全距离，临时用房内设置的食堂、库房和会议室应设在首层。

5.1.17 易燃易爆危险品库房应使用不燃材料搭建，面积不应超过 $200m^2$。

5.1.18 施工现场应设置水冲式或移动式厕所，厕所地面应硬化，门窗应齐全并通风良好。厕位宜设置门及隔板，高度不应小于 0.9m。

5.1.19 厕所面积应根据施工人员数量设置。厕所应设专人负责，定期清扫、消毒，化粪池应及时清掏。高层建筑施工超过 8 层时，宜每隔 4 层设置临时厕所。

5.1.20 加淋浴间内应设置满足需要的淋浴喷头，并应设置储衣柜或挂衣架。

5.1.21 施工现场应设置满足施工人员使用的盥洗设施。盥洗设施的下水管口应设置过滤网，并应与市政污水管线连接，排水应通畅。

5.1.22 生活区应设置开水炉、电热水器或保温水桶，施工区应配备流动保温水桶。开水炉、电热水器、保温水桶应上锁由专人负责管理。

5.1.23 未经施工总承包单位批准，施工现场和生活区不得使用电热器具。

5.2 卫生防疫

5.2.1 办公区和生活区应设专职或兼职保洁员，并应采取灭鼠、灭蚊蝇、灭蟑螂等措施。

5.2.2 食堂应取得相关部门颁发的许可证，并应悬挂在制作间醒目位置。炊事人员必须经体检合格并持证上岗。

5.2.3 炊事人员上岗应穿戴洁净的工作服、工作帽和口罩，并应保持个人卫生。非炊事人员不得随意进入食堂制作间。

5.2.4 食堂的炊具、餐具和公用饮水器具应及时清洗，定期消毒。

5.2.5 施工现场应加强食品、原料的进货管理，建立食品、原料采购台账，保存原始采购单据。严禁购买无照、无证商贩的食品和原料。食堂应按许可范围经营，严禁制售易导致食物中毒食品和变质食品。

5.2.6 生熟食品应分开加工和保管，存放成品或半成品的器皿应有耐冲洗的生熟标识。成品或半成品应遮盖，遮盖物品应有正反面标识。各种佐料和副食应存放在密闭器皿内，并应有标识。

5.2.7 存放食品原料的储藏间或库房应有通风、防潮、防虫、防鼠等措施，库房不得兼作他用。粮食存放台距墙和地面应大于 0.2m。

5.2.8 当施工现场遇突发疫情时，应及时上报，并应按卫生防疫部门相关规定进行处理。

五、施工现场标志

《建筑工程施工现场标志设置技术规程》JGJ 348—2014

3.0.1 建筑工程施工现场应设置安全标志和专用标志。

3.0.2 建筑工程施工现场的下列危险部位和场所应设置安全标志：

　　1 通道口、楼梯口、电梯口和孔洞口；

　　2 基坑和基槽外围、管沟和水池边沿；

　　3 高差超过 1.5m 的临边部位；

　　4 爆破、起重、拆除和其他各种危险作业场所；

　　5 爆破物、易燃物、危险气体、危险液体和其他有毒有害危险品存放处；

　　6 临时用电设施；

　　7 施工现场其他可能导致人身伤害的危险场所。

3.0.3　应绘制安全标志和专用标志平面布置图，并宜根据施工进度和危险源的变化适时更新。

3.0.4　建筑工程施工现场应在临近危险源的位置设置安全标志。

3.0.5　建筑工程施工现场作业条件及工作环境发生显著变化时，应及时增减和调换标志。

3.0.6　建筑工程施工现场标志应保持清晰、醒目、准确和完好。施工现场标志设置应与实际情况相符。不得遮挡和随意挪动施工现场标志。

3.0.7　标志的设置、维护与管理应明确责任人。

3.0.8　建筑工程施工现场的重点消防防火区域，应设置消防安全标志。消防安全标志的设置应符合现行国家标准《消防安全标志》GB 13495 和《消防安全标志设置要求》GB 15630 的有关规定。

3.0.9　标志颜色的选用应符合现行国家标准《安全色》GB 2893 的有关规定。

5.3.3　建筑工程施工现场制度标志的名称、设置范围和地点宜符合表 5.3.3 的规定。

表 5.3.3　制 度 标 志

序号	名　　称		设置范围和地点
1	管理制度标志	工程概况标志牌	施工现场大门入口处和相应办公场所
		主要人员及联系电话标志牌	
		安全生产制度标志牌	
		环境保护制度标志牌	
		文明施工制度标志牌	
		消防保卫制度标志牌	
		卫生防疫制度标志牌	
		门卫管理制度标志牌	
		安全管理目标标志牌	
		施工现场平面图标志牌	
		重大危险源识别标志牌	

续表 5.3.3

序号	名 称		设置范围和地点
1	管理制度标志	材料、工具管理制度标志牌	仓库、堆场等处
		施工现场组织机构标志牌	办公室、会议室等处
		应急预案分工图标志牌	
		施工现场责任表标志牌	
		施工现场安全管理网络图标志牌	
		生活区管理制度标志牌	生活区
2	操作规程标志	施工机械安全操作规程标志牌	施工机械附近
		主要工种安全操作标志牌	各工种人员操作机械附件和工种人员办公室
3	岗位职责标志	各岗位人员职责标志牌	各岗位人员办公和操作场所

6.1.1 标志的设置不得影响建筑工程施工，通行安全和紧急疏散。

6.3 设置位置

6.3.1 安全标志应设在与安全有关的醒目位置，且应使进入现场的人员有足够的时间注视其所表示的内容。

6.3.3 安全标志设置的高度，宜与人眼的视线高度相一致；专用标志的设置高度应视现场情况确定，但不宜低于人眼的视线高度。采用悬挂式和柱式的标志的下缘距地面的高度不宜小于 2m。

6.3.5 施工现场安全标志的类型、数量应根据危险部位的性质，分别设置不同的安全标志。

6.3.6 当多个安全标志在同一处设置时，应按禁止、警告、指令、提示类型的顺序，先左后右、先上后下地排列。

7.0.2 施工现场安全标志不得擅自拆除。

六、班组安全管理

《建设工程班组安全管理标准》

4　安全管理

4.1　班前管理

4.1.1　应对施工作业区域的安全防护设施、周边环境情况进行巡查后，实施班前安全交底。

4.1.2　班组长必须对作业人员的出物情况进行考勤统计，并应按作业人员的身体状况合理安排作业内容；统计、安排结果应及时上报项目部。

4.1.3　应组织作业人员根据作业、环境要求，自检互查个人劳动防护用品佩戴情况。

4.1.4　应安排作业人员对使用的机具进行检查，发现有异常情况，应按操作规程立即排除，必要时由班组长向项目部申请专业处置。

4.2　班中管理

4.2.1　应严格按操作规程和班前交底进行作业，正确使用劳动防护用品及机具。

4.2.2　应做到文明施工，按规定堆放物料，且应保持作业场所通道畅通、场容场貌整洁。

4.2.3　施工范围内的安全设施设备、警示标志、标识牌应注意识别和保护，不得擅自拆除和随意挪动。

4.2.4　实施危险性较大的施工作业时．必须按规定指派现场安全监护人员，进行全过程监控。

4.2.5　班组长每天对作业区域的安全生产状况巡查不得少于 2 次，应及时处置安全隐患，制止违章作业和不文明施工行为。

4.2.6　班组之间应密切配合，做好上下工序的衔接及交叉作业的配合工作。

4.2.7　发现安全险情时，必须立即停止作业并上报项目部，不得擅自处理，根据项目部要求排除险情后方可恢复作业。

4.2.8　发生事故后，必须立即组织自救、防止事故扩大、保护现场，并上报项目部。

4.2.9 每天工作完工时，应做好场地清理工作，班组长、安全协管员应清点作业人员。

4.2.10 每天工作完工时，对作业区域的自查自纠工作进行复查，发现安全隐患或文明施工缺陷予以整改，妥善处理或上报遗留问题。

4.3 班后管理

4.3.1 对施工过程中发现存在的问题和好的经验，班组长应组织教育和讲评。

4.3.2 对完工后，因客观原因暂时无法解除的隐患，应及时上报项目部，并做好警示标识。

4.3.3 对使用的机具、危险品等，应按规定返还给项目部仓库，办理相关手续。

4.3.4 应按规定安全使用生活设施，保持良好的文明卫生生活习惯，保护环境卫生，发现疫情应立即报告。

4.3.5 应积极参加培训教育和健康的文娱活动，遵守社会公德。

七、安全生产标准化

《企业安全生产标准化基本规范》

3 术语和定义

下列术语和定义适用于本文件。

3.1

企业安全生产标准化 **china occupational safety and health management system**

企业通过落实安全生产主体责任，全员全过程参与，建立并保持安全生产管理体系，全面管控生产经营活动各环节的安全生产与职业卫生工作，实现安全健康管理系统化、岗位操作行为规范化、设备实施本质安全化、作业环境器具定置化，并持续改进。

3.2

安全生产绩效 **work safety performance**

根据安全生产和职业卫生目标，在安全生产、职业卫生等工作方面取得的可测量结果。

3.3

企业主要负责人 key person（s）in charge of the enterprise

有限责任公司，股份有限公司的董事长、总经理，其他生产经营单位的厂长，经理、矿长，以及对生产经营活动有决策权的实际控制人。

3.4

相关方 related party

工作场所内外与企业安全生产绩效有关或受其影响的个人或单位，如承包商，供应商等。

3.5

承包商 contractor

在企业的工作场所按照双方协定的要求向企业提供服务的个人或单位。

3.6

供应商 supplier

为企业提供材料、设备或设施及服务的外部个人或单位。

3.7

变更管理 management of change

对机构、人员、管理、工艺、技术、设备设施、作业环境等永久性或暂时性的变化进行有计划的控制，以避免或减轻对安全生产的影响。

3.8

安全风险 risk；hazard

发生危险事件或有害暴露的可能性，与随之引发的人身伤害、健康损害或财产损失的严重性的组合。

3.9

安全风险评估 risk assessment；hazard assessment

运用定性或定量的统计分析方法对安全风险进行分析、确定其严重程度，对现有控制措施的充分性、可靠性加以考虑，以及对其是否可接受予以确定的过程。

3.10

安全风险管理 risk management；hazard management

根据安全风险评估的结果，确定安全风险控制的优先顺序和安全风险控制措施，以达到改善安全生产条件、减少和避免生产安全事故的目标。

3.11

工作场所 workplace

从业人员进行职业活动，并由企业直接或间接控制的所有工作地点。

3.12

作业环境 working environment

从业人员进行生产经营活动的场所以及相关联的场所，对从业人员的安全，健康和工作能力，以及对设备（设施）的安全运行产生影响的所有自然和人为因素。

3.13

持续改进 continuous improvement

为了实现对整体安全生产绩效的改进，根据企业的安全生产和职业卫生目标，不断对安全生产和职业卫生工作进行强化的过程。

4 一般要求

4.1 原则

企业开展安全生产标准化工作，应遵循"安全第一、预防为主、综合治理"的方针，落实企业主体责任，以安全风险管理、隐患排查治理、职业病危害防治为基础，以安全生产责任制为核心，建立安全生产标准化管理体系，实现全员参与，全面提升安全生产管理水平，持续改进安全生产工作，不断提升安全生产绩效，预防和减少事故的发生，保障人身安全健康，保证生产经营活动的有序进行。

4.2 建立和保持

企业应采用"策划、实施、检查、改进"的"PDCA"动态循环模式，按照本标准的规定，结合企业自身特点，自主建立并保持安全生产标准化管理体系，通过自我检查、自我纠正和自我完善，构建安全生产长效机制，持续提升安全生产绩效。

4.3 自评和评审

企业安全生产标准化管理体系的运行情况，采用企业自评和评审单位评审的方式进行评估。

5 核心要求

5.1 目标职责

5.1.1 目标

企业应根据自身安全生产实际，制定文件化的总体和年度安全生产与职业卫生目标，并纳入企业总体生产经营目标。明确目标的制定，分解、实施、检查、考核等环节要求，并按照所属基层单位和部门在生产经营活动中所承担的职能，将目标分解为指标，确保落实。

企业应定期对安全生产与职业卫生目标、指标实施情况进行评估和考核，并结合实际及时进行调整。

5.1.2 机构和职责

5.1.2.1 机构设置

企业应落实安全生产组织领导机构，成立安全生产委员会，并应按照有关规定设置安全生产和职业卫生管理机构，或配备相应的专职或兼职安全生产和职业卫生管理人员，按照有关规定配备注册安全工程师，建立健全从管理机构到基层班组的管理网络。

5.1.2.2 主要负责人及管理层职责

企业主要负责人全面负责安全生产和职业卫生工作，并履行相应责任和义务。

分管负责人应对各自职责范围内的安全生产和职业卫生工作负责。

各级管理人员应按照安全生产和职业卫生责任制的相关要求，履行其安全生产和职业卫生职责。

5.1.3 全员参与

企业应建立健全安全生产和职业卫生责任制，明确各级部门和从业人员的安全生产和职业卫生职责，并对职责的适宜性、履职情况进行定期评估和监督考核。

企业应为全员参与安全生产和职业卫生工作创造必要的条件，建立激励约束机制，鼓励从业人员积极建言献策，营造自下而上、自上而下全员重视安全生产和职业卫生的良好氛围，不断改进和提升安全生产和职业卫生管理水平。

5.1.4 安全生产投入

企业应建立安全生产投入保障制度，按照有关规定提取和使用安全生产费用，并建立制用台账。

企业应按照有关规定，为从业人员缴纳相关保险费用、企业宜投保安全生产责任保险。

5.1.5 安全文化建设

企业应开展安全文化建设，确立本企业的安全生产和职业病危害防治理念及行为准则，并教育、引导全体从业人员贯彻执行。

企业开展安全文化建设活动，应符合 AQ/T 9004 的规定。

5.1.6 安全生产信息化建设

企业应根据自身实际情况，利用信息化手段加强安全生产管理工作，开展安全生产电子台账管理、重大危险源监控、职业病危害防治、应急管理、安全风险管控和隐患自查自报、安全生产预测预警等信息系统的建设。

5.2 制度化管理

5.2.1 法规标准识别

企业应建立安全生产和职业卫生法律法规、标准规范的管理制度，明确主管部门，确定获取的渠道、方式，及时识别和获取适用、有效的法律法规、标准规范、建立安全生产和职业卫生法律法规、标准规范清单和文本数据库。

企业应将适用的安全生产和职业卫生法律法规、标准规范的相关要求及时转化为本单位的规章制度、操作规程，并及时传达给相关从业人员，确保相关要求落实到位。

5.2.2 规章制度

企业应建立健全安全生产和职业卫生规章制度，并征求工会及从业人员意见和建议，规范安全生产和职业卫生管理工作。

企业应确保从业人员及时获取制度文本。

企业安全生产和职业卫生规章制度包括但不限于下列内容：

——目标管理；

——安全生产和职业卫生责任制；

——安全生产承诺；

——安全生产投入；

——安全生产信息化；

——四新（新技术、新材料、新工艺、新设备设施）管理；

——文件、记录和档案管理；

——安全风险管理、隐患排查治理；

——职业病危害防治；

——教育培训；

——班组安全活动；

——特种作业人员管理；

——建设项目安全设施，职业病防护设施"三同时"管理；

——设备设施管理；

——施工和检维修安全管理；

——危险物品管理；

——危险作业安全管理；

——安全警示标志管理；

——安全预测预警；

——安全生产奖惩管理；

——相关方安全管理；

——变更管理；

——个体防护用品管理；

——应急管理；

——事故管理；

——安全生产报告；

——绩效评定管理。

5. 2. 3 操作规程

企业应按照有关规定，结合本企业生产工艺，作业任务特点以及岗位作业安全风险与职业病防护要求，编制齐全适用的岗位安全生产和职业卫生操作规程，发放到相关岗位员工，并严格执行。

企业应确保从业人员参与岗位安全生产和职业卫生操作规程的编制和修订工作。

企业应在新技术，新材料、新工艺、新设备设施投入使用前，组织制修订相应的安全生产和职业卫生操作规程，确保其适宜性和有效性。

5. 2. 4 文档管理

5. 2. 4. 1 记录管理

企业应建立文件和记录管理制度，明确安全生产和职业卫生规章制度、操作规程的编制、评审、发布、使用、修订、作废以及文件和记录管理的职责、程序和要求。

企业应建立健全主要安全生产和职业卫生过程与结果的记录，并建立和保存有关记录的电子档案，支持查询和检索，便于自身管理使用和行业主管部门调取检查。

5. 2. 4. 2 评估

企业应每年至少评估一次安全生产和职业卫生法律法规、标准规范、规章制度、操作规程的适宜性、有效性和执行情况。

5. 2. 4. 3 修订

企业应根据评估结果、安全检查情况、自评结果、评审情况、事故情况等，及时修订安全生产和职业卫生规章制度、操作规程。

5.3 教育培训

5.3.1 教育培训管理

企业应建立健全安全教育培训制度，按照有关规定进行培训。培训大纲、内容、时间应满足有关标准的规定。

企业安全教育培训应包括安全生产和职业卫生的内容。

企业应明确安全教育培训主管部门，定期识别安全教育培训需求，制定、实施安全教育培训计划，并保证必要的安全教育培训资源。

企业应如实记录全体从业人员的安全教育和培训情况，建立安全教育培训档案和从业人员个人安全教育培训档案，并对培训效果进行评估和改进。

5.3.2 人员教育培训

5.3.2.1 主要负责人和管理人员

企业的主要负责人和安全生产管理人员应具备与本企业所从事的生产经营活动相适应的安全生产和职业卫生知识与能力。

企业应对各级管理人员进行教育培训，确保其具备正确履行岗位安全生产和职业卫生职责的知识与能力。

法律法规要求考核其安全生产和职业卫生知识与能力的人员，应按照有关规定经考核合格。

5.3.2.2 从业人员

企业应对从业人员进行安全生产和职业卫生教育培训，保证从业人员具备满足岗位要求的安全生产和职业卫生知识，熟悉有关的安全生产和职业卫生法律法规、规章制度、操作规程。掌握本岗位的安全操作技能和职业危害防护技能、安全风险辨识和管控方法。了解事故现场应急处置措施，并根据实际需要，定期进行复训考核。

未经安全教育培训合格的从业人员，不应上岗作业。

煤矿、非煤矿山、危险化学品、烟花爆竹、金属冶炼等企业应对新上岗的临时工、合同工、劳务工、轮换工、协议工等进行强制性安全培训，保证其具备本岗位安全操作，自救互救以及应急处置所需的知识和技能后，方能安排上岗作业。

企业的新入厂（矿）从业人员上岗前应经过厂（矿）、车间（工段、区、队）、班组三级安全培训教育，岗前安全教育培训学时和内容应符合国家和行业的有关规定。

在新工艺、新技术、新材料、新设备设施投入使用前，企业应对有关从业人员进行专门的安全生产和职业卫生教育培训，确保其具备相应的安全操作、事故预防和应急处置能力。

从业人员在企业内部调整工作岗位或离岗一年以上重新上岗时，应重新进行车间（工段、区、队）和班组级的安全教育培训。

从事特种作业、特种设备作业的人员应按照有关规定，经专门安全作业培训，考核合格，取得相应资格后，方可上岗作业，并定期接受复审。

企业专职应急救援人员应按照有关规定，经专门应急救援培训，考核合格后，方可上岗，并定期参加复训。

其他从业人员每年应接受再培训，再培训时间和内容应符合国家和地方政府的有关规定。

5.3.2.3 外来人员

企业应对进入企业从事服务和作业活动的承包商、供应商的从业人员和接收的中等职业学校、高等学校实习生，进行入厂（矿）安全教育培训，并保存记录。

外来人员进入作业现场前，应由作业现场所在单位对其进行安全教育培训，并保存记录。主要内容包括：外来人员入厂（矿）有关安全规定、可能接触到的危害因素、所从事作业的安全要求、作业安全风险分析及安全控制措施、职业病危害防护措施、应急知识等。

企业应对进入企业检查、参观、学习等外来人员进行安全教育，主要内容包括：安全规定、可能接触到的危险有害因素、职业病危害防护措施、应急知识等。

5.4 现场管理

5.4.1 设备设施管理

5.4.1.1 设备设施建设

企业总平面布置应符合 GB 50187 的规定，建筑设计防火和建筑灭火器配置应分别符合 GB 50016 和 GB 50140 的规定；建设项目的安全设施和职业病防护设施应与建设项目主体工程同时设计、同时施工、同时投入生产和使用。

企业应按照有关规定进行建设项目安全生产、职业病危害评价，严格履行建设项目安全设施和职业病防护设施设计审查、施工、试运行、竣工验收等管理程序。

5.4.1.2 设备设施验收

企业应执行设备设施采购、到货验收制度、购置、使用设计符合要求、质量合格的设备设施。设备设施安装后企业应进行验收，并对相关过程及结果进行记录。

5.4.1.3 设备设施运行

企业应对设备设施进行规范化管理，建立设备设施管理台账。

企业应有专人负责管理各种安全设施以及检测与监测设备，定期检查维护并做好记录。

企业应针对高温、高压和生产、使用、储存易燃、易爆、有毒、有害物质等高风险设备，以及海洋石油开采特种设备和矿山井下特种设备，建立运行、巡检、保养的专项安全管理制度，确保其始终处于安全可靠的运行状态。

安全设施和职业病防护设施不应随意拆除、挪用或弃置不用；确因检维修拆除的，应采取临时安全措施，检维修完毕后立即复原。

5.4.1.4 设备设施检维修

企业应建立设备设施检维修管理制度，制定综合检维修计划，加强日常检维修和定期检维修管理，落实"五定"原则，即定检维修方案、定检维修人员、定安全措施、定检维修质量、定检维修进度，并做好记录。

检维修方案应包含作业安全风险分析、控制措施、应急处置措施及安全验收标准。检维修过程中应执行安全控制措施，隔离能量和危险物质，并进行监督检查，检维修后应进行安全确认。检维修过程中涉及危险作业的，应按照 5.4.2.1 执行。

5.4.1.5　检测检验

特种设备应按照有关规定，委托具有专业资质的检测、检验机构进行定期检测、检验。涉及人身安全、危险性较大的海洋石油开采特种设备和矿山井下特种设备，应取得矿用产品安全标志或相关安全使用证。

5.4.1.6　设备设施拆除、报废

企业应建立设备设施报废管理制度。设备设施的报废应办理审批手续，在报废设备设施拆除前应制定方案，并在现场设置明显的报废设备设施标志。报废、拆除涉及许可作业的，应按照 5.4.2.1 执行，并在作业前对相关作业人员进行培训和安全技术交底。报废、拆除应按方案和许可内容组织落实。

5.4.2　作业安全

5.4.2.1　作业环境和作业条件

企业应事先分析和控制生产过程及工艺、物料、设备设施、器材、通道、作业环境等存在的安全风险。

生产现场应实行定置管理，保持作业环境整洁。

生产现场应配备相应的安全、职业病防护用品（具）及消防设施与器材，按照有关规定设置应急照明、安全通道，并确保安全通道畅通。

企业应对临近高压输电线路作业、危险场所动火作业、有（受）限空间作业、临时用电作业、爆破作业、封道作业等危险性较大的作业活动，实施作业许可管理，严格履行作业许可审批手续。作业许可应包含安全风险分析、安全及职业病危害防护措施、应急处置等内容。作业许可实行闭环管理。

企业应对作业人员的上岗资格、条件等进行作业前的安全检

查，做到特种作业人员持证上岗，并安排专人进行现场安全管理，确保作业人员遵守岗位操作规程和落实安全及职业病危害防护措施。

企业应采取可靠的安全技术措施，对设备能量和危险有害物质进行屏蔽或隔离。

两个以上作业队伍在同一作业区域内进行作业活动时，不同作业队伍相互之间应签订管理协议，明确各自的安全生产、职业卫生管理职责和采取的有效措施，并指定专人进行检查与协调。

危险化学品生产、经营、储存和使用单位的特殊作业，应符合 GB 30871 的规定。

5.4.2.2 作业行为

企业应依法合理进行生产作业组织和管理，加强对从业人员作业行为的安全管理，对设备设施、工艺技术以及从业人员作业行为等进行安全风险辨识，采取相应的措施，控制作业行为安全风险。

企业应监督、指导从业人员遵守安全生产和职业卫生规章制度、操作规程，杜绝违章指挥、违规作业和违反劳动纪律的"三违"行为。

企业应为从业人员配备与岗位安全风险相适应的、符合 GB/T 11651 规定的个体防护装备与用品，并监督、指导从业人员按照有关规定正确佩戴、使用、维护、保养和检查个体防护装备与用品。

5.4.2.3 岗位达标

企业应建立班组安全活动管理制度，开展岗位达标活动，明确岗位达标的内容和要求。

从业人员应熟练掌握本岗位安全职责、安全生产和职业卫生操作规程、安全风险及管控措施、防护用品使用、自救互救及应急处置措施。

各班组应按照有关规定开展安全生产和职业卫生教育培训、安全操作技能训练、岗位作业危险预知、作业现场隐患排查、事故分析等工作，并做好记录。

5.4.2.4 相关方

企业应建立承包商、供应商等安全管理制度，将承包商、供应商等相关方的安全生产和职业卫生纳入企业内部管理，对承包商、供应商等相关方的资格预审、选择、作业人员培训、作业过程检查监督、提供的产品与服务、绩效评估、续用或退出等进行管理。

企业应建立合格承包商、供应商等相关方的名录和档案，定期识别服务行为安全风险，并采取有效的控制措施。

企业不应将项目委托给不具备相应资质或安全生产、职业病防护条件的承包商、供应商等相关方。企业应与承包商、供应商等签订合作协议，明确规定双方的安全生产及职业病防护的责任和义务。

企业应通过供应链关系促进承包商、供应商等相关方达到安全生产标准化要求。

5.4.3 职业健康

5.4.3.1 基本要求

企业应为从业人员提供符合职业卫生要求的工作环境和条件，为接触职业病危害的从业人员提供个人使用的职业病防护用品，建立、健全职业卫生档案和健康监护档案。

产生职业病危害的工作场所应设置相应的职业病防护设施，并符合 GBZ 1 的规定。

企业应确保使用有毒、有害物品的工作场所与生活区、辅助生产区分开，工作场所不应住人；将有害作业与无害作业分开，高毒工作场所与其他工作场所隔离。

对可能导致发生急性职业病危害的有毒、有害工作场所，应设置检测报警装置，制定应急预案，配置现场急救用品，设备，设置应急撤离通道和必要的泄险区，并定期检查监测。

企业应组织从业人员进行上岗前，在岗期间、特殊情况应急后和离岗时的职业健康检查，将检查结果书面如实告知从业人员并存档。对检查结果异常的从业人员，应及时就医，并定期复查。企业不应安排未经职业健康检查的从业人员从事接触职业病危害的作业；不应安排有职业禁忌的从业人员从事禁忌作业，从业人员的职业健康监护应符合 GBZ 188 的规定。

各种防护用品、各种防护器具应定点存放在安全、便于取用的地方，建立台账，并有专人负责保管，定期校验、维护和更换。

涉及放射工作场所和放射性同位素运输、贮存的企业，应配置防护设备和报警装置，为接触放射线的从业人员佩戴个人剂量计。

5.4.3.2　职业病危害告知

企业与从业人员订立劳动合同时，应将工作过程中可能产生的职业病危害及其后果和防护措施如实告知从业人员，并在劳动合同中写明。

企业应按照有关规定，在醒目位置设置公告栏，公布有关职业病防治的规章制度、操作规程、职业病危害事故应急救援措施和工作场所职业病危害因素检测结果。对存在或产生职业病危害的工作场所、作业岗位、设备、设施，应在醒目位置设置警示标识和中文警示说明；使用有毒物品作业场所，应设置黄色区域警示线、警示标识和中文警示说明；高毒作业场所应设置红色区域警示线、警示标识和中文警示说明，并设置通讯报警设备。高毒物品作业岗位职业病危害告知应符合 GBZ/T 203 的规定。

5.4.3.3　职业病危害项目申报

企业应按照有关规定、及时、如实向所在地安全监管部门申报职业病危害项目，并及时更新信息。

5.4.3.4　职业病危害检测与评价

企业应改善工作场所职业卫生条件，控制职业病危害因素浓（强）度不超过 GBZ 2.1、GBZ 2.2 规定的限值。

企业应对工作场所职业病危害因素进行日常监测，并保存监测记录。存在职业病危害的，应委托具有相应资质的职业卫生技术服务机构进行定期检测，每年至少进行一次全面的职业病危害因素检测；职业病危害严重的，应委托具有相应资质的职业卫生技术服务机构，每3年至少进行一次职业病危害现状评价。检测、评价结果存入职业卫生档案，并向安全监管部门报告，向从业人员公布。

定期检测结果中职业病危害因素浓度或强度超过职业接触限值的，企业应根据职业卫生技术服务机构提出的整改建议，结合本单位的实际情况，制定切实有效的整改方案，立即进行整改，整改落实情况应有明确的记录并存入职业卫生档案备查。

5.4.4 警示标志

企业应按照有关规定和工作场所的安全风险特点，在有重大危害源、较大危险因素和严重职业病危害因素的工作场所，设置明显的、符合有关规定要求的安全警示标志和职业病危害警示标训，其中，警示标志的安全色和安全标志应分别符合 GB 2893 和 GB 2894 的规定，道路交通标志和标线应符合 GB 5768（所有部分）的规定，工业管道安全标识应符合 GB 7231 的规定，消防安全标志应符合 GB 13495.1 的规定，工作场所职业病危害警示标识应符合 GBZ 158 的规定。安全警示标志和职业病危害警示标识应标明安全风险内容、危险程度、安全距离、防控办法、应急措施等内容；在有重大隐患的工作场所和设备设施上设置安全警示标志，标明治理责任、期限及应急措施；在有安全风险的工作岗位设置安全告知卡，告知从业人员本企业、本岗位主要危险有害因素、后果、事故预防及应急措施、报告电话等内容。

企业应定期对警示标志进行检查维护，确保其完好有效。

企业应在设备设施施工、吊装、检维修等作业现场设置警戒区域和警示标志，在检维修现场的坑、井、渠、沟、陡坡等场所设置围栏和警示标志，进行危险提示、警示、告知危险的种类、后果及应急措施等。

5.5 安全风险管控及隐患排查治理

5.5.1 安全风险管理

5.5.1.1　安全风险辨识

企业应建立安全风险辨识管理制度，组织全员对本单位安全风险进行全面、系统的辨识。

安全风险辨识范围应覆盖本单位的所有活动及区域，并考虑正常、异常和紧急三种状态及过去、现在和将来三种时态，安全风险辨识应采用适宜的方法和程序，且与现场实行相符。

企业应对安全风险辨识资料进行统计、分析、整理和归档。

5.5.1.2　安全风险评估

企业应建立安全风险评估管理制度，明确安全风险评估的目的、范围、频次、准则和工作程序等。

企业应选择合适的安全风险评估方法，定期对所辨识出的存在安全风险的作业活动、设备设施、物料等进行评估。在进行安全风险评估时，至少应从影响人、财产和环境三个方面的可能性和严重程度进行分析。

矿山、金属冶炼和危险物品生产、储存企业，每 3 年应委托具备规定资质条件的专业技术服务机构对本企业的安全生产状况进行安全评价。

5.5.1.3　安全风险控制

企业应选择工程技术措施、管理控制措施、个体防护措施等，对安全风险进行控制。

企业应根据安全风险评估结果及生产经营状况等，确定相应的安全风险等级，对其进行分级分类管理，实施安全风险差异化动态管理，制定并落实相应的安全风险控制措施。

企业应将安全风险评估结果及所采取的控制措施告知相关从业人员，使其熟悉工作岗位和作业环境中存在的安全风险，掌握，落实应采取的控制措施。

5.5.1.4　变更管理

企业应制定变更管理制度。变更前应对变更过程及变更后可能产生的安全风险进行分析，制定控制措施，履行审批及验收程序，并告知和培训相关从业人员。

5.5.2 重大危险源辨识与管理

企业应建立重大危险源管理制度，全面辨识重大危险源，对确认的重大危险源制定安全管理技术措施和应急预案。

涉及危险化学品的企业应按照 GB 18218 的规定，进行重大危险源辨识和管理。

企业应对重大危险源进行登记建档，设置重大危险源监控系统，进行日常监控，并按照有关规定向所在地安全监管部门备案。重大危险源安全监控系统应符合 AQ 3035 的技术规定。

含有重大危险源的企业应将监控中心（室）视频监控数据、安全监控系统状态数据和监测数据与有关安全监管部门监管系统联网。

5.5.3 隐患排查治理

5.5.3.1 隐患排查

企业应建立隐患排查治理制度，逐级建立并落实从主要负责人到每位从业人员的隐患排查治理和防控责任制，并按照有关规定组织开展隐患排查治理工作，及时发现并消除隐患，实行隐患闭环管理。

企业应根据有关法律法规、标准规范等，组织制定各部门、岗位、场所、设备设施的隐患排查治理标准或排查清单，明确隐患排查的时限、范围、内容、频次和要求，并组织开展相应的培训、隐患排查的范围应包括所有与生产经营相关的场所、人员、设备设施和活动，包括承包商、供应商等相关方服务范围。

企业应按照有关规定，结合安全生产的需要和特点，采用综合检查、专业检查、季节性检查、节假日检查、日常检查等不同方式进行隐患排查。对排查出的隐患，按照隐患的等级进行记录，建立隐患信息档案，并按照职责分工实施监控治理。组织有关专业技术人员对本企业可能存在的重大隐患做出认定，并按照有关规定进行管理。

企业应将相关方排查出的隐患统一纳入本企业隐患管理。

5.5.3.2 隐患治理

企业应根据隐患排查的结果，制定隐患治理方案，对隐患及时进行治理。

企业应按照责任分工立即或限期组织整改一般隐患。主要负责人应组织制定并实施重大隐患治理方案。治理方案应包括目标和任务、方法和措施、经费和物资、机构和人员、时限和要求、应急预案。

企业在隐患治理过程中，应采取相应的监控防范措施。隐患排除前或排除过程中无法保证安全的，应从危险区域内撤出作业人员，疏散可能危及的人员，设置警戒标志，暂时停产停业或停止使用相关设备、设施。

5.5.3.3　验收与评估

隐患治理完成后，企业应按照有关规定对治理情况进行评估、验收。重大隐患治理完成后，企业应组织本企业的安全管理人员和有关技术人员进行验收或委托依法设立的为安全生产提供技术，管理服务的机构进行评估。

5.5.3.4　信息记录、通报和报送

企业应如实记录隐患排查治理情况，至少每月进行统计分析，及时将隐患排查治理情况向从业人员通报。

企业应运用隐患自查、自改、自报信息系统，通过信息系统对隐患排查、报告、治理、销账等过程进行电子化管理和统计分析，并按照当地安全监管部门和有关部门的要求，定期或实时报送隐患排查治理情况。

5.5.4　预测预警

企业应根据生产经营状况、安全风险管理及隐患排查治理、事故等情况，运用定量或定性的安全生产预测预警技术，建立体现企业安全生产状况及发展趋势的安全生产预测预警体系。

5.6　应急管理

5.6.1　应急准备

5.6.1.1　应急救援组织

企业应按照有关规定建立应急管理组织机构或指定专人负责

应急管理工作，建立与本企业安全生产特点相适应的专（兼）职应急救援队伍。按照有关规定可以不单独建立应急救援队伍的，应指定兼职救援人员，并与邻近专业应急救援队伍签订应急救援服务协议。

5.6.1.2 应急预案

企业应在开展安全风险评估和应急资源调查的基础上，建立生产安全事故应急预案体系，制定符合 GB/T 29639 规定的生产安全事故应急预案，针对安全风险较大的重点场所（设施）制定现场处置方案，并编制重点岗位，人员应急处置卡。

企业应按照有关规定将应急预案报当地主管部门备案，并通报应急救援队伍、周边企业等有关应急协作单位。

企业应定期评估应急预案，及时根据评估结果或实际情况的变化进行修订和完善，并按照有关规定将修订的应急预案及时报当地主管部门备案。

5.6.1.3 应急设施、装备、物资

企业应根据可能发生的事故种类特点，按照有关规定设置应急设施、配备应急装置，储备应急物资，建立管理台账，安排专人管理，并定期检查、维护、保养，确保其完好、可靠。

5.6.1.4 应急演练

企业应按照 AQ/T 9007 的规定定期组织公司（厂、矿）、车间（工段、区、队）、班组开展生产安全事故应急演练，做到一线从业人员参与应急演练全覆盖，并按照 AQ/T 9009 的规定对演练进行总结和评估，根据评估结论和演练发现的问题，修订、完善应急预案，改进应急准备工作。

5.6.1.5 应急救援信息系统建设

矿山，金属冶炼等企业，生产、经营、运输、储存、使用危险物品或处置废弃危险物品的生产经营单位、应建立生产安全事故应急救援信息系统，并与所在地县级以上地方人民政府负有安全生产监督管理职责部门的安全生产应急管理信息系统互联互通。

5.6.2　应急处置

发生事故后，企业应根据预案要求，立即启动应急响应程序，按照有关规定报告事故情况，并开展先期处置。

发出警报，在不危及人身安全时，现场人员采取阻断或隔离事故源、危险源等措施；严重危及人身安全时，迅速停止现场作业，现场人员采取必要的或可能的应急措施后撤离危险区域。

立即按照有关规定和程序报告本企业有关负责人，有关负责人应立即将事故发生的时间、地点、当前状态等简要信息向所在地县级以上地方人民政府负有安全生产监督管理职责的有关部门报告，并按照有关规定及时补报、续报有关情况；情况紧急时，事故现场有关人员可以直接向有关部门报告；对可能引发次生事故灾害的，应及时报告相关主管部门。

研判事故危害及发展趋势，将可能危及周边生命、财产、环境安全的危险性和防护措施等告知相关单位与人员；遇到重大紧急情况时，应立即封闭事故现场，通知本单位从业人员和周边人员疏散，采取转移重要物资、避免或减轻环境危害等措施。

请求周边应急救援队伍参加事故救援，维护事故现场秩序，保护事故现场证据。准备事故救援技术资料，做好向所在地人民政府及其负有安全生产监督管理职责的部门移交救援工作指挥权的各项准备。

5.6.3　应急评估

企业应对应急准备、应急处置工作进行评估。

矿山、金属冶炼等企业、生产、经营、运输、储存、使用危险物品或处置废弃危险物品的企业，应每年进行一次应急准备评估。

完成险情或事故应急处置后，企业应主动配合有关组织开展应急处置评估。

5.7　事故管理

5.7.1　报告

企业应建立事故报告程序，明确事故内外部报告的责任人、时限、内容等，并教育、指导从业人员严格按照有关规定的程序报告发生的生产安全事故。

企业应妥善保护事故现场以及相关证据。

事故报告后出现新情况的，应当及时补报。

5.7.2 调查和处理

企业应建立内部事故调查和处理制度，按照有关规定、行业标准和国际通行做法，将造成人员伤亡（轻伤、重伤、死亡等人身伤害和急性中毒）和财产损失的事故纳入事故调查和处理范畴。

企业发生事故后，应及时成立事故调查组，明确其职责与权限，进行事故调查。事故调查应查明事故发生的时间、经过、原因、波及范围、人员伤亡情况及直接经济损失等。

事故调查组应根据有关证据、资料，分析事故的直接、间接原因和事故责任，提出应吸取的教训，整改措施和处理建议，编制事故调查报告。

企业应开展事故案例警示教育活动，认真吸取事故教训，落实防范和整改措施，防止类似事故再次发生。

企业应根据事故等级，积极配合有关人民政府开展事故调查。

5.7.3 管理

企业应建立事故档案和管理台账，将承包商、供应商等相关方在企业内部发生的事故纳入本企业事故管理。

企业应按照 GB 6441、GB/T 16499 的有关规定和国家、行业确定的事故统计指标开展事故统计分析。

5.8 持续改进

5.8.1 绩效评定

企业每年至少应对安全生产标准化管理体系的运行情况进行一次自评，验证各项安全生产制度措施的适宜性、充分性和有效性，检查安全生产和职业卫生管理目标、指标的完成情况。

企业主要负责人应全面负责组织自评工作，并将自评结果向本企业所有部门、单位和从业人员通报。自评结果应形成正式文件，并作为年度安全绩效考评的重要依据。

企业应落实安全生产报告制度，定期向业绩考核等有关部门报告安全生产情况，并向社会公示。

企业发生生产安全责任死亡事故，应重新进行安全绩效评定，全面查找安全生产标准化管理体系中存在的缺陷。

5.8.2　持续改进

企业应根据安全生产标准化管理体系的自评结果和安全生产预测预警系统所反映的趋势，以及绩效评定情况，客观分析企业安全生产标准化管理体系的运行质量，及时调整完善相关制度文件和过程管控，持续改进，不断提高安全生产绩效。

八、施工企业安全生产管理

《施工企业安全生产管理规范》GB 50656—2011

3　基本规定

3.0.1　施工企业必须依法取得安全生产许可证，并应在资质等级许可的范围内承揽工程。

3.0.2　施工企业应根据施工生产特点和规模，并以安全生产责任制为核心，建立健全安全生产管理制度。

3.0.3　企业主要负责人应依法对本单位的安全生产工作全面负责，其中法定代表人应为企业安全生产第一责任人，其他负责人应对分管范围内的安全生产负责。

施工企业其他人员应对岗位职责范围内的安全生产负责。

3.0.4　施工企业应设立独立的安全生产管理机构，并应按规定配备专职安全生产管理人员。

3.0.5　施工企业各管理层应对从业人员开展针对性的安全生产教育培训。

3.0.6　施工企业应依法确保安全生产所需资金的投入并有效使用。

3.0.7　施工企业必须配备满足安全生产需要的法律法规、各类安全技术标准和操作规程。

3.0.8　施工企业应依法为从业人员提供合格的劳动保护用品，办理相关保险，进行健康检查。

3.0.9　施工企业严禁使用国家明令淘汰的技术、工艺、设备、设施和材料。

3.0.10　施工企业宜通过信息化技术，辅助安全生产管理。

3.0.11　施工企业应按本规范要求，定期对安全生产管理状况进行分析评估，并实施改进。

4　安全管理目标

4.0.1　施工企业应依据企业的总体发展规划，制订企业年度及中长期安全管理目标。

4.0.2　安全管理目标应包括生产安全事故控制指标、安全生产及文明施工管理目标。

4.0.3　安全管理目标应分解到各管理层及相关职能部门和岗位并应定期进行考核。

4.0.4　施工企业各管理层及相关职能部门和岗位应根据分解的安全管理目标，配置相应的资源，并应有效管理。

5　安全生产组织与责任体系

5.0.1　施工企业必须建立安全生产组织体系，明确企业安全生产的决策、管理、实施的机构或岗位。

5.0.2　施工企业安全生产组织体系应包括各管理层的主要负责人，各相关职能部门及专职安全生产管理机构，相关岗位及专兼职安全管理人员。

5.0.3　施工企业应建立和健全与企业安全生产组织相对应的安全生产责任体系，并应明确各管理层、职能部门、岗位的安全生产责任。

5.0.4　施工企业安全生产责任体系应符合下列要求：

　　1　企业主要负责人应领导企业安全管理工作，组织制订企业中长期安全管理目标和制度，审议、决策重大安全事项。

　　2　各管理层主要负责人应明确并组织落实本管理层各职能

部门和岗位的安全生产职责，实现本管理层的安全管理目标。

3　各管理层的职能部门及岗位应承担职能范围内与安全生产相关的职责，互相配合，实现相关安全管理目标，应包括下列主要职责：

1）技术管理部门（或岗位）负责安全生产的技术保障和改进；

2）施工管理部门（或岗位）负责生产计划、布置、实施的安全管理；

3）材料管理部门（或岗位）负责安全生产物资及劳动防护用品的安全管理；

4）动力设备管理部门（或岗位）负责施工临时用电及机具设备的安全管理；

5）专职安全生产管理机构（或岗位）负责安全管理的检查、处理；

6）其他管理部门（或岗位）分别负责人员配备、资金、教育培训、卫生防疫、消防等安全管理。

5.0.5　施工企业应依据职责落实各管理层、职能部门、岗位的安全生产责任。

5.0.6　施工企业各管理层、职能部门、岗位的安全生产责任应形成责任书，并应经责任部门或责任人确认。责任书的内容应包括安全生产职责、目标、考核奖惩标准等。

6　安全生产管理制度

6.0.1　施工企业应依据法律法规，结合企业的安全管理目标、生产经营规模、管理体制建立安全生产管理制度。

6.0.2　施工企业安全生产管理制度应包括安全生产教育培训，安全费用管理，施工设施、设备及劳动防护用品的安全管理，安全生产技术管理，分包（供）方安全生产管理，施工现场安全管理，应急救援管理，生产安全事故处理，安全检查和改进，安全考核和奖惩等制度。

6.0.3　施工企业的各项安全生产管理制度应规定工作内容、职责与权限、工作程序及标准。

6.0.4　施工企业安全生产管理制度，应随有关法律法规以及企业生产经营、管理体制的变化，适时更新、修订完善。

6.0.5　施工企业各项安全生产管理活动必须依据企业安全生产管理制度开展。

7　安全生产教育培训

7.0.1　施工企业安全生产教育培训应贯穿于生产经营的全过程，教育培训应包括计划编制、组织实施和人员持证审核等工作内容。

7.0.2　施工企业安全生产教育培训计划应依据类型、对象、内容、时间安排、形式等需求进行编制。

7.0.3　安全教育和培训的类型应包括各类上岗证书的初审、复审培训，三级教育（企业、项目），岗前教育、日常教育、年度继续教育。

7.0.4　安全生产教育培训的对象应包括企业各管理层的负责人、管理人员、特殊工种以及新上岗、待岗复工、转岗、换岗的作业人员。

7.0.5　施工企业的从业人员上岗应符合下列要求：

　　1　企业主要负责人、项目负责人和专职安全生产管理人员必须经安全生产知识和管理能力考核合格，依法取得安全生产考核合格证书；

　　2　企业的各类管理人员必须具备与岗位相适应的安全生产知识和管理能力，依法取得必要的岗位资格证书；

　　3　特殊工种作业人员必须经安全技术理论和操作技能考核合格，依法取得建筑施工特种作业人员操作资格证书。

7.0.6　施工企业新上岗操作工人必须进行岗前教育培训，教育培训应包括下列内容：

　　1　安全生产法律法规和规章制度；

　　2　安全操作规程；

　　3　针对性的安全防范措施；

　　4　违章指挥、违章作业、违反劳动纪律产生的后果；

　　5　预防减少安全风险以及紧急情况下应急救援的基本知识、方法和措施。

7.0.7　施工企业应结合季节施工要求及安全生产形势对从业人员进行日常安全生产教育培训。

7.0.8　施工企业每年应按规定对所有从业人员进行安全生产继续教育，教育培训应包括下列内容：

　　1　新颁布的安全生产法律法规、安全技术标准规范和规范性文件；

　　2　先进的安全生产技术和管理经验；

　　3　典型事故案例分析。

7.0.9　施工企业应定期对从业人员持证上岗情况进行审核、检查，并应及时统计、汇总从业人员的安全教育培训和资格认定等相关记录。

8　安全生产费用管理

8.0.1　安全生产费用管理应包括资金的提取、申请、审核审批、支付、使用、统计、分析、审计检查等工作内容。

8.0.2　施工企业应按规定提取安全生产所需的费用。安全生产费用应包括安全技术措施、安全教育培训、劳动保护、应急准备等，以及必要的安全评价、监测、检测、论证所需费用。

8.0.3　施工企业各管理层应根据安全生产管理需要，编制安全生产费用使用计划，明确费用使用的项目、类别、额度、实施单位及责任者、完成期限等内容，并应经审核批准后执行。

8.0.4　施工企业各管理层相关负责人必须在其管辖范围内，按专款专用、及时足额的要求，组织落实安全生产费用使用计划。

8.0.5　施工企业各管理层应建立安全生产费用分类使用台账，应定期统计，并报上一级管理层。

8.0.6　施工企业各管理层应定期对下一级管理层的安全生产费用使用计划的实施情况进行监督审查和考核。

8.0.7　施工企业各管理层应对安全生产费用管理情况进行年度

汇总分析，并应及时调整安全生产费用的比例。

9　施工设施、设备和劳动防护用品安全管理

9.0.1　施工企业施工设施、设备和劳动防护用品的安全管理应包括购置、租赁、装拆、验收、检测、使用、保养、维修、改造和报废等内容。

9.0.2　施工企业应根据安全管理目标，生产经营特点、规模、环境等，配备符合安全生产要求的施工设施、设备、劳动防护用品及相关的安全检测器具。

9.0.3　生产经营活动内容可能包含机械设备的施工企业，应按规定设置相应的设备管理机构或者配备专职的人员进行设备管理。

9.0.4　施工企业应建立并保存施工设施、设备、劳动防护用品及相关的安全检测器具管理档案，并应记录下列内容：

　　1　来源、类型、数量、技术性能、使用年限等静态管理信息，以及目前使用地点、使用状态、使用责任人、检测、日常维修保养等动态管理信息；

　　2　采购、租赁、改造、报废计划及实施情况。

9.0.5　施工企业应定期分析施工设施、设备、劳动防护用品及相关的安全检测器具的安全状态，采取必要的改进措施。

9.0.6　施工企业应进行设计或优先选用标准化、定型化、工具化的安全防护设施。

10　安全技术管理

10.0.1　施工企业安全技术管理应包括对安全生产技术措施的制订、实施、改进等管理。

10.0.2　施工企业各管理层的技术负责人应对管理范围的安全技术管理负责。

10.0.3　施工企业应定期进行技术分析，改造、淘汰落后的施工工艺、技术和设备，应推行先进、适用的工艺、技术和装备，并应完善安全生产作业条件。

10.0.4　施工企业应依据工程规模、类别、难易程度等明确施工组织设计、专项施工方案（措施）的编制、审核和审批的内容、权限、程序及时限。

10.0.5　施工企业应根据施工组织设计、专项施工方案（措施）的审核、审批权限，组织相关职能部门审核，技术负责人审批。审核、审批应有明确意见并签名盖章。编制、审批应在施工前完成。

10.0.6　施工企业应根据施工组织设计、专项安全施工方案（措施）编制和审批权限的设置，分级进行安全技术交底，编制人员应参与安全技术交底、验收和检查。

10.0.7　施工企业应结合生产实际制订企业内部安全技术标准和图集。

11　分包方安全生产管理

11.0.1　分包方安全生产管理应包括分包单位以及供应商的选择、施工过程管理、评价等工作内容。

11.0.2　施工企业应依据安全生产管理责任和目标、明确对分包（供）单位和人员的选择和清退标准、合同约定和履约控制等的管理要求。

11.0.3　施工企业对分包单位的安全生产管理应符合下列要求：

　　1　选择合法的分包（供）单位；

　　2　与分包（供）单位签订安全协议，明确安全责任和义务；

　　3　对分包单位施工过程的安全生产实施检查和考核；

　　4　及时清退不符合安全生产要求的分包（供）单位；

　　5　分包工程竣工后对分包（供）单位安全生产能力进行评价。

11.0.4　施工企业对分包（供）单位检查和考核，应包括下列内容：

　　1　分包单位安全生产管理机构的设置、人员配备及资格情况；

　　2　分包（供）单位违约、违章情况；

　　3　分包单位安全生产绩效。

11.0.5 施工企业可建立合格分包（供）方名录，并应定期审核、更新。

12 施工现场安全管理

12.0.1 施工企业应加强工程项目施工过程的日常安全管理，工程项目部应接受企业各管理层职能部门和岗位的安全生产管理。

12.0.2 施工企业的工程项目部应接受建设行政主管部门及其他相关部门的监督检查，对发现的问题按要求落实整改。

12.0.3 施工企业的工程项目部应根据企业安全生产管理制度，实施施工现场安全生产管理，应包括下列内容：

　　1 制订项目安全管理目标，建立安全生产组织与责任体系，明确安全生产管理职责，实施责任考核；

　　2 配置满足安全生产、文明施工要求的费用、从业人员、设施、设备、劳动防护用品及相关的检测器具；

　　3 编制安全技术措施、方案、应急预案；

　　4 落实施工过程的安全生产措施，组织安全检查，整改安全隐患；

　　5 组织施工现场场容场貌、作业环境和生活设施安全文明达标；

　　6 确定消防安全责任人，制订用火、用电、使用易燃易爆材料等各项消防安全管理制度和操作规程，设置消防通道、消防水源，配备消防设施和灭火器材，并在施工现场入口处设置明显标志；

　　7 组织事故应急救援抢险；

　　8 对施工安全生产管理活动进行必要的记录，保存应有的资料。

12.0.4 工程项目部应建立健全安全生产责任体系，安全生产责任体系应符合下列要求：

　　1 项目经理应为工程项目安全生产第一责任人，应负责分解落实安全生产责任，实施考核奖惩，实现项目安全管理目标；

　　2 工程项目总承包单位、专业承包和劳务分包单位的项目经理、技术负责人和专职安全生产管理人员，应组成安全管理组织，并应协调、管理现场安全生产，项目经理应按规定到岗带班指挥生产；

　　3　总承包单位、专业承包和劳务分包单位应按规定配备项目专职安全生产管理人员，负责施工现场各自管理范围内的安全生产日常管理；

　　4　工程项目部其他管理人员应承担本单位管理范围内的安全生产职责；

　　5　分包单位应服从总承包单位管理，应落实总承包项目部的安全生产要求；

　　6　施工作业班组应在作业过程中执行安全生产要求；

　　7　作业人员应严格遵守安全操作规程，并应做到不伤害自己、不伤害他人和不被他人伤害。

12.0.5　项目专职安全生产管理人员应按规定到岗，并应履行下列主要安全生产职责：

　　1　对项目安全生产管理情况应实施巡查，阻止和处理违章指挥、违章作业和违反劳动纪律等现象，并应做好记录；

　　2　对危险性较大的分部分项工程应依据方案实施监督并做好记录；

　　3　应建立项目安全生产管理档案，并应定期向企业报告项目安全生产情况。

12.0.6　工程项目施工前，应组织编制施工组织设计、专项施工方案（措施），内容应包括工程概况、编制依据、施工计划、施工工艺、施工安全技术措施、检查验收内容及标准、计算书及附图等。并应按规定进行审批、论证、交底、验收、检查。

12.0.7　工程项目部应定期及时上报现场安全生产信息；施工企业应全面掌握企业所属工程项目的安全生产状况，并应作为隐患治理、考核奖惩的依据。

13　**应急救援管理**

13.0.1　施工企业的应急救援管理应包括建立组织机构，应急预案编制、审批、演练、评价、完善和应急救援响应工作程序及记录等内容。

13.0.2 施工企业应建立应急救援组织机构，并应组织救援队伍，同时应定期进行演练调整等日常管理。

13.0.3 施工企业应建立应急物资保障体系，应明确应急设备和器材配备、储存的场所和数量，定期对应急没备和器材进行检查、维护、保养。.

13.0.4 施工企业应根据施工管理和环境特征，组织各管理层制订应急救援预案，应包括下列内容：

  1 紧急情况、事故类型及特征分析；

  2 应急救援组织机构与人员及职责分工、联系方式；

  3 应急救援设备和器材的调用程序；

  4 与企业内部相关职能部门和外部政府、消防、抢险、医疗等相关单位与部门的信息报告、联系方法；

  5 抢险急救的组织、现场保护、人员撤离及疏散等活动的具体安排。

13.0.5 施工企业各管理层应对全体从业人员进行应急救援预案的培训和交底；接到相关报告后，应及时启动预案。

13.0.6 施工企业应根据应急救援预案，定期组织专项应急演练；应针对演练、实战的结果，对应急预案的适宜性和可操作性组织评价，必要时应进行修改和完善。

14 生产安全事故管理

14.0.1 施工企业生产安全事故管理应包括报告、调查、处理、记录、统计、分析改进等工作内容。

14.0.2 生产安全事故发生后、施工企业应按规定及时上报。实行施工总承包时，应由总承包企业负责上报。情况紧急时，可越级上报。

14.0.3 生产安全事故报告应包括下列内容：

  1 事故的时间、地点和相关单位名称；

  2 事故的简要经过；

　　3　事故已经造成或者可能造成的伤亡人数（包括失踪、下落不明的人数）和初步估计的直接经济损失；

　　4　事故的初步原因；

　　5　事故发生后采取的措施及事故控制情况；

　　6　事故报告单位或报告人员。

14.0.4　生产安全事故报告后出现新情况时，应及时补报。

14.0.5　生产安全事故调查和处理应做到事故原因不查清楚不放过、事故责任者和从业人员未受到教育不放过、事故责任者未受到处理不放过、没有采取防范事故再发生的措施不放过。

14.0.6　施工企业应建立安全事故档案，事故档案应包括下列资料：

　　1　依据生产安全事故报告要素形成的企业职工伤亡事故统计汇总表；

　　2　生产安全事故报告；

　　3　事故调查情况报告、对事故责任者的处理决定、伤残鉴定、政府的事故处理批复资料及相关影像资料；

　　4　其他有关的资料。

15　安全检查和改进

15.0.1　施工企业安全检查和改进管理应包括安全检查的内容、形式、类型、标准、方法、频次、整改、复查，以及安全生产管理评价与持续改进等工作内容。

15.0.2　施工企业安全检查应包括下列内容：

　　1　安全管理目标的实现程度；

　　2　安全生产职责的履行情况；

　　3　各项安全生产管理制度的执行情况；

　　4　施工现场管理行为和实物状况；

　　5　生产安全事故、未遂事故和其他违规违法事件的报告调查、处理情况；

　　6　安全生产法律法规、标准规范和其他要求的执行情况。

15.0.3　施工企业安全检查的形式应包括各管理层的自查、互查以及对下级管理层的抽查等；安全检查的类型应包括日常巡查、专项检查、季节性检查、定期检查、不定期抽查等，并应符合下列要求：

    1 工程项目部每天应结合施工动态，实行安全巡查；

    2 总承包工程项目部应组织各分包单位每周进行安全检查；

    3 施工企业每月应对工程项目施工现场安全生产情况至少进行一次检查，并应针对检查中发现的倾向性问题、安全生产状况较差的工程项目，组织专项检查；

    4 施工企业应针对承建工程所在地区的气候与环境特点，组织季节性的安全检查。

15.0.4 施工企业安全检查应配备必要的检查、测试器具，对存在的问题和除患，应定人、定时间、定措施组织整改，并应跟踪复查直至整改完毕。

15.0.5 施工企业对安全检查中发现的问题，宜按隐患类别分类记录，定期统计，并应分析确定多发和重大隐患类别，制订实施治理措施。

15.0.6 施工企业应定期对安全生产管理的适宜性、符合性和有效性进行评估，应确定改进措施，并对其有效性进行跟踪验证和评价。发生下列情况时，企业应及时进行安全生产管理评估：

    1 适用法律法规发生变化；

    2 企业组织机构和体制发生重大变化；

    3 发生生产安全事故；

    4 其他影响安全生产管理的重大变化。

15.0.7 施工企业应建立并保存安全检查和改进活动的资料与记录。

16 安全考核和奖惩

16.0.1 施工企业安全考核和奖惩管理应包括确定对象、制订内容及标准、实施奖惩等内容。

16.0.2 安全考核的对象应包括施工企业各管理层的主要负责人、相关职能部门及岗位和工程项目的参建人员。

16.0.3　企业各管理层的主要负责人应组织对本管理层各职能部门、下级管理层的安全生产责任进行考核和奖惩。

16.0.4　安全考核应包括下列内容：

　　1　安全目标实现程度；

　　2　安全职责履行情况；

　　3　安全行为；

　　4　安全业绩；

16.0.5　施工企业应针对生产经营规模和管理状况，明确安全考核的周期，并应及时兑现奖惩。